ANDRÉ HENKELMANN

HILFE,
MEIN HUND MACHT, WAS ER WILL!

Problemverhalten einfach und erfolgreich lösen

ANDRÉ HENKELMANN

HILFE,
MEIN HUND MACHT, WAS ER WILL!

Problemverhalten einfach und erfolgreich lösen

TEIL 1

VORWORT 8

Die alte Schule: Ich bin hier der Chef! Über Zwang und Druck in der Hundeerziehung – und wie Sie es viel besser machen können

Probleme mit dem Hund ohne Zwang lösen 10

1. Hilfe, mein Hundebaby beißt mich ständig! So lösen Sie das Problem in nur zwei Schritten ... 12
2. Die wilden fünf Minuten: Übersprunghandlungen erkennen und auflösen ... 18

EXTRA: Kauen und Schnüffeln – mehr als nur ein Zeitvertreib! ... 22

3. Mein Haus ist doch kein Hundeklo! So wird Ihr Vierbeiner schnell stubenrein ... 26
4. Keine Gassirunde ohne Muskelkater? So stoppen Sie lästiges Ziehen und Zerren an der Leine ... 30

INHALT

EXTRA: Clicker-Training – per Knopfdruck punktgenau belohnen 34

5. Hilfe, mein Hund ist bequem geworden! Wenn es Vierbeinern an Motivation mangelt 38
6. Kleiner Frechdachs, hiergeblieben! In vier Schritten einen sicheren Rückruf aufbauen 42
7. Wenn Gäste kommen, wird's chaotisch? Gezieltes Deckentraining für entspannte Besuche 46
8. Alarm am Gartenzaun! Was das Bellen bedeutet – und wie Sie es unterbinden 52
9. Eine Hundeleine ist kein Spielzeug! Spielmotivation erkennen und auflösen 56
10. Bleischwere Pfoten: Wenn Hunde einfach nicht weiterlaufen wollen 59
11. Man wird doch noch Hallo sagen dürfen? Wenn Hunde ständig zu ihren Artgenossen zerren 63
12. Das klingt nicht gut! So nehmen Sie Ihrem Hund die Angst vor Geräuschen 68

EXTRA: Fünf wertvolle Tipps für den Jahreswechsel mit Hund 72

13. Mein Hund hat Angst vor Körperpflege! So verwandeln Sie Unbehagen in Vorfreude 74
14. Pfoten weg von meinen tollen Sachen! Was tun, wenn Hunde ihre Ressourcen verteidigen? 78
15. Hilfe, mein Hund frisst alles, was er findet! So ignoriert Ihr Liebling Verlockungen am Boden 85
16. Wenn der Hund zum Halali bläst: So bremsen Sie Ihren jagdbegeisterten Vierbeiner 89
17. Keine Lust auf dieses Ding aus Blech? So gewöhnen Sie Ihren Hund ans Autofahren 94
18. Wenn Vierbeiner auf Durchzug schalten: So reagiert Ihr Hund von Anfang an auf Ihre Signale 99
19. Oh, wie peinlich! Was tun, wenn Hunde häufig aufreiten? 103
20. An der Leine wird mein Hund zum Rüpel! So löst sich Leinenaggression schon bald in Luft auf 107
21. Zu viele Pfoten unter einem Dach? Herausforderungen bei der Mehrhundehaltung 111
22. Vor meinem Hund ist keine Katze sicher! So klappt die Vergesellschaftung mit anderen Tieren 116
23. Wann kommen die denn endlich wieder? So gewöhnen Sie Ihren Liebling ans Alleinbleiben 119
24. Diesmal hat er Papas Buch zerfleddert! Was tun, wenn Hunde ständig alles kaputt machen? 123

EXTRA: So gewöhnen Sie Ihren Hund an einen Maulkorb 128

25. Nicht so stürmisch! So gewöhnt man Hunden lästiges Anspringen ab 130

INHALT

26. Mein Hund steht ständig unter Strom! So bringen Sie Ihre gestresste Fellnase wieder ins Lot ... 134
27. Fellnasen & Stupsnasen: So werden Familie und Hund zum eingespielten Team ... 138
28. Das unsichtbare Band: So fördern und festigen Sie die Bindung zu Ihrem Hund ... 143
29. Erziehung ohne Strafe, klappt das wirklich? Mit dem Schluss-Signal lösen Sie fast jedes Problem! ... 147
30. Mein Hund ist plötzlich frech wie Oskar! Was tun, wenn Vierbeiner in die Pubertät kommen? ... 150
31. Soll ich meinen Hund kastrieren lassen? Warum nur wenige Gründe für den Eingriff sprechen ... 154
32. Nicht so ungestüm, kleine Fellnase! Wenn aus fröhlichem Spiel plötzlich Streit wird ... 157
33. Wenn ich heimkomme, macht Struppi Pipi! Was tun, wenn Vierbeiner vor Aufregung urinieren? ... 160
34. Meine Finger sind doch keine Leckerchen! So lernt Ihr Hund, Belohnungen behutsam anzunehmen ... 162
35. Mach doch endlich, was ich will, Mensch! So schieben Sie forderndem Verhalten den Riegel vor ... 165
36. Meine Beute geb ich nie mehr her! Das Signal »Aus« – in vier Schritten zum Erfolg ... 168
37. Niedrige Reizschwelle? Impulskontrolle trainieren – aber bitte mit Geduld! ... 171
38. Ohne Leckerchen stellt sich mein Hund quer: So korrigieren Sie einen typischen Trainingsfehler ... 176
39. Vom Schreckgespenst zum Wohlfühlort: So gewöhnen Sie Ihre Fellnase optimal an eine Box ... 179
40. Können wir bitte ganz schnell zahlen! So klappt der Restaurantbesuch mit Hund ... 182
41. Ich kann das einfach nicht mehr hören! Was tun, wenn Hunde ständig bellen? ... 186
42. Hilfe, mein Hund hat die Couch gekapert! So verbannen Sie Ihre Fellnase von Sofa, Sessel & Co. ... 190

AUF EINEN BLICK: Die wichtigsten Signale und Trainingsanleitungen aus diesem Buch ... 196

TEIL 2

Wichtige Hilfestellungen bei Problemen mit dem Hund 206

Mein kleiner Knigge für Hundehalter: So macht das Miteinander Spaß – jeden Tag aufs Neue 208
Das können Sie besser! Die zehn häufigsten Korrekturfehler im Alltag mit Hund 210
Mit dem Clicker schneller zum Erfolg: Zehn Anwendungsbeispiele für die Verhaltenskorrektur 218

SCHLUSSWORT 230

Die neue Schule: Ich bin dein Freund! Gewaltfrei, lösungsorientiert und erfolgreich, das ist die Hundeerziehung der Zukunft

SERVICE

Register 232
Adressen & Literatur 236
Der Autor 238
Bildnachweis 240
Wichtiger Hinweis 240
Impressum 240

DIE ALTE SCHULE: ICH BIN HIER DER CHEF!

Über Zwang und Druck in der Hundeerziehung – und wie Sie es viel besser machen können

Bestimmt haben auch Sie solche markigen Sprüche bereits des Öfteren gehört: »Du musst deinem Hund klarmachen, wer der Boss ist!« oder »Wenn du ihm nicht zeigst, wo der Hammer hängt, tanzt er dir bald auf der Nase herum!« Solche und ähnliche Aussagen implizieren fälschlicherweise, dass das Zusammenleben mit Hunden nur dann funktioniert, wenn man sie dominiert und mit strenger Hand führt.

Bis heute hält sich diese Sichtweise hartnäckig. Das erkennt man allein schon daran, dass Begriffe wie »Kommandos« und »Befehle« in der Hundeerziehung immer noch populär sind. Auf der Beziehungsebene drückt diese Wortwahl aus: Ich bin oben, du bist unten! Einzug hält dieses hierarchische Denken dann leider häufig auch ins Training: Vor allem, wenn es darum geht, unerwünschtes Verhalten des Vierbeiners zu korrigieren, kommen Erziehungsmethoden zum Einsatz, die auf Bestrafung und militärischem Drill basieren. Diese Herangehensweise führt zu unglaublich viel unnötigem Tierleid.

Mit diesem Ratgeber will ich Ihnen zeigen, dass es auch ohne Härte, Druck und Strafe geht. Stattdessen möchte ich Ihnen alternative Lösungswege anbieten, die mit positiven Anreizen zum Erfolg führen. Wie viel besser und nachhaltiger diese Methoden im Vergleich zu den Lösungsansätzen der »alten Schule« funktionieren, weiß ich aus meiner langjährigen Erfahrung als Hundetrainer und Verhaltensberater.

Sie werden in diesem Buch erfahren, wie Sie mit Ihrem Hund alternative Verhaltensweisen trainieren, die Sie dann nutzen können, um eine Vielzahl typischer Alltagsprobleme in den Griff zu bekommen. Im Kern geht es dabei um einen einfachen Perspektivenwechsel: Wir konzentrieren uns nicht (mehr) auf unerwünschtes Verhalten, sondern vielmehr auf Verhaltensweisen, die wir uns von unserem Hund in bestimmten Situationen wünschen. Jetzt haben wir einen klaren Weg vor Augen, den wir mit etwas Training und Geduld bis zum Ziel verfolgen können.

Sie werden feststellen, dass Sie mit dieser verhältnismäßig kleinen Einstellungsänderung eine große Wirkung erzielen. Und das Schönste daran ist, dass diese Herangehensweise jede Form von Strafe und Härte überflüssig macht: Selbst wenn es mal zu Problemen oder Konflikten kommt, können Sie mit Ihrer Fellnase stets auf Augenhöhe kommunizieren. Keine Angst, das Zusammenleben mit Ihrem Liebling wird dadurch nicht aus dem Ruder laufen. Im Gegenteil: Sie werden beide viel Spaß beim Training haben und sich schon bald über eine tiefe Bindung und ein harmonisches Miteinander freuen!

Ich wünsche Ihnen viel Freude
beim Lesen und Üben!

Ihr Hundetrainer & Verhaltensberater
André Henkelmann

TEIL 1

Probleme mit dem Hund *ohne Zwang lösen*

Ihr Hund macht nicht, was Sie wollen? Dann sagen Sie ihm doch einfach, was er stattdessen tun soll! Nur so kommunizieren Sie mit Ihrem Liebling auf Augenhöhe – ohne jede Form von Strafe!

01

HILFE, MEIN HUNDEBABY BEISST MICH STÄNDIG!

So lösen Sie das Problem in nur zwei Schritten

Eigentlich will man seinen neuen Schützling nur ganz zärtlich am Hals kraulen, doch kurz darauf spürt man ein paar scharfe Zähnchen, die sich in den Oberarm oder in die Finger bohren. Oder ein anfangs harmloses Spiel im Garten endet damit, dass das Hundebaby zuschnappt und knurrend am Hosenbein oder am Jackenärmel zerrt. Das Beißen zählt mit Abstand zu den größten Herausforderungen, die auf frischgebackene Hundehalter zukommen, sofern sie sich für einen Welpen entschieden haben.

Vermeidbares Schicksal

Zunächst haben viele das Thema gar nicht auf dem Schirm. Zu sehr ist man gedanklich damit beschäftigt, dass die kleine Fellnase stubenrein wird, die Sozialisation des Hundes gelingt und er sich rasch an sein Umfeld gewöhnt und sich im neuen Zuhause wohlfühlt. Nach ein paar Tagen fällt dann vielen auf, dass das kleine Wollknäuel ständig und überall seine Zähne einsetzt und sich das Ganze langsam, aber sicher zu einem handfesten Problem entwickelt. Wenn dann auch noch Kinder mit im Spiel sind, die Mama oder Papa regelmäßig und mit schmerzverzerrten Gesichtern um Hilfe anflehen, schaukelt sich die Situation rasch hoch und droht außer Kontrolle zu geraten: Der Haussegen hängt schief, und die Angst um die Kinder ist größer als die Freude über den neuen Vierbeiner. In diesem Stadium werden viele Welpen zurück zum Züchter gebracht: »Wir haben da wohl leider ein besonders bissiges Exemplar erwischt!«, heißt es dann oft. In vielen Fällen – ich behaupte sogar in fast allen – wäre dieses Schicksal vermeidbar.

Der typische Verlauf

An einem alltagsnahen Beispiel möchte ich Ihnen kurz einen klassischen Verlauf des Problems schildern. Dafür nehmen wir einen Golden-Retriever-Welpen. Diese Rasse ist landläufig für ihr liebevolles und eher unkompliziertes Wesen bekannt – ein von vielen Seiten empfohlener Anfängerhund. Darüber hinaus entscheiden wir uns für eine Hündin, da Hündinnen, so ihr allgemeiner Ruf, einfacher zu führen sind als Rüden und entsprechend weniger Schwierigkeiten bereiten sollen.

Gleich vorweg sei aber betont: In puncto Beißverhalten unterscheidet sich die für dieses Szenario gewählte Kombination so gut wie überhaupt nicht von anderen Fällen. Man kann also sagen, die Problematik ist völlig rasse- und geschlechtsunabhängig. Bei manchen Hunden tritt sie zwar häufiger, bei anderen wiederum etwas seltener auf, fest steht jedoch: Bei 99 Prozent aller Welpen ist das Beißen ein Thema!

Wenn Ihr Hund nur harmlos beißt oder an Ihren Fingern knabbert, hilft es oft schon, ihm sofort die Aufmerksamkeit zu entziehen.

Aber zurück zu unserem Beispiel: Mit zarten acht Wochen wird Lucie, so nennen wir unsere kleine Hündin, voller Vorfreude von einer Familie mit Kind abgeholt. Die Begeisterung ist groß, und zunächst läuft alles prima. Doch nach drei bis vier Tagen im neuen Zuhause wird Lucie immer lebhafter. Sie hat inzwischen gelernt, dass sie mit dem achtjährigen Sohn toll toben kann. Was Lucie aber noch nicht weiß, ist, dass sie dabei möglichst nicht ihren Fang und ihre spitzen Milchzähnchen benutzen darf.

Der will doch nur spielen?

Für Lucie ist es gar nicht so einfach, diese Regel zu begreifen. Denn von Natur aus ist es für einen Welpen (wie auch für erwachsene Hunde) ganz normal, dass beim Spielen geschnappt und gebissen wird. Neben den Pfoten sind Fang und Zähne sogar die wichtigsten Hilfsmittel bei der sozialen Interaktion. Beobachtet man Vierbeiner beim Spielen, sieht man schnell, wie oft dabei das Maul zum Einsatz kommt. Denn solche Sozialspiele dienen auch dazu, die jagdlichen Fähigkeiten zu entwickeln und zu verbessern. Betrachtet man diese Interaktionen genauer, erkennt man, dass es sich überwiegend um sogenannte »Jagdsequenzen« (→ Seite 90) handelt: Hund A jagt Hund B, packt ihn und unterwirft ihn. Bei gesundem Spielverhalten wechseln sich Jäger und Gejagte ständig ab, und so gut wie immer spielt dabei das Maul eine wichtige Rolle. Typisch für spielende Hunde ist zudem ein übertriebenes Ausdrucksverhalten; das betrifft sowohl die abgegebenen Laute als auch Mimik und Gestik der Tiere. Den Mitspielern zu schaden, wird aber tunlichst vermieden, und dazu kommt es normalerweise auch nicht – abgesehen von unbeabsichtigten Kratzern oder kleinen Blessuren, die durch Übereifer verursacht werden.

Mit der Hausleine haben Sie Ihre Fellnase in Problemsituationen unter Kontrolle.

Ist Ihr Vierbeiner aufgeregt und in Spiellaune, wird er an seinem Platz angeleint, bis er wieder zur Ruhe kommt.

Ist der Hund positiv an seinen Platz gewöhnt, wird er sich dort rasch entspannen.

Entscheidende Weichenstellung

Unsere Beispiel-Familie hat natürlich andere Vorstellungen von Spiel und Interaktion, doch das kann die kleine Lucie noch nicht wissen. Sie reagiert auf ihre spielfreudige Art auf unser Angebot – so wie es Hunde eben von Natur aus tun. Und dazu gehört auch, dass das Maul und entsprechend die Zähnchen mitbenutzt werden. Anschließend kommt es zu einer ganz entscheidenden Weichenstellung: Denn je intensiver unsere Familie auf das spielerische Beißen reagiert, desto intensiver wird auch Lucie reagieren. Sie passt ihr Spielverhalten an. Diese Dynamik in Verbindung mit falschen Erziehungstipps führt nicht selten dazu, dass sich ein intensives Problemverhalten entwickelt.

Gefährlicher Teufelskreis

In etlichen Ratgebern und Onlineforen werden Sie lesen, dass Sie Ihren Welpen zurechtweisen, auf den Rücken drehen oder mit Druck von oben über die Schnauze greifen müssen, wenn er beim Spielen sein Maul oder seine Zähnchen einsetzt. Im Prinzip können Sie in Bezug auf dieses Problem so ziemlich jeden Lösungsvorschlag finden, den der Korrektur-Markt hergibt.

Aber was passiert, wenn sich die Familie für eine dieser Methoden entscheidet? Ganz einfach: Das Einzige, das Lucie dann lernen wird, ist, dass man anscheinend auf diese Weise mit ihr spielt! Die Kleine ist in Spiellaune, ist aufgeregt, und in den meisten Situationen wird sie die Korrekturabsicht nicht als solche deuten, sondern höchstwahrscheinlich als grobes Spiel wahrnehmen. In dieser Phase wird Lucie also beginnen, ihr Spielverhalten anzupassen, und energischer werden. Daraus kann, und das passiert leider nicht selten, ein regelrechter Teufelskreis entstehen.

Praktischer Helfer

Eine Hausleine ist ein einfaches, etwa 50 Zentimeter langes Band, das am Halsband des Hundes befestigt wird. Im Haus trägt er es die nächsten 1–2 Wochen immer mit sich herum. Die kurze Schnur stört in der Regel nicht, und Sie können Ihren Welpen unkomplizierter zu seinem Platz bringen, um ihn dort »richtig« anzuleinen.

Und ebenso wie beim Spiel unter Hunden kann auch in der Interaktion zwischen Mensch und Hund die Stimmung kippen – und aus Spiel wird plötzlich bitterer Ernst. Die Gefahr, dass das geschieht, besteht vor allem, wenn Lucie durch überholte, gewaltsame Methoden wie das Auf-den-Boden-Drücken oder gar das Schütteln im Nacken in eine aus ihrer Sicht lebensgefährdende Lage gebracht wird. In diesem Fall bleibt unserer Hündin quasi nichts anderes übrig, als ernsthaft um sich zu beißen, um der bedrohlichen Situation zu entkommen.

Gewalt und Strafe führen nicht zum Ziel

An dieser Stelle können wir schon einmal festhalten, dass die oben beschriebenen Korrekturmethoden absolut kontraproduktiv sind. Nur sehr wenige Welpen – nämlich die extrem sensiblen – werden ihr Beißverhalten aus Angst vor weiteren scharfen Sanktionen einstellen.

Die meisten Vierbeiner hingegen sind sprichwörtlich ganz schön »harte Hunde« und weichen auch dann nicht zurück, wenn drakonische

ÜBUNGSTIPPS

In der Anfangsphase empfehle ich Ihnen, das im zweiten Schritt beschriebene Anleinen zwei- bis dreimal täglich mit Ihrem Welpen zu üben, und zwar ganz unabhängig von der Problemsituation. Durch diese trainierte Routine erreichen Sie, dass sich Ihr Hund an seinem Platz immer schneller entspannt. Beim Training gehen Sie wie folgt vor:

1 Sie bringen Ihren Welpen zu seinem Platz, leinen ihn an und geben ihm dann einen tollen Kauartikel zur Beschäftigung. So verknüpft er dieses Ritual von Anfang an positiv. Er wird sich also in Zukunft sogar darauf freuen und das Anleinen nicht als Strafe empfinden.

2 Wichtig: Verzichten Sie auf den Kauartikel, wenn Sie das Anleinen in Problemsituationen nutzen möchten. Andernfalls besteht die Gefahr, dass eine unerwünschte Verhaltenskette entsteht. Ihr Hund würde also lernen zu beißen, um kurz danach belohnt zu werden. Um dies zu verhindern, arbeitet man also in den Problemsituationen ohne Kauartikel. Doch auch in diesen Fällen wird Ihr Hund belohnt, nämlich durch das Wiederableinen, wenn er an seinem Platz zur Ruhe gekommen ist.

3 Sollten Sie Schwierigkeiten haben, Ihren Hund zu seinem Platz zu bringen, können Sie eine Hausleine nutzen. Mehr dazu lesen Sie im Kasten auf Seite 15.

Strafen zum Einsatz kommen. Wenn das geschieht, ist das natürlich in der Regel der Anfang vom Ende. In solchen Fällen hat der Hund dann wirklich ernsthaft zugebissen und wird wieder zum Züchter zurückgebracht. Dabei hat man doch vermeintlich alles richtig gemacht: sich im Internet informiert, alle Tipps befolgt, versucht, sich gegenüber dem bissigen Frechdachs zu behaupten … Und doch ist letztlich alles komplett aus dem Ruder gelaufen. Wie kann man es also besser machen?

In zwei Schritten zum Erfolg

An dieser Stelle möchte ich Ihnen meinen Zwei-Schritte-Plan vorstellen, der sich in meiner Arbeit über viele Jahre bewährt hat. Mit dieser Methode bekommen Sie das Problem – Welpe setzt seine Zähnchen ein – unkompliziert, schnell und vor allem gewaltfrei in den Griff.

Schritt 1 Wenn Ihr Welpe seine Zähne sachte einsetzt, also ganz entspannt neben Ihnen liegt und nur sanft an Ihren Fingern knabbert, nehmen Sie Ihre Hand langsam weg und brechen den Kontakt zu Ihrem Hund ab. Konkret bedeutet das: nicht anschauen, nicht ansprechen, nicht anfassen! Dadurch leiten Sie den Aufbau der Beißhemmung ein. Der Welpe lernt nun, dass Sie nicht mehr mit ihm interagieren, wenn er seine Zähne benutzt. Ganz wichtig: Dieser Schritt ist nur dann zu empfehlen, wenn der Hund nur zart und liebevoll seinen Fang und entsprechend seine Zähnchen benutzt.

Schritt 2 Ist der Welpe aufgeregt und in Spiellaune, wird das Entziehen der Aufmerksamkeit nicht ausreichen, um sein Verhalten zu korrigieren. Sollten Sie es dennoch versuchen, wird Ihr Hund mit hoher Wahrscheinlichkeit nachsetzen. Er wird also beispielsweise hinter Ihnen herlaufen, sich in Ihre Kleidung verbeißen und dabei wahrscheinlich knurren und zerren, was das Zeug hält. In diesem Fall ist es wichtig, die Interaktion so rasch wie möglich zu beenden, damit sich das unerwünschte Verhalten für Ihren Vierbeiner nicht mehr lohnt. Dabei hat sich folgendes Vorgehen bewährt:

» Bringen Sie den Welpen zu seinem Platz (Decke, Körbchen oder Kissen) und leinen Sie ihn dort an. Alternativ können Sie auch den Raum verlassen und eine Tür hinter sich schließen; ich bevorzuge aber das Anleinen.
» Nachdem Sie Ihren Hund angeleint haben, kann er das unerwünschte Verhalten nicht mehr fortsetzen. Zudem entspannt sich der Hund an seinem Platz meist rasch. Dies ist ein wichtiger Hinweis, denn das spielerische Beißen von Welpen tritt meist in Verbindung mit Aufregung auf. Wenn Sie die Aufregung Ihres Hundes reduzieren, reduzieren Sie also das Problemverhalten gleich mit!
» Das Anleinen am Hundeplatz soll keine Strafe sein. Es ist eine alternative Handlung, die verhindern soll, dass der Welpe sein Fehlverhalten fortsetzen kann. Hat er sich an seinem Platz entspannt, leinen Sie ihn wieder ab. Die meisten Welpen tapsen daraufhin ruhig und deutlich ausgeglichener von ihrer Decke.
» Sollte Ihr Welpe eine erneute »Attacke« starten, leinen Sie ihn einfach wieder an und wiederholen den Vorgang.
» Wenn Sie diese Methode konsequent über 1–2 Wochen anwenden, wird das spielerische Beißen Ihres Welpen in der Regel spürbar seltener vorkommen. Das liegt daran, dass sich das Verhalten für ihn einfach nicht mehr lohnt. Und Verhaltensweisen, die sich nicht lohnen, lösen sich auf. So will es die Natur, und dieses Wissen machen wir uns in der Verhaltenskorrektur zunutze.

Lösungsschritte kompakt

SCHRITT 1: Knabbert Ihr Welpe nur ganz sanft an Körperteilen, entziehen Sie ihm sofort die Aufmerksamkeit.

SCHRITT 2: Ist der Hund zu aufgeregt, bringen Sie ihn direkt an seinen Platz und leinen ihn dort an. Sobald er entspannt ist, leinen Sie ihn wieder ab. Alternativ können Sie den Raum verlassen und die Tür schließen.

BEIDE SCHRITTE werden so lange wiederholt wie nötig. Wenn Sie dabei konsequent bleiben, löst sich das unerwünschte Verhalten in der Regel nach 1–2 Wochen auf.

Bleiben Sie am Ball!
Abschließend noch ein Hinweis: Bei diesem Problem ist es wichtig, dass Sie konsequent an einer Herangehensweise festhalten. Üben Sie also geduldig mit dem beschriebenen Zwei-Schritte-Plan und greifen nicht nach ein paar Tagen wieder auf vermeintlich einfachere Methoden zurück, die auf Druck und Strafe basieren. Das wäre absolut kontraproduktiv. Gewiss, das Training erfordert etwas Selbstdisziplin. Sie werden aber sehen, dass sich die Mühe lohnt. Auch Ihr Hund wird es Ihnen danken. Und wenn Sie am Ball bleiben, werden sich rasche Erfolge einstellen!

02

DIE WILDEN FÜNF MINUTEN

Übersprunghandlungen erkennen und auflösen

Ihr Hund rastet häufiger aus – ganz plötzlich und ohne erkennbaren Grund? Ähnlich wie das zuvor beschriebene Beißen sind auch die »wilden fünf Minuten« ein Problem, das überwiegend Welpen und Junghunde betrifft. Vereinzelt tritt das Phänomen auch noch später auf, aber deutlich seltener. Und bei den meisten Hunden verschwindet es mit fortschreitendem Alter vollständig. Aber was genau ist das für ein Verhalten, was bedeutet es? Wenn bei Ihrem kleinen Tausendsassa von hier auf jetzt eine Sicherung durchbrennt, erleben Sie mit hoher Wahrscheinlichkeit eine sogenannte »Übersprunghandlung«. Etwas vereinfacht erklärt, können Sie sich das Ganze wie einen Energiestau vorstellen, der sich in bestimmten Situationen abrupt entlädt.

Was ist bloß in den Hund gefahren?

Am häufigsten kommt es nach Spaziergängen, nach dem Fressen oder manchmal auch einfach aus dem Nichts heraus zu solchen Entladungen. Erwähnt sei gleich an dieser Stelle, dass eine Unter- bzw. Überforderung des Hundes sowie generell Stress die Entstehung begünstigen. Bevor ich Ihnen aber Tipps gebe, wie Sie das Problem in den Griff bekommen, sehen wir uns das Phänomen etwas genauer an. Nachfolgend habe ich Ihnen einige Alltagssituationen zusammengestellt, in denen dieses ebenso interessante wie kuriose Verhalten typischerweise auftritt.

Nach dem Spaziergang
Vielleicht haben Sie das ja bereits erlebt: Sie kommen mit Ihrem Welpen vom Gassigehen zurück, und gleich nach dem Ableinen beginnt dieser wie ein Irrer durch die Wohnung zu flitzen: Er rast von Zimmer zu Zimmer, springt über Sofa, Sessel und Betten und begleitet seine Aktion mit lautstarkem Bellen. Auf seiner Rennstrecke schnappt sich der Kleine auch noch einen Ihrer Schuhe, läuft damit vor Ihnen weg oder animiert Sie aktiv zum Mitmachen: Dabei steuert er Sie an, zeigt eine Spielaufforderung (erkennbar an der Vorderkörper-Tiefstellung), springt mit Anlauf an Ihnen hoch, verbeißt sich vielleicht sogar in Ihr Hosenbein, zerrt eine Weile daran und startet daraufhin eine neue Runde.

Das Ganze kann natürlich auch deutlich abgeschwächter auftreten, und es müssen nicht alle beschriebenen Elemente vorkommen. Aber eines ist sicher: Sollte Ihr Hund seine »wilden fünf Minuten« bekommen, werden Sie es bemerken!

Im Park und auf der Hundewiese
Draußen im Park können Sie solche wilden Übersprunghandlungen ebenfalls beobachten. Stellen Sie sich folgendes Szenario vor: Sie stehen mit einigen anderen Hundehaltern auf der Freilauffläche und schauen Ihren Fellnasen beim

Wie tickt Ihr Hund?

Beobachten Sie Ihren Hund aufmerksam! Nach und nach werden Sie so ein gutes Gespür dafür entwickeln, wann Ihr Vierbeiner außer Rand und Band gerät. Vorbeugend können Sie ihn dann aktiv beschäftigen, etwa mit einem Kauartikel, einem Schnüffelteppich (→ Seite 22) oder mit einer kleinen Trainingseinheit. Jede Form der mentalen bzw. körperlichen Aktivität ist förderlich und kann die Übersprunghandlung verhindern. Übertreiben Sie es aber bitte nicht mit dem Training, insbesondere wenn Sie den Eindruck haben, dass Ihr Hund eher bei Überforderung seine »wilden fünf Minuten« bekommt. In diesem Fall ist es sinnvoller, ausschließlich auf die Kauartikel-Variante zurückzugreifen.

gemeinsamen Spielen zu. Plötzlich stößt ein neuer Vierbeiner zur Gruppe, der sofort extrem aufgeregt und mit einem Affenzahn mehrere Runden um seine Artgenossen dreht.
Warum tut er dies? Die anwesenden Hunde üben einen so starken emotionalen Reiz auf den Neuankömmling aus, dass er mit einer typischen Übersprunghandlung (das Rundendrehen um die Gruppe) reagiert. Nach wenigen Minuten löst sich das Verhalten normalerweise auf, und der Hund fügt sich in das laufende Gruppengeschehen ein. In dieser Situation müssen Sie als Hundehalter in der Regel nicht eingreifen. Wenn es die Umgebung hergibt, können Sie das Verhalten des Hundes ignorieren und warten, bis er seine überschüssige Energie losgeworden ist.

Tür auf, Problem gelöst: Oft hilft es schon, wenn sich Ihr Hund kurz im Garten austobt und abreagiert.

Hier müssen Sie einschreiten!

In der Wohnung sieht das natürlich häufig anders aus: Denn nicht selten passiert es, dass der junge Hund während der Übersprunghandlung destruktiv wird. Er beschädigt bzw. zerstört dann Möbel und andere Dinge oder verletzt ungewollt – sozusagen im Eifer des Gefechts – seine Menschen. Hier müssen Sie rechtzeitig aktiv werden. Im Folgenden möchte ich Ihnen vier Möglichkeiten an die Hand geben, wie Sie auf die »wilden fünf Minuten« Ihres Hundes in geschlossenen Räumen reagieren können:

Möglichkeit 1 Ist das Verhalten schwach ausgeprägt und Ihre Fellnase rennt »nur« durch die Wohnung, ohne dabei Schaden anzurichten, können Sie das Verhalten ignorieren. Nach wenigen Minuten sollte der Spuk vorbei sein.

Möglichkeit 2 Wenn Sie einen eingezäunten Garten haben, können Sie einfach die Haus- oder Terrassentür öffnen und Ihren Hund hinausrennen lassen. Normalerweise dreht er dann einige Runden auf Ihrem Rasen, entlädt dabei seine überschüssige Energie und kann sich anschließend wieder entspannen.

Möglichkeit 3 Wenn Sie keinen Garten haben, können Sie alternativ mit Ihrem Hund (noch einmal) einen kurzen Spaziergang machen: Solche Bewegungsangebote werden ihm dabei helfen, seinen Energiestau loszuwerden.

Möglichkeit 4 Leinen Sie Ihren Hund an seinem Platz an und beschäftigen Sie ihn mit einem attraktiven Kauartikel. Dieser Vorschlag wirkt vielleicht auf den ersten Blick etwas befremdlich, da sich das Tier ja augenscheinlich bewegen möchte. Aber Sie werden sehen: Auch über das Kauen kann Ihr Vierbeiner Stress und überschüssige Energie abbauen (→ Seite 22). Das Anleinen in Verbindung mit einem spannenden Kauartikel verhindert zudem, dass der Hund in Ihrer Wohnung Schäden verursacht.

Falls doch einmal etwas zu Bruch gehen sollte, seien Sie bitte nachsichtig mit Ihrem Hund und probieren Sie es weiter mit den vier Optionen. Zu Ihrer Beruhigung sei noch gesagt: Die »wilden fünf Minuten« sind bei jungen Hunden normal und werden mit zunehmendem Alter in der Regel seltener bzw. lösen sich komplett auf.

Lösungsschritte kompakt

SCHRITT 1: Ist eine ausgelöste Übersprunghandlung mild, kann sie ignoriert werden. Draußen, bei ausreichendem Platzangebot, können Sie auch über intensivere Übersprunghandlungen hinwegsehen.

SCHRITT 2: Handlungsbedarf besteht in der Wohnung, wenn sich der Hund destruktiv verhält. Dabei können eine oder mehrere der vier Möglichkeiten angewendet werden. Noch besser ist es, wenn Sie Ihren Hund so gut kennen, dass Sie den »wilden fünf Minuten« mit gezielten Beschäftigungs- und Auslastungsangeboten vorbeugen können.

Wer keinen Garten hat: Drehen Sie noch eine Runde, damit Ihr Liebling seine überschüssige Energie loswird.

Kauartikel wirken oft Wunder: Das Kauen beruhigt und bringt Ihre Fellnase schnell wieder ins Gleichgewicht.

EXTRA

Kauen und Schnüffeln – mehr als nur ein Zeitvertreib!

In diesem Buch ist immer wieder vom Kauen und Schnüffeln als Auslastungsmöglichkeiten die Rede. Und das aus gutem Grund! Denn clever und gezielt eingesetzt, eignen sich diese Aktivitäten hervorragend, um das Verhalten Ihres Hundes in die gewünschten Bahnen zu lenken. Die Anwendungsmöglichkeiten sind dabei überraschend vielfältig. Aber warum wirkt das Kauen überhaupt so positiv, welche Kauartikel bzw. Kauspielzeuge gibt es, und wie kann man einen Schnüffelteppich ganz einfach selbst basteln? Das erfahren Sie in diesem Sonderkapitel.

Kauen wirkt beruhigend und stressmildernd auf das limbische System des Hundes.

Ein essenzielles Grundbedürfnis

Kauartikel und Kauspielzeuge sind fast allen Hundehaltern ein Begriff, und die meisten von ihnen werden ihren Fellnasen zumindest gelegentlich einen Kauknochen oder Ähnliches anbieten. Das Knabbern bereitet den Tieren große Freude, das sieht man oft schon auf den ersten Blick. Doch es steckt mehr dahinter: Das Kauen ist für Hunde ein Grundbedürfnis! Und wird dieses Bedürfnis nicht aktiv von uns gestillt, suchen sich unsere Vierbeiner eben in Eigenregie Gegenstände, an denen sie herumnagen können. Meist sind das dann Dinge, bei denen wir das gar nicht gerne sehen – etwa Stuhlbeine, Bücher, Schuhe oder auch das Hundekörbchen.

Kraftvolle psychologische Wirkung

Beim Kauen wird das Nervensystem der Hunde stimuliert; es wirkt stressmildernd und beruhigend und macht, stark vereinfacht ausgedrückt, glücklich! Vielen Hundebesitzern ist dieser psychologische Effekt gar nicht bewusst, zumindest nicht in seinem vollen Ausmaß. Das möchte ich unter anderem mit diesem Buch ändern. Daher werden Sie in den folgenden Kapiteln immer wieder Anregungen finden, die Ihnen zeigen, wie Sie Kauartikel, Schnüffelteppich & Co. gezielt für Verhaltenskorrekturen einsetzen können.

Auslastung für Nase und Geist: Auf einem Schnüffelteppich werden Leckerchen verstreut, die dann zwischen den Teppichfasern versinken.

Der Vierbeiner darf die Leckerchen dann mit Nase und Pfoten aufspüren – und natürlich anschließend fressen.

Je nach Größe und Beschaffenheit des Schnüffelteppichs nimmt die Suche mehr oder weniger Zeit in Anspruch.

Verzehrbare Kauartikel

Und welche Kauartikel gibt es? Beginnen wir mit den verzehrbaren, tierischen Varianten. Im Handel werden sie in der Regel luftgetrocknet angeboten. Diese Produkte sind besonders beliebt:

- Rinderhaut (beispielsweise als Röllchen)
- Ochsenziemer
- Schweineohren
- Kaninchenohren
- Rinderohren
- Rinderkopfhaut
- Rinderlunge
- Pansen
- Geweih

Darüber hinaus gibt es noch eine Vielzahl weiterer Alternativen. Probieren Sie einfach aus, was Ihrem Hund am meisten Freude bereitet. Auch für diejenigen, die sich entschieden haben, ihren Hund vegan zu ernähren, gibt es mittlerweile Optionen. Achten Sie beim Kauf aber generell immer darauf, dass die Größe des Kauartikels für Ihren Hund geeignet ist.

Der Schnüffelteppich

Auch Schnüffelteppiche existieren in verschiedensten Varianten. Man kann sie entweder fertig kaufen oder alternativ auch selbst basteln. Die Funktionsweise eines Schnüffelteppichs ist so einfach wie effektiv: Auf dem Teppich bzw. zwischen den dichten Teppichfasern werden Leckerchen versteckt, die der Hund dann mit Nase und Pfoten aufspüren und anschließend schnabulieren darf. Je tiefer das Teppichgewebe und je raffinierter die Leckerchen darin versteckt sind, desto anspruchsvoller und zeitintensiver ist diese Aufgabe für Ihren Vierbeiner.

Schnell und einfach selbst gebastelt!
Ein Schnüffelteppich muss übrigens nicht immer einem echten Teppich bzw. einer Matte ähneln. Eine Do-it-yourself-Variante können Sie mit ein paar Handgriffen auch aus einem ausrangierten Bettlaken herstellen: Sie legen das Laken ausgebreitet auf den Boden, reiben etwas Käse oder Ähnliches über die gesamte Fläche und rollen es dann – inklusive Käsestückchen – vorsichtig wie einen Pfannkuchen zusammen. Anschließend können Sie diesen »Stoffpfannkuchen« noch zu einer Schnecke aufrollen – und fertig!
Schicken Sie Ihren Hund nun zu Ihrer selbst gebastelten »Schnüffelschnecke« und lassen Sie ihn mit der Nase arbeiten. Die meisten Vierbeiner lieben es, die Futterstückchen aufzuspüren, dann mit Maul und Pfoten freizulegen, und sind eine ganze Weile damit beschäftigt.

Slow Food für Hunde

Befüllbare Spielzeuge, speziell solche, die sich einfrieren lassen, eignen sich hervorragend für Hunde, die ihr Futter aus dem Napf zu sehr schlingen. Über diese Möglichkeit nimmt der Hund das Futter langsam und schonend zu sich. Zu schnelles Fressen und Schlingen gilt als Risikofaktor für eine Magendrehung. Diese Verletzung ist ein Notfall und für Ihren Vierbeiner extrem gefährlich.

Befüllbare Kauspielzeuge

Der Unterschied zwischen den eingangs erwähnten Kauartikeln und befüllbaren Kauspielzeugen ist, dass Letztere nicht verzehrt werden, zumindest nicht komplett. Sie werden mit Futter befüllt, das der Hund dann mit etwas Geschick herausarbeiten muss. Die beliebteste Variante ist immer noch der »Kong«. Die Füllungen für dieses Spielzeug kann man fertig kaufen, oder man wird einfach selbst kreativ. Nachfolgend habe ich für Sie als Anregung drei attraktive »Rezepte« zusammengestellt, die ich persönlich häufig zur Befüllung meiner Kongs nutze:

Rezept 1 Nehmen Sie qualitativ hochwertiges und individuell für den Hund passendes Trockenfutter. Sie können das Futter bei Bedarf einweichen oder trocken ins Spielzeug füllen. Die Öffnung des Spielzeugs verschließe ich dann mit Erdnussbutter. Achtung: Die Erdnussbutter sollte ungesalzen und ungesüßt sein und darf, das ist wichtig, keinesfalls Xylit enthalten. Dieser

Kongs sind beliebte Kauspielzeuge aus Hartgummi, die mit Futter befüllt werden können.

Die Füllung kann man im Handel fertig kaufen – oder auch zu Hause selbst nach den Vorlieben des Hundes zubereiten.

Als Füllung eignet sich etwa ein gekochter Mix aus Reis und Karotten, der mit Kartoffeln und Fleisch verfeinert werden kann.

auch Birkenzucker genannte Stoff ist hochgiftig und kann schon in geringen Dosen für Hunde lebensbedrohlich sein!

Rezept 2 Für diese sommerliche Smoothie-Füllung schneide ich einen Apfel ohne Kerngehäuse und eine geschälte Banane in Würfel. Wer will, kann die Früchte vorab auch mit dem Mixer pürieren, um einen echten Smoothie-Effekt zu erzielen. Die klebrige Masse wird dann ins Spielzeug gefüllt; die Öffnung wird in diesem Fall mit Quark verschlossen. Den Kong lege ich anschließend mitsamt Füllung ins Kühlfach. Vor allem bei diesem Rezept ist das Einfrieren ratsam. Denn beim Kauen läuft der Kong später nicht so schnell aus, was grobe Schmutzunfälle vermeidet. Zudem ist Ihr Hund mit dem gefrorenen Inhalt länger beschäftigt. Nicht zuletzt ist der kalte Smoothie an heißen Tagen eine tolle Erfrischung für Ihren Liebling.

Rezept 3 Eine dritte Variante besteht aus Reis und/oder Kartoffeln (beides gekocht) mit geriebenen Karotten. Optional können Sie die Rezeptur mit gegartem Hühnchen oder Ähnlichem für den Hund noch schmackhafter machen. Die einzelnen Komponenten werden auf eine befüllbare Größe gebracht, gemischt und eingefüllt. Nach dem Einfüllen kann man die Spielzeugöffnung beispielsweise wieder mit unbehandelter Erdnussbutter oder alternativ auch mit etwas Leberwurst – aus dem Fachgeschäft, speziell für Hunde – verschließen.

03

MEIN HAUS IST DOCH KEIN HUNDEKLO!

So wird Ihr Vierbeiner schnell stubenrein

Egal, wie alt Ihr Hund ist: Der Weg zum Aufbau der Stubenreinheit ist immer der gleiche. Klar, die meisten, die dieses Kapitel gerade lesen, werden zu Hause einen Welpen haben. Aber auch wenn Ihr Hund bereits etwas älter ist und seine Stubenreinheit entweder verloren oder nie zuverlässig erlernt hat, können Sie das Thema noch mit sehr guten Erfolgsaussichten angehen.

Hier gleich das Allerwichtigste, das Sie im Zusammenhang mit der Stubenreinheit wissen müssen: Hunde merken sich den Untergrund, auf dem sie sich lösen, und suchen dann immer wieder Orte mit gleicher Bodenbeschaffenheit auf, um dort ihr »Geschäft« zu erledigen.

Ein wenig Disziplin, dann klappt's!

Konkret bedeutet das für Sie: Je öfter sich ein Hund an Orten löst, an denen er das darf und soll (etwa auf Gras, Erde oder Laub), desto höher steigt seine Hemmschwelle, sich auf Untergründen zu lösen, auf denen uns das überhaupt nicht recht ist. Dazu zählen natürlich die Teppich- und Holzfußböden in Ihrem Haus, aber bestimmt auch die Fliesen auf Ihrer Terrasse.
Bieten Sie Ihrem Welpen also so häufig wie möglich das gewünschte Terrain an, auf dem er sein Geschäft erledigen darf und soll. Je öfter er sich draußen an geeigneten Plätzen löst, desto schneller wird er dies im Haus unterlassen – und desto schneller und zuverlässiger wird er stubenrein. Folgende Tipps werden Ihnen beim Training zusätzlich eine große Hilfe sein:

Tipp 1 Für den Aufbau der Stubenreinheit ist es wichtig, dass Sie die vier typischen Aktivitäten bzw. Situationen kennen, nach denen sich Hunde fast immer lösen müssen. Diese sind:

- nach dem Schlafen
- nach dem Spielen
- nach dem Fressen
- nach dem Trinken

Ist Ihr Vierbeiner noch nicht zuverlässig stubenrein, sollten Sie nach diesen Situationen immer mit Ihrem Hund hinausgehen. Suchen Sie dann mit ihm einen Ort mit geeigneter Bodenbeschaffenheit auf, an dem er sich lösen darf.

Tipp 2 Legen Sie Zeitintervalle fest, nach deren Ablauf Sie mit Ihrem Hund hinausgehen und eine Gassirunde drehen. Zu Beginn sollte die Taktung recht eng sein – etwa alle anderthalb bis zwei Stunden. Sollte Ihr Hund zum gewünschten Zeitpunkt schlafen, müssen Sie ihn aber nicht wecken. Gehen Sie dann einfach mit ihm los, sobald er wieder aufwacht.

Nach dem Spielen wollen sich die meisten Vierbeiner lösen – sie müssen also zeitnah an die frische Luft.

KAPITEL 03

Bitte nicht stören!

Hat Ihr Hund draußen sein Geschäft erledigt, dürfen Sie ihn natürlich loben. Warten Sie damit aber, bis er wirklich fertig ist. Andernfalls könnte er sich erschrecken und abrupt aufhören. Suchen Sie am Anfang reizarme Umgebungen auf. Je weniger Ihr Hund abgelenkt ist, desto leichter wird es ihm fallen, sich zu lösen.

Generell gilt, dass die vier zuvor beschriebenen Situationen Vorrang haben und unabhängig von Ihrer Zeitplanung berücksichtigt werden. Ein Beispiel: Sie kommen vom Spaziergang nach Hause, Ihr Hund hat sich kurz zuvor draußen gelöst und macht dann ein Nickerchen. Wacht er eine halbe Stunde später auf, müssen Sie gleich wieder mit ihm vor die Tür – auch wenn das definierte Zeitintervall von beispielsweise zwei Stunden noch nicht vorbei ist.

Sie merken schon, das Training ist zu Beginn recht aufwendig, es zahlt sich aber aus! Von Woche zu Woche können Sie die Zeitintervalle ausdehnen und werden rasch bei Ihren »normalen« Gassizeiten angekommen sein. Später müssen Sie auch nicht mehr gleich nach dem Schlafen, Spielen etc. mit Ihrem Hund hinausgehen. Er schafft es dann locker, so lange zu warten, bis die nächste Gassirunde auf dem Programm steht.

Tipp 3 Ein konsequentes Training ist für den Aufbau der Stubenreinheit zwar unabdingbar, gleichzeitig brauchen Sie aber auch etwas Geduld. Wenn Sie mit einem acht Wochen alten

Schlafende Hunde muss man nicht wecken; erst wenn sie aufwachen, geht's raus.

Auch nach dem Fressen und Trinken sollten Sie mit Ihrem Vierbeiner in der Trainingsphase immer eine Gassirunde drehen.

Gewohnheitstiere: Hunde merken sich, auf welchem Untergrund sie sich lösen.

Welpen starten, wird dieser in der Regel zwischen der 16. und 20. Lebenswoche zuverlässig stubenrein. Ist der Hund schon älter, kann es mitunter schneller gehen.
Sollte Ihr Hund zum Ende der Trainingsphase immer noch bestimmte Untergründe im Haus bevorzugen, reicht es oft, wenn Sie ihm eine Zeit lang den Zugang zu einzelnen Wohnbereichen verwehren oder Teppiche und Ähnliches vorübergehend entfernen. Danach sind die meisten Vierbeiner wirklich zuverlässig stubenrein.

Die häufigsten Fehler

Zum Abschluss möchte ich noch auf die häufigsten Fehler eingehen, die beim Aufbau der Stubenreinheit gemacht oder übersehen werden.

Fehler 1 Zu Beginn wird nicht häufig genug mit dem Hund hinausgegangen. Folglich erledigt er immer auch wieder im Haus sein Geschäft. Die gewünschte Hemmung, die dieses Verhalten verhindern soll, kann so gar nicht erst entstehen. Befolgen Sie daher diszipliniert Ihren festgelegten Zeitplan und gehen Sie zudem ausnahmslos nach dem Schlafen, Spielen, Fressen und Trinken mit Ihrem Hund Gassi. Wenn Sie beide Regeln befolgen, sind Sie nicht nur oft genug, sondern immer auch zum richtigen Zeitpunkt mit Ihrem Liebling draußen.

Fehler 2 Warten Sie nicht darauf, dass sich Ihr Hund bei Ihnen meldet – etwa bellt oder Sie anstupst –, wenn er sich lösen muss. Wenn überhaupt, tun das Hunde nur dann, wenn die Stubenreinheit bereits zuverlässig aufgebaut ist.

Fehler 3 Der Hund bevorzugt im Verlauf des Trainings noch bestimmte Bodenflächen im Haus, weil betroffene Wohnbereiche nicht abgesperrt oder Teppiche, auf denen er sich gerne löst, nicht entfernt wurden.

Fehler 4 Der Hund hat Trennungsängste und löst sich in der Wohnung, wenn er allein gelassen wird. Hier ist es wichtig, zunächst die Trennungsängste abzubauen (→ Seite 119). Gelingt das, lässt sich die Stubenreinheit meist problemlos aufbauen bzw. wiederherstellen.

Fehler 5 Der Hund ist krank, und dies wird nicht als Ursache erkannt. Sollten Sie dies vermuten, ist es wichtig, einen Tierarzt zu konsultieren. Warten Sie damit bitte nicht zu lange!

Lösungsschritte kompakt

SCHRITT 1: Bieten Sie Ihrem Hund im Freien so häufig wie möglich den gewünschten Untergrund an, auf dem er sich zukünftig lösen darf und soll (Gras, Erde, Laub etc.).

SCHRITT 2: Legen Sie einen anfangs eng getakteten Zeitplan für Ihre Gassirunden fest, den Sie streng befolgen. Unabhängig davon gehen Sie mit Ihrem Hund immer und zeitnah nach draußen, wenn er geschlafen, gespielt, gefressen oder getrunken hat.

SCHRITT 3: Falls sich Ihr Hund trotzdem noch gelegentlich im Haus löst: Entfernen Sie Teppiche oder verwehren Sie ihm den Zugang zu Bodenbelägen, auf denen er noch bevorzugt sein Geschäft verrichtet.

04

KEINE GASSIRUNDE OHNE MUSKELKATER?

So stoppen Sie lästiges Ziehen und Zerren an der Leine

Zieht ein Hund an der Leine, zieht er in den meisten Fällen stark und ständig. Entsprechend groß ist der Leidensdruck für den Menschen und natürlich auch für das Tier. Leider greifen viele Halter bei diesem Problem immer noch auf längst überholte Methoden zurück, die auf Strafe beruhen. In diese Kategorie fällt auch der kräftige Leinenruck. Er ist nicht nur unnötig, sondern eigentlich sogar verboten. Im deutschen Tierschutzgesetz heißt es schließlich nicht umsonst: »Niemand darf einem Tier ohne vernünftigen Grund Schmerzen, Leiden oder Schaden zufügen.« In diesem Kapitel möchte ich Ihnen daher einige zeitgemäße und vor allem gewaltfreie Lösungsvorschläge vorstellen, die sich in den letzten Jahren bei meiner Arbeit als Hundetrainer bewährt haben. Alle vorgestellten Techniken folgen dabei dem gleichen Trainingsprinzip:

- Unerwünschtes Verhalten, hier speziell das Ziehen an der Leine, darf sich für den Hund in keinem Fall lohnen.
- Erwünschtes Verhalten wiederum zahlt sich für den Hund aus: Es lohnt sich für ihn, wenn er entspannt an lockerer Leine mitläuft.

Entspannte Spaziergänge

Mit Methoden, die diesem Prinzip folgen und konsequent angewendet werden, erreicht man meist rasch eine gute Leinenführigkeit und kann sich dann auf entspannte Spaziergänge freuen.

Technik 1 Die erste Technik, die ich Ihnen vorstellen möchte, ist das konsequente Stehenbleiben, sobald sich die Leine spannt. Zieht der Hund also an der Leine, erlebt er sofort einen Misserfolg, weil er nicht dort ankommt, wo er hinwill. Sobald die Leine wieder locker ist, geht es weiter. Das Weitergehen wird der Hund als Belohnung empfinden und lernen: Nur wenn ich auf eine lockere Leine achte, geht es voran.
Wenn Sie stehen bleiben, nachdem Ihr Hund an der Leine gezogen hat, und die Leinenspannung daraufhin nicht nachlässt, können Sie Ihre Fellnase ein wenig animieren und sachte an der Leine zupfen. Die meisten Vierbeiner machen daraufhin einen Schritt zurück, die Leine lockert sich, und Sie können weiterlaufen. Verstärken können Sie das erwünschte Verhalten zusätzlich, indem Sie den Hund ab und an mit einem Leckerchen belohnen, wenn er beim Spazierengehen an lockerer Leine neben Ihnen herläuft.

Technik 2 Hier machen Sie zunächst alles genau so wie bei Technik 1. Sobald die Leine locker ist, gehen Sie allerdings nicht vorwärts, sondern wechseln die Richtung. Diese Methode ist hilfreich, wenn Ihr Hund stark abgelenkt ist und von Dingen motiviert wird, die vor ihm liegen – etwa Gerüche, Artgenossen oder der geliebte Park, den Sie regelmäßig besuchen. Ein weiterer Vorteil dieser Technik ist, dass sich Ihr Hund nach dem Richtungswechsel wieder verstärkt an Ihnen orientiert und auf Sie konzentriert. Auch bei dieser Herangehensweise können Sie Ihren Vierbeiner wieder belohnen, wenn er an lockerer Leine neben Ihnen herläuft, um so das gewünschte Verhalten zusätzlich zu verstärken.

Technik 3 Der Trick bei dieser Technik besteht darin, dass Sie sich bewusst auf gewünschtes Verhalten konzentrieren. Auch wenn es in Sachen Leinenführigkeit noch hapert, wird es beim Spazierengehen – etwa zu Beginn oder gegen Ende der Runde – doch immer wieder Streckenabschnitte geben, in denen die Leine etwas lockerer hängt. Diese Momente müssen Sie »einfangen« und dann aktiv belohnen! Dadurch werden die Etappen, in denen Ihr Vierbeiner entspannt und ohne Gezerre läuft, immer länger. Wichtig ist, dass Sie anfangs ruhigere Strecken auswählen, auf denen Ihr Hund nicht zu vielen Außenreizen ausgesetzt ist. Den Grad der Ablenkung steigern Sie dann ganz behutsam. So werden Sie in der Regel rasch Erfolge erzielen.

KAPITEL 04

Schnauze zu kurz?

Für Rassen mit kurzen Nasen, etwa Französische Bulldoggen oder Möpse, gibt es auch spezielle Brustgeschirre, die zu starken Vorwärtsdrang schonend reduzieren. Bei diesen Modellen setzt die Zugwirkung nicht oben am Rücken, sondern vorn im Brustbereich an. Das kann auch eine gute Alternative sein, wenn Ihnen oder Ihrem Hund Führhilfen wie das am Ende des Kapitels erwähnte »Canny Collar« nicht zusagen.

Leinenführigkeit leicht gemacht

Alle beschriebenen Techniken können Sie übrigens einzeln oder kombiniert anwenden. Die dritte Übung lässt sich zudem hervorragend mit einem sogenannten »Clicker« trainieren. Wie das klappt, erfahren Sie im Sonderkapitel auf der nachfolgenden Doppelseite. Zuvor möchte ich Ihnen aber noch zwei wertvolle Tipps zur Leinenführigkeit mit auf den Weg geben.

Tipp 1 Wenn Ihr Hund stark zieht, sollten Sie ihn beim Spazierengehen abwechselnd am Halsband und am Brustgeschirr anleinen. Die beschriebenen Trainingsschritte üben Sie dann nur, wenn der Karabiner an einem von beiden befestigt ist; hier empfehle ich das Halsband.

Bleiben Sie stehen, wenn Ihr Hund zieht. Weiter geht's erst, wenn die Leine locker ist.

Wenn Ihr Hund brav und entspannt neben Ihnen herläuft, sollten Sie ihn dafür ab und an auch mit einem Leckerchen belohnen.

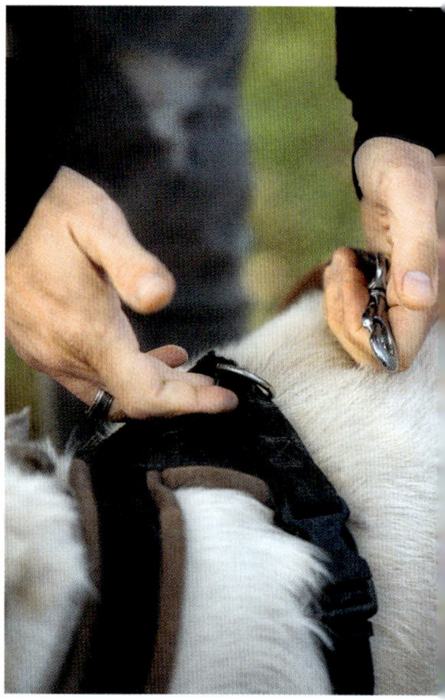

Erst Geschirr, dann wieder Halsband: So wird das Training nicht zu anstrengend.

- In den Etappen, in denen die Leine also am Halsband hängt, sind Sie konsequent und achten penibel darauf, dass Ihr Hund mit dem Ziehen und Zerren keinen Erfolg hat.
- Zu Ihrer Entlastung – und auch zur Entlastung des Hundes – befestigen Sie die Leine dann zwischendurch immer mal wieder am Brustgeschirr. Hängt der Karabiner am Geschirr, darf Ihr Hund zunächst noch ziehen.
- Mit fortschreitendem Training schleichen Sie das Brustgeschirr langsam aus. Von Woche zu Woche läuft Ihr Hund also immer längere Streckenabschnitte am Halsband – im Idealfall ganz entspannt und an lockerer Leine.

Für ein Schleppleinentraining oder Ähnliches können Sie natürlich immer noch auf das Brustgeschirr zurückgreifen. Vor allem Schleppleinen sollten nur in Verbindung mit einem Geschirr verwendet werden, da die Verletzungsgefahr viel zu groß ist, wenn man sie am Halsband befestigt.

Tipp 2 Ihr Hund wirft sich sehr stark in die Leine, und Sie finden nicht so recht den Einstieg in die vorgeschlagenen Übungen? Dann empfehle ich Ihnen die Verwendung einer Führhilfe, speziell eines »Canny Collar«. Diese Trainingshalsbänder funktionieren ähnlich wie die populären »Haltis«, sind aber meiner Erfahrung nach deutlich besser geeignet, weil die Zugkräfte noch schonender verteilt werden.

Canny Collars werden zunächst wie ein normales Halsband angelegt, verfügen aber über eine zusätzliche Schlaufe, die über die Hundenase gestreift wird. Die Schlaufenenden laufen hinten am Halsband zusammen und werden dort an der Führleine befestigt. Mit einem Canny Collar können Sie Ihren Hund mit deutlich geringerem Kraftaufwand führen; auch das Leinentraining wird Ihnen dann spürbar leichter fallen. Wichtig ist, dass Sie Ihren Schützling vorab positiv mit dem neuen Hilfsmittel vertraut machen, denn anfangs wird es für ihn ungewohnt sein, plötzlich ein Band auf dem Nasenrücken zu spüren. Belohnen Sie Ihren Vierbeiner also in den ersten Tagen intensiv, wenn er das neue Halsband akzeptiert. Dann wird ihm das Tragen schon nach kurzer Zeit nichts mehr ausmachen.

Lösungsschritte kompakt

SCHRITT 1: Nutzen Sie die drei vorgestellten Techniken beim Spazierengehen, entweder einzeln oder kombiniert.

SCHRITT 2: Belohnen Sie Ihren Hund zusätzlich in unregelmäßigen Abständen, wenn er entspannt neben Ihnen an der Leine läuft. Benutzen Sie für eine noch präzisere Belohnung optional einen Clicker (→ Seite 34).

SCHRITT 3: Arbeiten Sie mit Brustgeschirr und Halsband im Wechsel, um sich selbst und Ihrem Hund zwischendurch eine Auszeit zu geben. Trainiert wird dann nur, wenn der Leinenkarabiner entweder am Halsband oder am Brustgeschirr befestigt ist.

SCHRITT 4: Benutzen Sie eine Führhilfe, wenn Ihr Hund so stark an der Leine zieht, dass der Einstieg ins Training nicht gelingt. Wichtig ist, dass Sie ihn zunächst an das neue Hilfsmittel gewöhnen und dann weiter mit den vorgestellten Techniken arbeiten.

Das Clicker-Training – per Knopfdruck punktgenau belohnen

Ein Clicker ist ein praktisches kleines Gerät, das auf Knopfdruck ein prägnantes »Klick!« von sich gibt. Der Vorteil: Mit einem Clicker können Sie erwünschtes Verhalten schneller und präziser bestätigen. Denn oft vergehen ja einige Sekunden, bis man beispielsweise ein Leckerchen parat hat. Beim Clicker-Training wird das Klickgeräusch mit einer klassischen Belohnung kombiniert – erst ertönt der Klick, dann folgt das Leckerchen. Diese Verbindung wirkt auf Ihren Vierbeiner stark belohnend – deutlich stärker, als wenn Sie nur mit Leckerchen arbeiten.

Ganz wichtig fürs Clicker-Training: Bereiten Sie vorab Leckerbissen vor, die Ihr Hund großartig findet.

Bei der Hundeerziehung ist das Clicker-Training nur eine Option – Sie *müssen* es also nicht anwenden. Wenn Sie sich nicht sicher sind, ob das etwas für Sie und Ihren Hund ist, können Sie den Clicker auch einfach einige Tage ausprobieren. Sie werden dann recht schnell feststellen, ob Ihnen dieses spezielle Training liegt. Wenn nicht, lassen Sie den Clicker einfach wieder weg. Einen Versuch ist es auf jeden Fall wert!

Die klassische Konditionierung

Bevor ich Ihnen erkläre, wie Sie das Clicker-Training in der Praxis umsetzen, möchte ich ein paar lerntheoretische Hintergründe erläutern. Um dem Klickgeräusch seine hohe belohnende Wirkung zu verleihen, bedienen wir uns nämlich der sogenannten »klassischen Konditionierung«, auch »Pawlowsche Konditionierung« genannt.

Meilenstein der Verhaltensforschung

Viele erinnern sich vielleicht noch dunkel aus dem Biologieunterricht an den Namen Iwan Pawlow. Der russischer Neurologe und Physiologe wurde Anfang des 20. Jahrhunderts durch ein Experiment weltberühmt, das vereinfacht beschrieben so ablief: Kurz bevor Pawlow seine Hunde fütterte, ließ er einen Glockenton erklingen. Schon bald verknüpften die Vierbeiner

Zu Beginn müssen Sie Ihren Hund mit dem Klickgeräusch vertraut machen und ihn konditionieren. Für diese Vorbereitung sollte man einen Tag einplanen.

Fürs Training haben Sie 20–30 besonders schmackhafte Häppchen präpariert; wichtig ist, dass sie in Reichweite liegen.

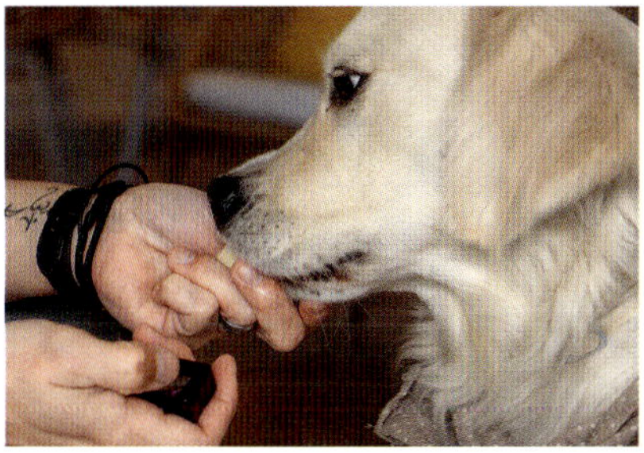

Drücken Sie nun einmal auf den Clicker. Nachdem das Geräusch ertönt, bekommt Ihr Hund sofort einen Leckerbissen.

dieses akustische Signal mit der bevorstehenden Fütterung, und nach einiger Zeit reichte schon das Läuten der Glocke aus, um den Speichelfluss der Tiere zu aktivieren. Auf einen neutralen Reiz (die Glocke) antworteten die Hunde also nach einer gewissen Trainingsphase mit einer physiologischen Reaktion (dem Speichelfluss) – und das auch dann, wenn im Anschluss kein Futter mehr folgte. Diesen Lernprozess bzw. diese »Entkopplung« bezeichnet man als klassische Konditionierung, die wir uns auch beim Clicker-Training zunutze machen.

Trainingsaufbau – Schritt für Schritt

Anstelle einer Glocke betätigen wir den Klicker, kombinieren aber auch dieses akustische Signal mit der Gabe von Futter. Nach etwa 50 Wiederholungen entfaltet die Kombination von Klickgeräusch und Leckerei dann ihre starke belohnende Wirkung, und wir können den Clicker für unser weiteres Training nutzen. Konkret gehen Sie für die Clicker-Konditionierung Ihres Hundes folgendermaßen vor:

- Besorgen Sie sich zunächst einen einfachen Clicker. Diesen erhalten Sie in gut sortierten Geschäften für Heimtierbedarf – oder alternativ natürlich auch online.
- Bereiten Sie 20–30 tolle Leckerchen vor, die Ihr Schützling besonders gerne frisst.
- Konditionieren Sie nun Ihren Hund auf das Klickgeräusch, indem Sie einmal klicken und

EXTRA

dem Hund dann gleich im Anschluss ein tolles Leckerchen geben. Die Zeit zwischen Klickgeräusch und der Belohnung mit Futter sollte maximal zwei Sekunden betragen.

- Wiederholen Sie diese Übung 20–30 Mal, bis alle Leckerchen verbraucht sind.
- Führen Sie den Trainingsschritt abschließend noch zwei weitere Male über den Tag verteilt mit etwas zeitlichen Abstand durch – beispielsweise mittags und am Abend.
- Wichtig ist, dass die Konditionierung in ruhiger, reizarmer Umgebung aufgebaut wird.

Nur Klicken reicht nicht!

Auch wenn Sie schon eine Weile mit dem Clicker arbeiten: Die Belohnung nach den Klicks wird niemals abgebaut! Erwünschtes Verhalten wird also immer mit Klick und Leckerchen bestätigt. Jetzt fragen sich vermutlich viele: Warum soll ich dann überhaupt einen Clicker verwenden? Der Vorteil liegt einerseits im präzisen Timing; Sie können also punktgenau und sehr rasch belohnen. Andererseits ist der Belohnungseffekt für Ihren Hund insgesamt stärker. Unterm Strich ist man mit dem Clicker-Training also effektiver und meist auch erfolgreicher.

- Nach dem beschriebenen Prozedere – also nach nur einem Tag – ist Ihr Hund auf das Geräusch konditioniert, und Sie können den Clicker für Ihr weiteres Training nutzen.

Typische Fehler und konkretes Anwendungsbeispiel

Abschließend möchte ich noch auf die zwei häufigsten Fehler eingehen, die beim Clicker-Training gemacht werden, und Ihnen anhand eines praktischen Beispiels zeigen, wie Sie den Clicker gezielt beim Training nutzen können.

Fehler 1 Nach dem Klickgeräusch folgt kein Leckerchen bzw. keine andere klassische Belohnung. In diesem Fall nimmt die Clicker-Konditionierung wieder ab – oder die Wirkung entsteht erst gar nicht (siehe auch Kasten links).

Fehler 2 Der Clicker wird benutzt, um den Hund heranzurufen bzw. seine Aufmerksamkeit zu erlangen. Diese Verwendung ist fachlich falsch, da es sich beim Klickgeräusch um ein reines »Markersignal« handelt. Es signalisiert dem Hund also, dass sein Verhalten erwünscht ist. Folglich klickt man also nicht, um beim Hund ein bestimmtes Verhalten auszulösen, sondern bestätigt ihn, *nachdem* er dieses Verhalten zeigt.

Praxisbeispiel für den Clicker-Einsatz

Im vorausgehenden Kapitel (→ Seite 30) habe ich bereits erwähnt, dass sich die Clicker-Technik hervorragend für den Aufbau einer guten Leinenführigkeit eignet. Wie das in der Praxis

Gehen Sie mit Ihrem Hund Gassi und packen Sie den Clicker ein. Wählen Sie eine möglichst ruhige Strecke.

Hängt die Leine locker, drücken Sie auf den Clicker. Gleich im Anschluss wird dann mit Leckerchen belohnt.

funktioniert, wollen wir uns jetzt etwas genauer ansehen. Nachdem Sie Ihren Hund vorbereitet und den Clicker einen Tag lang »aufkonditioniert« haben, können Sie gleich mit der nachfolgenden Übung starten:

- Sie drehen mit Ihrem Hund eine Gassirunde und wählen dafür eine möglichst ruhige Route, auf der es nicht so viele Verlockungen und Ablenkungen gibt. Ihren Clicker und auch ein paar tolle Leckerchen haben Sie dabei.
- Immer wenn Ihr Hund nun entspannt neben Ihnen herläuft und die Leine locker hängt, drücken Sie auf den Clicker und geben dem Vierbeiner gleich im Anschluss an das Klickgeräusch ein Leckerchen.
- So lernt Ihr Hund, dass es sich lohnt, an lockerer Leine zu laufen. Mit der Zeit wird er das gewünschte Verhalten immer häufiger und auch über längere Etappen hinweg zeigen.
- Nach und nach können Sie den zeitlichen Abstand zwischen den Klicks ausdehnen. Ihr Hund muss dann also immer ein bisschen länger locker an der Leine laufen, bevor Sie zur Belohnung klicken und ihm anschließend ein Leckerchen füttern. Wichtig ist dabei, dass Sie die Klickabstände nicht zu gleichmäßig ausdehnen, damit kein für Ihren Hund erkennbares Schema entsteht.
- Führen Sie das Training so lange durch, bis Ihre Fellnase immer und überall ganz entspannt an der Leine mit Ihnen mitläuft.

05

HILFE, MEIN HUND IST BEQUEM GEWORDEN!

Wenn es Vierbeinern an Motivation mangelt

Die meisten Hunde lassen sich problemlos motivieren. Es gibt jedoch einige Umstände und auch Fehler auf Seiten des Menschen, die dazu führen können, dass Antrieb und Trainingsbereitschaft eines Vierbeiners deutlich sinken oder sich sogar komplett in Luft auflösen. Der Hund wirkt dann häufig lustlos und zeigt beim Üben kein Interesse mehr an seiner Belohnung.

Ist das Tier gesund?

In diesem Kapitel will ich dieses Thema im Schwerpunkt aus trainingstechnischer Sicht beleuchten – also unter der Voraussetzung, dass Ihr Hund gesund ist. Rein körperliche Ursachen, die medizinisch behandelt werden müssen, können nämlich ebenfalls als Ursache für mangelnde Motivation infrage kommen. Hierzu zählen beispielsweise Schmerzen im Bewegungsapparat, Schilddrüsenprobleme, generelles Unwohlsein und vieles mehr. Hunde, die sich nicht wohlfühlen, verweigern häufig auch die Futteraufnahme. Sollten Sie krankheitsbedingte Auslöser bei Ihrem Hund vermuten, ist es zunächst wichtig, dass Sie einen Tierarzt aufsuchen, der Ihren Liebling durchcheckt. Erst wenn sich herausstellt, dass aus medizinischer Sicht alles in Ordnung ist, sollten Sie mit dem Training fortfahren.

Psychische Belastungen

Seelische Probleme sollten Sie bei der Suche nach möglichen Ursachen ebenfalls nicht außer Acht lassen. Infrage kommen hier etwa stark belastende Emotionen wie Angst und Stress oder auch Aggressionen, die dazu führen können, dass der Hund nicht mehr ansprechbar ist. Er reagiert dann kaum noch auf seinen Menschen und lässt sich in der Regel auch nicht mehr belohnen.

In solchen Fällen ist es wichtig, zunächst gezielt an diesen Ursachen zu arbeiten. Wie Sie das am besten angehen, lernen Sie in den jeweiligen Kapiteln des vorliegenden Buches. Wenn Sie dann im Trainingsverlauf Fortschritte in der Verhaltenskorrektur machen, lösen sich die mangelnde Motivation und die fehlende Bereitschaft, sich belohnen zu lassen, normalerweise von selbst auf.

Hunde im Schlaraffenland

Können Sie alle genannten Gründe ausschließen, ist in den meisten Fällen eine direkte und stetige Bedürfnisbefriedigung – über das gesunde Maß hinaus – die Hauptursache für die mangelnde Motivation des Hundes. Konkret bedeutet das: Ihre Fellnase hat es schlichtweg nicht nötig, für die schönen Dinge im Leben zu arbeiten, weil Futter, Spielzeug und Aufmerksamkeit ja immer und überall verfügbar sind!

Füttern Sie Ihren Hund eine Zeit lang nicht mehr wie gewohnt aus seinem Napf, sondern nur noch beim Training aus einem Futterbeutel.

KAPITEL 05

Ohne Fleiß kein Preis

Achten Sie fortan darauf, dass sich Ihr Vierbeiner alle für ihn lohnenden Dinge durch erwünschtes Verhalten erarbeiten muss. Das gilt nicht nur für Futter und Spielzeug, sondern auch für Ihre Aufmerksamkeit. Ab sofort ist für den Hund also nichts mehr frei verfügbar und ganz ohne Engagement zu haben. Halten Sie diszipliniert an dieser Herangehensweise fest – zumindest so lange, bis Sie mit der Motivation Ihres Hundes zufrieden sind und Sie Ihre gesetzten Trainingsziele erreicht haben.

Ihre Fellnase lebt also gewissermaßen im Schlaraffenland und hat es sich dort bequem gemacht. Höchste Zeit für einen kleinen Urlaub vom Paradies! Dazu ist es nötig, dass alle wichtigen und wertvollen Ressourcen für den Hund – zumindest für eine Weile – gut dosiert und ausschließlich für das Training genutzt werden.

Attraktive Belohnungen

Und wie funktioniert diese Methode praktisch im Alltag? Alles, was für den Hund lohnend ist, muss er sich von nun an in irgendeiner Form erarbeiten. Wenn Sie beispielsweise den Abruf verbessern möchten, nehmen Sie einfach eine Futterration mit nach draußen und »verschenken« das Futter nicht mehr im Napf. Belohnen Sie den Hund damit für sein Engagement beim Training und sein zuverlässiges Zurückkommen.

Achten Sie darauf, dass Ihr Hund nur dann belohnt wird, wenn er sich im Gegenzug ein wenig anstrengt.

Nicht nur Leckereien, sondern auch Spiel und Bewegung empfinden viele Fellnasen als tolle Belohnung.

Futter, Spiel und Zärtlichkeiten

Je reizvoller die Belohnung für Ihren Vierbeiner ist, desto schneller werden Sie Erfolge erzielen. Ich persönlich nutze für mein Training hochwertiges Trockenfutter, das ich mit Geflügelfleischwurst-Stückchen und etwas geriebenem Käse anreichere. Alle Zutaten werden kräftig verrührt, sodass die fertige Futtermischung am Ende einen intensiven Geruch annimmt. Diese Rezeptur ist für die meisten Hunde extrem motivierend. Entsprechend einfach und erfolgreich gestaltet sich damit dann das Training.

Leckeres Futter ist natürlich nur eine Möglichkeit von vielen, einen Hund anzuspornen und zu belohnen. Hinzu kommen Beutespiele, Rennspiele, Suchspiele, Lob und Motivation über die Stimme, Streicheleinheiten sowie die Kombination von Beutespielzeugen mit Futter. Für letztgenannte Art der Belohnung sind befüllbare Dummys sehr gut geeignet.

Die Königsdisziplin

In puncto Belohnung gibt es auch noch eine echte Königsdisziplin, die sogenannte »situativ-bedürfnisgerechte Belohnung«. Ein Beispiel: Wenn Sie Ihren Hund von der Hundewiese abrufen möchten, wird es ihn kaum interessieren, wenn Sie ihm dafür Futter anbieten. Viel reizvoller erscheint ihm vermutlich die Option, mit den anderen Hunden weiterzuspielen. Möchten Sie diese Situation beenden, müssen Sie also etwas finden, das für ihn noch attraktiver ist als das Herumtollen mit seinen Artgenossen. Denkbar ist hier etwa ein kleines Rennspiel, das Sie ihm als Belohnung anbieten, während Sie sich gleichzeitig von der Gruppe entfernen.

Probieren Sie es doch einfach aus und achten Sie darauf, wie Ihr Hund auf das Angebot reagiert. Versuchen Sie im besten Falle immer so zu belohnen, dass es Ihren Hund in der jeweiligen Situation am meisten positiv stimuliert. So werden Sie, was das Thema Belohnungen angeht, am erfolgreichsten sein, und die Motivation Ihrer Fellnase wird schnell wieder ansteigen.

Lösungsschritte kompakt

SCHRITT 1: Machen Sie einen Termin beim Tierarzt und lassen Sie Ihren Vierbeiner durchchecken. So schließen Sie aus, dass seiner mangelnden Motivation gesundheitliche Probleme zugrunde liegen.

SCHRITT 2: Sollte Ihr Hund aufgrund starker Emotionen wie beispielsweise Angst oder Stress keine Belohnung annehmen, müssen Sie zunächst die Ursachen dieser psychischen Belastungen angehen.

SCHRITT 3: Achten Sie ab sofort darauf, dass Ihr Hund sich die schönen Dinge in seinem Leben erarbeiten muss: Futter, Beute (Spielzeuge) und auch Streicheleinheiten werden jetzt nur noch gezielt als Belohnung für gewünschtes Verhalten eingesetzt.

SCHRITT 4: Belohnen Sie im Idealfall situativ-bedürfnisgerecht. Stellen Sie sich dazu immer wieder folgende Frage: Was würde meinen Hund in der aktuellen Situation am meisten belohnen? Das eine Mal ist es vielleicht ein Bewegungsreiz oder ein lustiges Spiel, das ander Mal ein Leckerbissen oder eine kleine Streicheleinheit.

06

KLEINER FRECHDACHS, HIERGEBLIEBEN!

In vier Schritten einen sicheren Rückruf aufbauen

Nach meiner Erfahrung gibt es im Alltag mit Hund zwei Signale, die wirklich wichtig sind: Das ist zum einen »Decke« bzw. »Geh auf deinen Platz«, mit dem ich nahezu alle Schwierigkeiten im Haus erfolgreich lösen kann. Unverzichtbar ist aber auch das Abrufsignal »Hier«, das ich draußen beim Spaziergehen von allen Signalen am häufigsten verwende. Erfolgreich aufgebaut, befreit das »Hier« den Hund von der Leine – zumindest an Orten, an denen dies erlaubt ist und niemanden stört. Denn das Abrufsignal ermöglicht es mir, unerwünschtes Verhalten sofort zu unterbrechen und meinen Hund wieder in meine unmittelbare Nähe – und somit unter meine Kontrolle – zu bringen.

Beim Training ist Geduld gefragt

Sieht mein Hund etwa ein Wildtier und wird dadurch zum Jagen angestachelt, kann ich diese Motivation mit einem stabilen Abrufsignal unterbinden. Gleiches gilt für viele andere Außenreize, die meine Fellnase aus der Ruhe bringen und zum Hinterherlaufen animieren können, etwa Kinder, Autos oder Fahrräder. Mit einem verlässlich antrainierten »Hier« bekomme ich also etliche Situationen schnell und sicher in den Griff. Und sobald der Hund wieder bei mir ist, kann ich ihn bei Bedarf anleinen oder alternativ ins »Sitz« oder »Platz« schicken.

Freuen Sie sich schon jetzt!
Damit all das zuverlässig klappt, muss der Hund aber erst einmal zu mir kommen, und das wie gesagt auch, wenn er stark abgelenkt oder aufgeregt ist – und dann vielleicht ganz andere Dinge im Schilde führt. Gar nicht so einfach, aber zu schaffen!
In den folgenden vier Schritten zeige ich Ihnen, wie Sie das Training mit Ihrer Fellnase am besten angehen und einen stabilen Abruf einüben. Sie werden schnell feststellen, wie viel Freude es macht, wenn Ihr Hund jedes Mal voller Begeisterung auf Sie zustürmt, sobald Sie ihm das Signal dazu geben!

Schritt 1 Bereiten Sie das Training vor, indem Sie besonders schmackhaftes Futter für die Übung als Belohnung auswählen. Das kann Leberwurst aus der Tube sein (die gibt es speziell für Hunde im Fachhandel), klein geschnittene Fleischwurst, Käse oder auch jede andere Lieblingsleckerei Ihres Vierbeiners. Wichtig ist, dass er das, was Sie ihm gleich während des Trainings anbieten, extrem reizvoll findet. Denn wir wollen, dass Ihr Hund den Rückruf von Anfang an emotional so positiv wie möglich verknüpft. Dies schaffen wir über eine mit Bedacht ausgewählte, unwiderstehliche Belohnung.

Beginnen Sie das Training in ruhiger, reizarmer Umgebung, etwa in Ihrem Wohnzimmer, und üben Sie anfangs mit kurzer Distanz.

KAPITEL 06

Rückruf mit Pfiff!

Einige Hundehalter nutzen für ihren Abruf eine Hundepfeife. Der Vorteil: Das Pfeifsignal klingt immer gleich und ist für Vierbeiner zudem auch aus weiterer Entfernung eindeutig erkennbar. Die Konditionierung auf den Ton funktioniert ganz ähnlich wie der Aufbau des Hier-Signals; Sie müssen nur das gesprochene Wort »Hier« durch einen Pfiff ersetzen. Nachteil einer Hundepfeife ist, dass man sie immer dabeihaben muss, wenn der Rückruf ausschließlich mit diesem Hilfsmittel trainiert wurde.

Schritt 2 Suchen Sie nun eine möglichst reizarme Umgebung auf. Das kann Ihr Wohnzimmer, Ihr Garten oder eine ruhige Ecke im nächstgelegenen Park sein. Wenn Sie draußen im Park üben, sollten Sie Ihren Hund über ein Brustgeschirr und eine Schleppleine absichern. Jetzt beginnt das aktive Abruftraining:

» Zu Beginn ist wichtig, dass der Abstand zu Ihrem Hund nicht zu groß ist: Er steht oder sitzt nur einen Schritt von Ihnen entfernt.
» Rufen Sie jetzt mit freudiger, einladender Stimme »Hier!« und gehen Sie gleich anschließend in die Hocke. Ihr Schützling wird nun direkt auf Sie zukommen. Falls körperlich zu anstrengend, können Sie den Übungsschritt auch im Stehen durchführen.
» Bei Ihnen angekommen, belohnen Sie den Hund sofort mit der tollen Futter-Belohnung.

Erhöhen Sie dann die Distanz und wechseln Sie das Umfeld, steigern Sie das Niveau aber nicht zu schnell.

Mit etwas Übung wird Ihr Vierbeiner auch unter Ablenkung, etwa durch andere Hunde, zuverlässig reagieren.

Wenn Sie sich für Leberwurst aus der Tube entschieden haben, lassen Sie ihn ein paar Sekunden daran schlecken. Wenn Sie mit Fleischwurst oder anderen Leckerbissen arbeiten, nehmen Sie ein paar Stückchen davon in die Hand, verschließen diese zur Faust und lassen die Happen von Ihrem Hund herausarbeiten. Der Genuss sollte möglichst lange andauern, um einen größtmöglichen Belohnungseffekt zu erzielen.

» Wiederholen Sie den Übungsschritt einige Male, um das Gelernte zu festigen.

Schritt 3 Wenn das Training mit kurzem Abstand gut und flüssig funktioniert, können Sie langsam die Entfernung steigern. Gehen Sie dabei aber behutsam vor und wählen Sie den Abstand immer so, dass Ihr Hund seine Aufgabe noch problemlos und erfolgreich meistert.

» Wenn Sie möchten, können Sie diesen Schritt auch schon in unterschiedlicher Umgebung trainieren – also abwechselnd im Park, Garten oder Wohnzimmer. Achten Sie aber bitte darauf, dass Ihr Umfeld nach wie vor ruhig und reizarm ist, damit sich Ihr Hund ungestört auf die Übung konzentrieren kann.

» Benutzen Sie dabei gerne und so lange wie nötig eine Schleppleine und ein Brustgeschirr, um Ihren Vierbeiner abzusichern.

Schritt 4 Wenn auch Schritt 3 zuverlässig funktioniert, können Sie nach und nach mehr Ablenkung ins Spiel bringen: Trainieren Sie jetzt also in einem etwas belebteren Umfeld, beispielsweise, wenn auch Familienmitglieder anwesend sind. Steigern Sie die Schwierigkeit aber nur langsam, und nehmen Sie sich dafür so viel Zeit, wie Sie und Ihre Fellnase benötigen.

Lösungsschritte kompakt

SCHRITT 1: Überlegen Sie sich im Vorfeld, wie Sie Ihren Hund während des Trainings belohnen möchten. Entscheiden Sie sich dabei für einen Leckerbissen, den er extrem verlockend und schmackhaft findet!

SCHRITT 2: Bauen Sie das Abrufsignal »Hier« zunächst reizarm auf und belohnen Sie Ihren Hund nachhaltig, wenn er wie gewünscht darauf reagiert. Sollte das einmal nicht klappen, ignorieren Sie den Aussetzer und beginnen die Übung einfach von vorn.

SCHRITT 3: Jetzt erhöhen Sie allmählich die Distanz. Wichtig ist dabei, den Abstand so zu wählen, dass Ihr Hund die Übung noch problemlos meistern kann.

SCHRITT 4: Abschließend steigern Sie langsam Anzahl und Stärke der Außenreize. Stabilisieren Sie das Signal so, dass der Abruf auch unter starker Ablenkung noch klappt. Seien Sie dabei geduldig und nehmen Sie sich die nötige Zeit für diese Übung.

Bis Ihr Hund den Abruf verinnerlicht hat und auch bei starker Ablenkung zuverlässig auf das Hier-Signal reagiert, sind mindestens sechs bis zwölf Monate Training erforderlich. Wichtig ist, dass Sie über diesen Zeitraum hinweg weiterhin mit attraktiven Belohnungen arbeiten, um das erwünschte Verhalten positiv zu verstärken und das Abruf-Signal immer weiter zu festigen.

07

WENN GÄSTE KOMMEN, WIRD'S CHAOTISCH?

Gezieltes Deckentraining für entspannte Besuche

Das im vorausgehenden Kapitel beschriebene Abrufsignal »Hier« ist ein kraftvolles Werkzeug, das ich vor allem draußen nutze. Das Signal »Decke« oder »Geh auf deinen Platz« ist wiederum mein Favorit, wenn ich Schwierigkeiten lösen möchte, die insbesondere in der Wohnung bzw. in geschlossenen Räumen auftreten. Hier ein paar typische Szenarien: Sie erwarten

Besuch, den Ihr Hund dann aufgeregt anspringt oder mit so heftigem Bellen begrüßt, dass die Gäste am liebsten gleich wieder kehrtmachen würden. Oder Ihre Fellnase ist unruhig und nervös, weil sich Nachbars Katze gerade vor der Haustüre herumtreibt, und benötigt daher eine kleine Ruhepause. Nützlich ist das Signal aber auch, wenn der Vierbeiner ständig beim Abendessen oder Kaffeetrinken am Tisch bettelt.

Ein Signal für alle Fälle

Wenn wir zu unserem Hund »Decke« oder »Geh auf deinen Platz« sagen, möchten wir, dass er schnurstracks zu seinem Platz läuft, sich dort ablegt und dann so lange liegen bleibt, bis wir das Signal wieder auflösen. Sobald die Übung zuverlässig klappt – der Hund sie also auch unter starker Ablenkung durchführt –, können wir sie in verschiedensten Problemsituationen nutzen.
Im ersten Teil meiner Anleitung zeige ich Ihnen, wie man das Signal »Decke« Schritt für Schritt stabil aufbaut. Im zweiten Teil werden Sie sehen, wie Sie es gezielt einsetzen können, wenn beispielsweise Besuch ins Haus steht.

Schritt 1 Bereiten Sie Leckerchen vor, nehmen Sie einige davon in die Hand und stellen Sie sich neben den Liegeplatz Ihres Hundes – das kann eine Decke, ein Körbchen oder Ähnliches sein. Ihre Fellnase sollte sich ganz in Ihrer Nähe aufhalten, aufmerksam beobachten, was Sie da gerade vorhaben, und zudem motiviert sein, sich ein paar Leckerbissen zu verdienen.

» Wenn alles vorbereitet ist, werfen Sie ein Leckerchen auf die Decke. Ihr Hund wird daraufhin auf die Decke laufen, um sich den Happen zu holen.
» Falls nicht, gehen Sie selbst zur Decke und zeigen ihm das Leckerchen. Nach ein paar Wiederholungen wird Ihr Schützling aber den Dreh raushaben und auf die Decke marschieren, sobald dort ein Leckerchen landet.
» Wiederholen Sie den Schritt so lange, bis alles problemlos funktioniert.

Das Signal »Decke« können Sie übrigens auch hervorragend mit der Clicker-Technik trainieren. Wie das im Detail funktioniert, erfahren Sie im

Werfen Sie im ersten Schritt einen Leckerbissen auf die Decke. Ihr Hund beobachtet Sie dabei und holt es sich.

hinteren Teil des Buches (→ Seite 222). So viel aber schon vorweg: Falls Sie für die Übung einen Clicker verwenden, klicken Sie immer dann, wenn Ihr Hund den jeweiligen Trainingsschritt erfolgreich gemeistert hat. Im ersten Schritt wäre das der Fall, sobald Ihr Hund auf der Decke steht, also kurz bevor er das Leckerchen aufnimmt.

Schritt 2 Jetzt ist es an der Zeit, auch das akustische Signal aufzubauen: Sagen Sie »Decke« oder alternativ auch »Geh auf deinen Platz«, kurz *bevor* Sie das Leckerchen werfen.

» Das Timing ist dabei extrem wichtig, damit Ihr Hund das Signal korrekt verknüpft.
» Wenn Sie alles richtig machen, läuft Ihr Hund bereits nach 20–30 Wiederholungen auf die Decke, wenn Sie ihm das entsprechende Signal geben. Und das, obwohl Sie das Leckerchen noch gar nicht geworfen haben!
» Mit der Belohnung warten Sie noch, bis er auf der Decke angekommen ist – erst dann fliegt der Leckerbissen.
» Falls Sie mit dem Clicker trainieren, klicken Sie bei diesem Schritt erst, wenn sich alle vier Hundepfoten auf der Decke befinden. Anschließend fliegt das Leckerchen.

Schritt 3 Wenn Sie es bis hierher geschafft haben, sind Sie schon weit gekommen, und der Rest ist nicht mehr so schwer. Fassen wir kurz zusammen: Sie sagen »Decke«, Ihr Hund läuft daraufhin auf seinen Platz, und Sie belohnen ihn. Nun geht es darum, ihm beizubringen, auch dort zu bleiben – und zwar so lange, bis Sie ihn wieder abholen bzw. das Signal auflösen. Für diesen Übungsschritt benötigen Sie das Signal »Sitz« oder »Platz«. Sollte Ihr Hund keines der beiden Signale beherrschen, finden Sie am Ende des Kapitels eine kurze Trainingsanleitung.

Schon bald wird er immer auf seine Decke gehen, wenn dort ein Leckerchen landet.

Später integrieren Sie die Signale »Sitz« und »Platz« ins Training – denn der Hund soll ja nicht auf der Decke stehen bleiben.

Rasche Entspannung: Kombinieren Sie die Übung immer mit tollen Kauartikeln.

- Sagen Sie »Sitz« oder »Platz« zu Ihrem Hund, sobald er auf seiner Decke angekommen ist. Warten Sie dann so lange mit der Belohnung, bis er tatsächlich sitzt oder liegt.
- Sie werden sehen: Nach einigen Wiederholungen wird sich Ihr Hund von selbst setzen oder hinlegen, wenn Sie ihn mit dem entsprechenden Signal auf die Decke schicken. Auf das gesprochene »Sitz« oder »Platz« im Anschluss können Sie dann also verzichten. Achten Sie aber bitte darauf, die Übung mit einem »Okay« oder »Weiter« zu beenden, damit Ihr Hund sie nicht selbstständig auflöst.
- Nun braucht es nur noch etwas Geduld und jede Menge Wiederholungen: Trainieren Sie diese Übung täglich für einige Minuten, dann werden Sie ein Hundeleben lang große Freude an diesem Signal haben!

Rechtzeitig eingreifen!

Viele Hundehalter machen den Fehler und lassen ihren Vierbeiner ungehemmt reagieren, wenn Besuch vor der Tür steht. Er springt dann an den Gästen hoch, bellt oder knurrt sogar. Oder er fetzt aufgeregt hin und her. All das ist deutlich unerwünschtes Verhalten. Ganz wichtig ist es, hier aktiv einzugreifen, und das beginnt mit der Wahl eines geeigneten Liegeplatzes im Haus oder in der Wohnung!

Das Training im Alltag nutzen

Sie haben inzwischen fleißig geübt? Dann können Sie das Deckentraining jetzt in Ihren Alltag integrieren. Fortan können Sie das Signal nutzen, um unerwünschtes Verhalten des Hundes verlässlich in erwünschte Bahnen zu lenken. Im Fall der Fälle schicken Sie ihn dann einfach auf seine Decke. Im Fachjargon spricht man hier von »Alternativverhalten«.
Zunächst braucht Ihre Fellnase aber noch einen geeigneten Liegeplatz in der Wohnung: Wählen Sie dazu anfangs einen ruhigen Ort – weit weg vom Trubel, der typischerweise Reaktionen auslöst, die Sie zukünftig unterbinden möchten.

Gäste ohne Stress empfangen

Im folgenden Beispielszenario haben wir es mit einem Hund zu tun, der jedes Mal stark bellt, sobald Besucher klingeln. Stehen die Gäste dann kurze Zeit später im Flur, gerät er regelrecht aus dem Häuschen, springt an ihnen hoch und läuft wild hin und her. Die Ursache für dieses Verhalten sind meist Aufregung und Unsicherheit.
Wir haben das Deckentraining jetzt über einige Wochen aufgebaut und uns schließlich für einen Liegeplatz in der Küche entschieden. Auch in diesem Umfeld haben wir bereits häufig geübt, um eine gewisse Routine zu erreichen. Der Raum liegt etwas abseits von Hausflur und Wohnzimmer, wo sich die Gäste aufhalten. Somit ist die Küche als Liegeplatz in diesem Fall ideal!

Schritt 1 Wenn es nun klingelt, wird unser Hund sofort losbellen. Wir lassen ihn jetzt aber nicht frei herumlaufen, sondern schicken ihn sofort auf seinen Platz in der Küche.

- Sobald er dort liegt, bekommt er einen Kauartikel, den er besonders gern mag – etwa einen Kauknochen, Ochsenziemer oder einen

Kong (→ Seite 24). Das Kauen wirkt stressmildernd und sorgt dafür, dass unser Liebling die Situation positiv verknüpft. Den Kauartikel bekommt der Hund allerdings erst, wenn er entspannt ist und nicht mehr bellt. Wurde das Signal »Decke« regelmäßig trainieren, gelingt das in der Regel rasch.

» Sollte der Vierbeiner nicht gleich zur Ruhe kommen, leinen wir ihn zur Sicherheit am Liegeplatz an, damit er nicht frei umherlaufen kann. Wenn nötig, können wir die Küchentür zunächst noch schließen.

Schritt 2 Während sich unsere Besucher im Wohnzimmer vergnügen, ist unser Hund also ganz ruhig in der Küche mit seinem Kauartikel beschäftigt. Dabei interessiert es ihn im Idealfall kaum, dass gerade Gäste da sind. Erst wenn dieser Trainingsschritt wirklich routiniert und problemlos funktioniert, können wir zum nächsten Schritt übergehen:

» War die Küchentür bisher geschlossen, öffnen wir diese nun. Vermutlich hört Ihr Hund jetzt so manchen Gesprächsfetzen, lachende Gäste oder andere Geräusche, lässt sich davon aber nicht aus der Ruhe bringen.

» Wenn das klappt, können wir den Liegeplatz ganz langsam Richtung Wohnzimmer wandern lassen. Konkret könnte das so aussehen: Die Decke wird zunächst im Flur vor der Küchentür platziert, später etwas weiter hinten vorm Eingang ins Wohnzimmer. Wenn Sie das möchten, wird es nach einiger Zeit sogar möglich sein, die Decke in einer ruhigen Ecke *im* Wohnzimmer zu platzieren – und auf ihr liegt ein tiefenentspannter Vierbeiner.

Mit etwas Übung und Geduld kommt Ihr Hund bald auch in stressigen Situationen auf seinem vertrauten Liegeplatz rasch zur Ruhe.

Bis es so weit ist, können jedoch Monate vergehen. Haben Sie also Geduld. Wichtig ist, dass der Hund den Besuch ignoriert! Tut er dies nicht, gehen wir wieder einen Trainingsschritt zurück.
Leinen Sie Ihren Hund beim Training so lange wie nötig an – insbesondere, wenn Gefahr für Ihre Gäste besteht. Ist dies der Fall, sollten Sie Ihre Fellnase zusätzlich an einen Maulkorb gewöhnen und diesen bei Bedarf auch nutzen. Eine Schritt-für-Schritt-Anleitung zur Maulkorbgewöhnung finden Sie auf Seite 128.

Die Signale »Sitz« und »Platz«

Abschließend möchte ich Ihnen wie versprochen noch eine Kurzanleitung zum Aufbau der Signale »Sitz« und »Platz« geben. Beide sind nicht nur beim Deckentraining sehr hilfreich.

» Nehmen Sie ein Leckerchen in die Hand und führen Sie es so über die Nase des Hundes nach hinten, dass er sich automatisch hinsetzen muss, um es zu erreichen. Nachdem er sitzt, belohnen Sie ihn sofort.
» Sobald dieser erste Übungsschritt gut funktioniert, sagen Sie »Sitz«, kurz bevor Sie den Hund mithilfe des Leckerchens in die gewünschte Position bringen.
» Das Signal »Platz« können Sie am einfachsten aus dem »Sitz« heraus aufbauen. Führen Sie dazu das Leckerchen nah am Hals Ihres Hundes nach unten Richtung Boden. Ihr Vierbeiner sollte dem Happen mit seiner Nase folgen. Am Boden angekommen, ziehen Sie den Leckerbissen dann langsam nach vorn. Die meisten Hunde legen sich daraufhin in die Platz-Position. Geben Sie das Leckerchen frei, sobald Ihr Hund liegt.
» Klappt diese Übung problemlos, können Sie das akustische Signal hinzufügen: Sagen Sie »Platz«, kurz bevor Sie Ihren Hund mit dem Leckerchen nach unten führen.
» Lösen Sie beide Signale immer mit einem »Okay« oder »Weiter« auf, damit Ihr Hund weiß, dass die Übung beendet ist. Wichtig ist, dass er sie nicht selbstständig auflöst.

Anfangs kann das Training vielleicht noch etwas holprig sein. Üben Sie einfach jeden Tag konsequent weiter, dann werden Sie immer schneller vorankommen und Erfolge erzielen.

ÜBUNGSTIPPS

Zwei Fragen werden mir im Zusammenhang mit dem Deckentraining sehr häufig gestellt:

1 **Was tun, wenn der Hund auf seinem Liegeplatz weiterbellt?** Überlegen Sie, ob es einen besseren Ort für den Liegeplatz im Haus gibt. Falls nicht, können Sie das Bellen über ein antrainiertes Meideverhalten stoppen. Hierfür nutze ich das Signal »Schluss« (→ Seite 149). Ziel des Trainings sollte jedoch sein, dass Ihr Hund von selbst auf seinem Platz entspannt. Das Schluss-Signal sollten Sie daher nur in Ausnahmefällen einsetzen. Ihre Fellnase wird rascher und verlässlicher zur Ruhe kommen, wenn Sie das Signal »Decke« im Vorfeld intensiv üben und dabei immer mit einem tollen Kauartikel arbeiten. So wird das Anleinen am Platz mit der Zeit zum angenehmen Ritual, bei dem Ihr Hund auch in schwierigen Situationen ganz automatisch in den Entspannungsmodus umschaltet.

2 **Muss mein Hund die ganze Zeit angeleint bleiben, wenn Besuch da ist?** Das kommt auf Ihren Hund bzw. auf sein Verhalten an. Viele Hunde sind vor allem in der Begrüßungssituation sehr aufgeregt, entspannen sich dann aber rasch, wenn die Gäste eine Weile im Haus sind. Wenn von Ihrem Vierbeiner keine Gefahr ausgeht und Sie den Eindruck haben, dass er sich beruhigt hat, können Sie ihn ableinen. Sollte er daraufhin unerwünschtes Verhalten zeigen, leinen Sie ihn einfach wieder an seinem Platz an.

08

ALARM AM GARTENZAUN!

Was das Bellen bedeutet – und wie Sie es unterbinden

Nicht nur Post- und Paketboten können ein Lied davon singen: Kaum nähert man sich einem Gartentor oder Gartenzaun, beginnt der Hund des Eigentümers wie wild zu kläffen. Warum eigentlich? Weit verbreitet ist immer noch der Glaube, dieses Verhalten sei eine Spezialität von besonders territorial veranlagten Vierbeinern. Mit anderen Worten: Ein Fremder nähert sich dem Grundstück, und der Hund will dann mit vollem Einsatz Haus und Hof verteidigen und potenzielle Eindringlinge in die Flucht schlagen. Klar, das kann eine Ursache sein, muss es aber nicht! Denn auch das Gegenteil ist möglich: Der Hund ist also sozial motiviert und bellt deshalb. Er möchte dann gerne Kontakt zu den Menschen oder Artgenossen aufnehmen, die sich jenseits des Zauns befinden. Oft erkennt man das erst, wenn es dem aufgeregten Kläffer tatsächlich gelingt, auf die andere Seite zu gelangen: Er rennt dann auf die anderen Hunde oder Menschen zu und wirkt dort angekommen überaus freundlich und gar nicht feindselig.

Wenn Freude in Frust umschlägt

Doch selbst dieses zunächst freundliche Sozialverhalten kann zum Problem werden. Nämlich dann, wenn es irgendwann doch in Aggression umschlägt. Die psychologischen Mechanismen, die diesen Prozess begünstigen, kennen wir von der Leinenaggression: Wird ein Hund an der Leine immerfort daran gehindert, mit Artgenossen in Kontakt zu treten, wird ihn das zunehmend frustrieren und unter Umständen aggressiv machen. Diese Art der Aggression kann auf ganz ähnliche Weise leider auch am Gartenzaun entstehen.

Genau hinsehen lohnt sich!
Bevor man also final ein Urteil über die tatsächliche Motivation des Hundes fällt, ist sehr wichtig, genauer hinzusehen. Jetzt aber die gute Nachricht: Für das Training, das ich Ihnen gleich vorstelle, ist es zweitrangig, aus welchen Gründen Ihr Hund am Zaun bellt. Ich arbeite in diesem Fall immer mit einem im Vorfeld aufgebauten Alternativverhalten, das ich dann mit einer Gegenkonditionierung verbinde. Als Joker habe ich schließlich noch ein Meideverhalten in der Hinterhand, das ich per Signal zuverlässig abrufen kann. Aber dazu gleich mehr.

Wachhund erwünscht?
Eine Information ist noch wichtig, bevor wir mit den Übungen beginnen: Manche Halter schätzen es, wenn ihr Hund bei vermeintlicher Gefahr anschlägt. Das Problem dabei: Ihr Vierbeiner kann nicht so leicht zwischen einem Pizzaboten und einem Einbrecher unterscheiden. Um das zu ändern, ist ein sehr gezieltes, aufwendiges

Wer ist denn da hinterm Gartenzaun? Viele Hunde zeigen heftige Reaktionen, wenn sich Fremde von außen ihrem Zuhause nähern.

KAPITEL 08

Hunde mit Spezialtalenten

Nicht jede Rasse ist gleich. Nehmen wir etwa einen Hovawart: Es liegt ihm in den Genen, Haus und Hof zu bewachen. Daher kann es nicht unser Ziel sein, diese Veranlagung komplett zu unterdrücken. Dies wäre genauso sinnlos, wie einem Vollblutjagdhund das Jagen abzugewöhnen. In solchen Fällen ist es zunächst wichtig, die Neigungen bestimmter Rassen zu kennen. Durch spezielles Training können wir sie dann im Alltag kontrollieren. Arbeiten Sie auch dabei mit den hier beschriebenen Schritten.

Training notwendig. Wenn Sie also einen spezialisierten Wachhund haben möchten, wenden Sie sich am besten an eine professionelle Hundeschule, die mit dieser Thematik vertraut ist.

Der Trainingsaufbau

Jetzt aber zurück zu unserem Training. Unser Ziel ist, dass der Hund alles, was sich auf der anderen Seite des Gartenzauns abspielt, ignoriert.

Schritt 1 Im ersten Schritt üben wir das bereits bekannte Deckentraining im Garten und etablieren so ein Alternativverhalten. Das bedeutet, wir lenken unerwünschtes Verhalten in erwünschte Bahnen: Anstatt am Zaun anzuschlagen, soll sich Ihr Hund auf seine Decke legen. Gehen Sie dabei so vor, wie im vorausgehenden Kapitel beschrieben (→ Seite 46). Der einzige

Leckere Kauartikel helfen dabei, dass Fellnasen lieber auf ihrem Platz liegen, als am Gartenzaun zu bellen.

Trainingsziel erreicht: Trotz Trubel am Zaun folgt der Hund Ihrem Rückruf und legt sich dann auf die Decke.

Unterschied ist, dass Sie das Training jetzt eben nicht im Haus, sondern unter freiem Himmel durchführen. Wählen Sie den Liegeplatz Ihres Hundes dabei so, dass er einen ausreichenden Abstand zum Zaun aufweist und Sie die Möglichkeit haben, den Hund anzuleinen.

Schritt 2 Beginnen Sie mit diesen Schritt erst, wenn Sie Ihren Hund zuverlässig auf seinen Platz im Garten schicken können. Ist dies der Fall, können wir mit der Gegenkonditionierung starten. Beschäftigen Sie Ihren Hund dazu auf seinem Liegeplatz mit einem köstlichen Kauartikel (→ Seite 22). Ziel dieses Übungsschritts ist, dass er das Liegen auf seinem Platz deutlich reizvoller findet, als zu beobachten, was jenseits des Zauns vor sich geht. Falls Sie sich nicht sicher sind, ob Ihr Hund doch aufsteht und zum Gartenzaun läuft, können und sollten Sie ihn anfangs noch anleinen. Verhindern Sie, wann immer möglich, dass er seinem Impuls ungehemmt folgen kann – dies ist ein wichtiger Bestandteil des Trainings! Je öfter Sie diese Übung erfolgreich durchführen, desto entspannter wird sich Ihr Hund im Laufe der Zeit im Garten verhalten.

Schritt 3 Aber was tun, wenn der Hund trotzdem überraschend aufspringt, zum Zaun rennt und bellt? In diesem Fall nutze ich das Signal »Schluss«. Wie Sie dieses Signal und das damit verbundene Meideverhalten erfolgreich aufbauen, erfahren Sie in Kapitel 29 (→ Seite 147). Das Schluss-Signal sollten Sie allerdings nur in Ausnahmefällen verwenden. Konzentrieren Sie sich daher zunächst auf die ersten beiden Trainingsschritte. Sie werden sehen: Je länger und intensiver Sie mit Alternativverhalten und Gegenkonditionierung arbeiten, desto seltener werden Sie das Schluss-Signal benötigen.

Lösungsschritte kompakt

SCHRITT 1: Suchen Sie einen geeigneten Liegeplatz im Garten, der weit genug vom Zaun entfernt ist und zudem die Möglichkeit bietet, den Hund bei Bedarf anzuleinen.

SCHRITT 2: Jetzt üben Sie das Deckentraining (→ Seite 47) im Freien. Wählen Sie dafür zunächst Zeiten, in denen keine oder wenige Außenreize am Gartenzaun auftreten.

SCHRITT 3: Trainieren Sie parallel dazu das Schluss-Signal (→ Seite 149), damit Sie unerwünschtes Verhalten bei Bedarf schnell unterbrechen können.

SCHRITT 4: Wenn das Deckentraining gut klappt, können Sie mit der Gegenkonditionierung starten: Beschäftigen Sie Ihren Hund dafür mit einem Kauartikel auf seinem Platz. Falls er noch gelegentlich rückfällig wird, können Sie ihn anleinen. Nutzen Sie nur in Ausnahmefällen das Schluss-Signal, um unerwünschtes Verhalten rasch zu stoppen.

SCHRITT 5: Wenn sich Ihr Hund später frei im Garten bewegt und auf Reize am Zaun reagieren sollte, benötigen Sie ein stabil aufgebautes Rückrufsignal (→ Seite 42). Rufen Sie Ihren Hund dann bei Bedarf ab und schicken Sie ihn auf seinen Liegeplatz.

Üben Sie jeden Schritt so lange wie nötig. Nachhaltige Erfolge erzielen Sie in der Regel nach 3–6 Monaten Trainingszeit.

09

EINE HUNDELEINE IST KEIN SPIELZEUG!

Spielmotivation erkennen und auflösen

Ihr Hund schnappt beim Spazierengehen immer wieder nach seiner Leine und versucht dann, energisch hineinzubeißen und daran zu zerren – so, als wäre sie ein Spielzeug? Wenn Sie dieses Kapitel gezielt aufgeschlagen haben, ist Ihnen das lästige Phänomen vermutlich bekannt. Viele Hundehalter machen bei dieser Verhaltensauffälligkeit die Erfahrung, dass sie immer in ähnlichen Situationen oder an denselben Orten auftritt. Das liegt daran, dass unsere Fellnasen kontextabhängig lernen: Eine Verhaltensweise, die sich schon einmal gelohnt hat, wird am gleichen Ort oder zum gleichen Zeitpunkt – etwa kurz nachdem man die Leine angelegt hat und vor die Haustür treten möchte – erneut ausprobiert, um den bereits bekannten Belohnungseffekt noch einmal zu genießen.

Die Ursache ist ziemlich simpel

Generell lieben es Hunde, an Beute zu zerren, sie zu ergattern und dann gegenüber Mitstreitern zu verteidigen. Es ist Teil ihres natürlichen Spielverhaltens. Einerseits werden dadurch wichtige soziale Kompetenzen trainiert, andererseits aber auch jagdliche Fähigkeiten eingeübt. Insbesondere bei Beutespielen wird dann ein ganzer Cocktail an Hormonen freigesetzt, der auf den Hund stark motivierend und belohnend wirkt. Dies führt schließlich zu vielfachen Wiederholungen des unerwünschten Verhaltens.

Fehlt es wirklich an Respekt?

Im Zusammenhang mit diesem Problem ist es wichtig, dass Sie Glaubenssätze wie »Der nimmt mich nicht ernst!«, »Mein Hund möchte Chef sein!« oder »Der hat ja null Respekt vor mir!« möglichst rasch aus Ihren Gedanken verbannen. Denn wie gesagt, in fast allen Fällen möchte der Hund wirklich nur spielen!
Oder andersherum ausgedrückt: Das Verhalten Ihres Vierbeiners ist nicht, wie häufig behauptet

Typisches Problem: Der Hund beißt in die Leine und will nicht gehen, sondern spielen!

Mit einem »Sitz« können Sie Aufregung und Spiellaune rasch unterbrechen – vorausgesetzt, Ihr Hund beherrscht das Signal.

Oder Sie binden den Hund kurz an, etwa an einer Bank. Auch dann beruhigt er sich rasch.

wird, auf eine ungesunde oder gestörte Mensch-Hund-Beziehung zurückzuführen. Daher bringt es auch nichts, hier auf der Beziehungsebene anzusetzen. Vielmehr müssen Sie in den jeweiligen Situationen durch gezieltes Training gegensteuern. Nur so können Sie die spielerische Motivation des Hundes unterbrechen und das unerwünschte Verhalten allmählich auflösen.

Bewährte Trainingstechniken

Wie man dabei vorgeht, erkläre ich Ihnen in den folgenden Trainingstipps. Welche der beiden Methoden für Sie die bessere Wahl ist, hängt auch vom Trainingsstand Ihres Hundes ab:

Möglichkeit 1 Ihr Vierbeiner beherrscht die Grundsignale und führt sie auch dann zuverlässig aus, wenn er aufgeregt oder stark abgelenkt ist? Falls beides zutrifft, sagen Sie einfach »Sitz« (→ Seite 51), sobald der Hund beginnt, mit der Leine zu spielen. Warten Sie dann, bis sich das Tier entspannt hat, und setzen Sie anschließend Ihren Spaziergang fort.
Verstärken können Sie den Abbruch des unerwünschten Spiels mit einem zuvor trainierten Meideverhalten: Sie sagen dann beispielsweise »Schluss« (→ Seite 149) und schieben das Signal »Sitz« erst im Anschluss nach. Dies wäre eine sehr professionelle Lösung des Problems, die allerdings ein wenig Training voraussetzt.

Möglichkeit 2 Falls es bei den Grundsignalen noch hapert, empfehle ich Ihnen folgende Alternative: Sobald sich Ihr Vierbeiner wieder mit der Leine vergnügt, suchen Sie in der Nähe nach einer sicheren Befestigungsmöglichkeit und binden den Hund dort fest. Mit dieser Methode verfolgen wir wieder das gleiche Ziel: Wir wollen spielerisches Verhalten rasch stoppen, damit es sich für den Hund nicht mehr lohnt. Solange er nämlich nach der Leine schnappt und fröhlich daran zerrt, ist das der Fall!

» Zum Befestigen der Leine eignet sich beispielsweise eine Parkbank, ein Laternenpfahl, ein dünner Baum oder Ähnliches.
» Sobald Sie die Leine sicher befestigt haben, entfernen Sie sich einige Meter und warten. Sie werden sehen: Der Hund unterbricht das Spiel und wird sich rasch entspannen.
» Jetzt gehen Sie zurück zu Ihrem Hund, lösen die Leine und setzen den Spaziergang fort.
» Diesen Vorgang wiederholen Sie so oft wie nötig. Ihr Hund wird dadurch schnell das Interesse verlieren, in die Leine zu beißen. Wie immer gilt: Üben Sie regelmäßig und konsequent – das ist der Schlüssel zum Erfolg!

Lösungsschritte kompakt

SCHRITT 1: Bauen Sie die Grundsignale »Sitz« und »Schluss« (→ Seite 51, 149) auf, um sie bei Bedarf als Alternativ- bzw. Meideverhalten zu nutzen.

SCHRITT 2: Falls Ihr Hund diese Signale noch nicht beherrscht, befestigen Sie die Leine an einer geeigneten Stelle in Ihrer Nähe. Entfernen Sie sich einige Meter, ignorieren Sie den Vierbeiner und warten Sie, bis er sich entspannt. Binden Sie ihn daraufhin wieder los und gehen Sie weiter. Bei Bedarf wiederholen Sie diese Übung.

10

BLEISCHWERE PFOTEN

Wenn Hunde einfach nicht weiterlaufen wollen

Dieses Problem tritt vor allem bei noch sehr jungen oder jüngeren Vierbeinern auf – zum einen bei Welpen und zum anderen bei Hunden in der Pubertät. Ferner können auch gesundheitliche Probleme dafür verantwortlich sein, dass Hunde beim Gassigehen regelrecht blockieren und sich nicht mehr vom Fleck bewegen. Je nach Ursache kommen verschiedene Lösungsansätze infrage, um die Spaziergänge wieder flüssig und reibungslos zu gestalten.

Spaziergänge mit Welpen

Wer ein Hundebaby zu Hause hat, hat diese Situation bestimmt schon einmal erlebt: Sie wollen eine ausgedehnte Gassirunde drehen, und bereits nach kürzerer Zeit setzt oder legt sich die Fellnase auf den Boden und macht keinen Schritt mehr vor oder zurück. Aber warum? Ist der Hund stur, oder will er etwa gar nicht raus? Der Grund für dieses Verhalten ist meist ein anderer: Ihr Welpe ist erschöpft und kann nicht mehr!

Fünf Minuten pro Lebensmonat

Um Ihren Hund nicht zu überfordern, können Sie sich an der »Fünf-Minuten-Regel« orientieren. Sie besagt, dass ein Welpe pro Lebensmonat etwa fünf Minuten laufen kann, bevor er langsam an seine körperlichen Grenzen stößt. Ist Ihr Hund zwölf Wochen alt, können Sie normalerweise ohne Probleme 15 Minuten mit ihm spazieren gehen. Im Alter von vier Monaten sind dann bereits 20 Minuten möglich, und einem sechs Monate alten Hundekind können Sie auch schon eine halbe Stunde zumuten. Diese Regel bietet aber nur grobe Anhaltspunkte, denn jeder Vierbeiner ist anders (siehe Kasten rechts).

Zu viele Eindrücke

Nicht nur die körperliche Anstrengung, sondern auch die vielen Außenreize, die beim Gassigehen auf sie einprasseln, können Welpen überfordern. Das führt dann häufig zum gleichen Problem: Dem kleinen Hund wird der ganze Trubel um ihn herum zu viel, und er bewegt sich nicht mehr

Der Hund will nicht vom Fleck: Dieses Problem tritt vor allem bei jungen Fellnasen auf.

Beim Training ist der richtige Belohnungszeitpunkt sehr wichtig: Ein Leckerchen gibt's erst, wenn der Hund wieder in Bewegung ist!

Oftmals wirken auch Führhilfen wie das »Canny Collar« wahre Wunder.

vom Fleck. In diesem Fall ist es wichtig, dass sich Ihr Hund an die äußeren Umstände gewöhnen kann. Gönnen Sie ihm also eine kurze Pause und probieren Sie dann, ihn zum Weitergehen zu motivieren. Dazu können Sie ihn freudig ansprechen, sanft an der Leine ruckeln oder den Hund kurz hochnehmen und ein paar Meter tragen, falls sein Gewicht das zulässt. Nach wenigen Schritten setzen Sie ihn dann wieder ab. Daraufhin laufen die meisten Welpen weiter.

Sie dürfen nur eines auf gar keinen Fall tun: Locken Sie den Welpen niemals mit Leckerchen oder anderen attraktiven Belohnungen an! Andernfalls wird sich das unerwünschte Verhalten festigen. Ihr Hund lernt dann: Wenn ich zwischendurch immer mal wieder stehen bleibe, bekomme ich dafür einen Keks. Belohnen dürfen Sie Ihren Schützling natürlich trotzdem – aber bitte erst, nachdem er wieder ein paar Schritte flüssig mit Ihnen mitgelaufen ist.

Angst und Unsicherheit

Ist Ihr Welpe beim Gassigehen sehr zögerlich, kann das auch daran liegen, dass er Angst hat oder stark verunsichert ist. Das spiegelt sich dann meist auch deutlich in der Körpersprache des Hundes wider: Er setzt sich ab oder legt sich hin, zittert dabei und wirkt wie eingefroren. In solchen Fällen ist es wichtig, diesen emotionalen Zustand rasch zu beenden: Führen oder tragen Sie das Tier an einen Ort, an dem es sich sicherer fühlt und wieder entspannen kann.

Solche Ängste plagen normalerweise nur sehr junge Hunde; von Tag zu Tag werden die Kleinen dann mutiger. Man muss ihnen nur etwas Zeit geben, sich langsam an die Welt da draußen zu gewöhnen. Wenn sich das Problem nach wenigen Wochen nicht bessert, sollten Sie allerdings einen professionellen Trainer zurate ziehen.

Ist der Hund schon müde?

Die Fünf-Minuten-Regel ist nicht in Stein gemeißelt, das gilt vor allem für bewegungsfreudige Hunde. Wichtig ist, dass Sie Ihren Welpen aufmerksam beobachten: Wenn Sie den Eindruck haben, dass er eine Pause benötigt, dann gönnen Sie ihm diese oder brechen Sie den Spaziergang bei Bedarf sogar ab. Wirkt er fit und munter, können Sie ruhig einige Minuten überziehen. Haben Sie Geduld: Die Kondition Ihres Schützlings wird in den kommenden Monaten immer weiter zunehmen, sodass er schon bald mühelos auch etwas längere Strecken bewältigen kann.

Spaziergänge mit Junghunden

Nun kommen wir zu Hunden, die in der Pubertät stecken. Bei den meisten Rassen beginnt diese »Flegelzeit« zwischen dem sechsten und achten Lebensmonat (→ Seite 150). Die Hormone spielen jetzt regelrecht verrückt, und viele Vierbeiner würden am liebsten nur noch ihre eigenen Interessen verfolgen. In dieser Phase haben sich zwei Techniken bewährt, die übrigens auch bei älteren Hunden noch gut funktionieren.

Technik 1 Zum einen können Sie das Signal »Weiter« (→ Seite 66) nutzen, um den Hund in Bewegung zu bringen. Dazu müssen Sie es aber im Vorfeld – also zunächst unabhängig von der Problemsituation – einige Tage intensiv aufbauen. Arbeiten Sie dabei wie immer mit attraktiven Belohnungen! Sobald das Signal zuverlässig funktioniert, können Sie es einsetzen, wenn sich Ihr Vierbeiner querstellt. Wichtig ist, dass Sie die Belohnung in der Problemsituation verzögern: Sie sagen also »Weiter« und belohnen den Hund erst dann, wenn er einige Schritte mit Ihnen mitgelaufen ist. Andernfalls kann eine unerwünschte Verhaltenskette entstehen.

Technik 2 Ein zweiter bewährter Trick ist das »Ruckeln« an der Leine: Sie machen dies so lange, bis Ihr Hund weiterläuft. Der Reiz, der dadurch am Halsband bzw. Brustgeschirr entsteht, sollte keinesfalls zu stark, aber auch nicht zu schwach sein: Stellen Sie sich einfach ein Kind vor, das permanent an Ihrem Pullover zupft, um auf sich aufmerksam zu machen. Wenn Sie diese Intensität erreichen, ist das genau richtig. Belohnt wird der Hund dann erst, wenn er einige Schritte mit Ihnen mitgelaufen ist.

Wenn sich kein Erfolg einstellt

Möglicherweise tritt das unerwünschte Verhalten bei Ihrem Vierbeiner so oft und intensiv auf, dass Ihnen keine der beiden Techniken weiterhilft. In diesem Fall kann ein Canny Collar eine wertvolle Unterstützung sein. Wie dieses Spezialhalsband funktioniert, habe ich im vierten Kapitel (→ Seite 33) ausführlicher beschrieben.

Wenn Sie den Eindruck haben, dass Ihr Hund den Spaziergang aufgrund gesundheitlicher Probleme nicht fortsetzen möchte, ist es natürlich unumgänglich, einen Tierarzt aufzusuchen. Ob ein Hund krank oder körperlich beeinträchtigt ist, erkennt man als Laie leider oft nicht auf des ersten, flüchtigen Blick. Nehmen Sie sich daher die nötig Zeit und beobachten Sie Ihren Liebling sorgfältig: Hat er eventuell Schmerzen im Bewegungsapparat, oder gibt es andere Auffälligkeiten? Solche Beobachtungen können auch Ihrem Tierarzt bei der Diagnose weiterhelfen.

Lösungsschritte kompakt

SCHRITT 1: Vereinbaren Sie zunächst einen Termin beim Tierarzt, um gesundheitliche Probleme als Ursache auszuschließen.

SCHRITT 2: Animieren Sie den sitzenden oder liegenden Hund nicht mit Futter zum Weitergehen, das ist kontraproduktiv!

SCHRITT 3: Achten Sie darauf, dass Ihr Welpe nicht körperlich bzw. durch zu viele Außenreize überfordert wird. Machen Sie in diesem Fall eine Pause oder brechen Sie den Spaziergang bei Bedarf ganz ab.

SCHRITT 4: Wenn Welpen nicht weiterlaufen wollen, kann es helfen, sie kurz hochzuheben und ein paar Meter zu tragen. Die meisten Hundekinder setzen sich daraufhin von selbst wieder in Bewegung.

SCHRITT 5: Bringen Sie Ihrem Hund das Weiter-Signal (→ Seite 66) bei und nutzen Sie es, wenn er beim Gassigehen blockiert.

SCHRITT 6: Arbeiten Sie mit der beschriebenen »Ruckeltechnik« oder nutzen Sie bei Bedarf ein Canny Collar (→ Seite 33) als Führhilfe, um das Problem zu lösen.

11

MAN WIRD DOCH NOCH HALLO SAGEN DÜRFEN?

Wenn Hunde ständig zu ihren Artgenossen zerren

Vor allem auf Wegen, auf denen auch viele andere Hundehalter gern ihre Gassirunden drehen, kann das Spazierengehen schnell zur Tortur werden: Immer wieder zerrt der eigene Vierbeiner mit voller Kraft zu einer Fellnase, die da gerade um die Ecke biegt. Zu Hause angekommen, schmerzen dann nicht selten Arme und Schultern – und die Nerven liegen blank.

Hunde lieben es eben, mit ihren Artgenossen in Kontakt zu treten; das liegt in ihrer Natur. Und eben weil diese soziale Motivation so stark ausgeprägt ist, benötigen Sie viel Geduld, um das andauernde Gezerre an der Leine langfristig zu unterbinden. Das soll Sie aber bitte nicht entmutigen! Wenn Sie das Problem gezielt und mit etwas Durchhaltevermögen angehen, werden sich rasch erste Erfolge einstellen.

Kein Kontakt mehr an der Leine!

Konsequenz beim Training ist bei diesem Problem jedoch unverzichtbar. Denn sobald Sie Ihrem Hund an der Führleine auch nur gelegentlich erlauben, seinen Artgenossen Hallo zu sagen, wird seine Motivation belohnt, und das unerwünschte Verhalten nimmt weiter zu.

Somit ist das wichtigste Ziel, Sozialkontakte an der Führleine zukünftig möglichst *komplett* zu vermeiden. So lernt Ihr Hund am effektivsten, seine Artgenossen entspannt links liegen zu lassen. Neben dem Vorteil fürs Training gibt es aber noch weitere triftige Gründe, die für diese konsequente Vorgehensweise sprechen:

- Der Leinenbereich sollte stets ein sicherer und geschützter Raum für Ihren Hund sein. Gleichzeitig werden seine Fluchtmöglichkeiten und auch sein Ausdrucksverhalten durch die Leine stark eingeschränkt. Dringen häufiger Artgenossen in diese Schutzzone vor

Mit dem Signal »Schau« fangen Sie den Blick Ihres Hundes ein und haben dann seine volle Aufmerksamkeit.

und rücken Ihrem Hund dabei sogar unangenehm auf die Pelle, wird er sich im angeleinten Zustand immer unsicherer fühlen und im schlechtesten Fall sogar das Vertrauen zu Ihnen verlieren. Denn Sie sind sein Mensch und halten schließlich die Leine in der Hand!

- Nicht alle Vierbeiner sind gesund und gut sozialisiert. Sie dürfen also nicht davon ausgehen, dass jeder fremde Hund, der Ihnen entgegenkommt, freundliche und friedliche Absichten hat. Daher ist es sinnvoll, im angeleinten Zustand lieber vollständig auf Sozialkontakte zu verzichten. Nicht zuletzt können Hunde nur schwer unterscheiden, zu wem sie dürfen und zu wem nicht. Bei dieser Thematik gilt also: Entweder ist der Sozialkontakt an der Leine immer erlaubt – oder eben nie. »Nie« ist hier die eindeutig bessere Wahl!

Lieber auf die Hundewiese!

Der Sozialkontakt zu Artgenossen ist für die Entwicklung Ihres Hundes wertvoll und wichtig. Das beschriebene Vorgehen soll daher bitte nicht dazu führen, dass Ihr Liebling zukünftig gar keine anderen Hunde mehr kennenlernt und nicht mehr mit ihnen spielen darf. Gleichen Sie eventuelle Defizite aus, indem Sie regelmäßig Freilaufflächen – etwa eine Hundewiese im Park – besuchen. Dort kann Ihre Fellnase ohne Leine nach Herzenslust herumtoben und neue Hundefreundschaften schließen.

Das Training in der Praxis

Bevor das mit dem »Nie« klappt, muss Ihr Hund jedoch lernen, seine Artgenossen zu ignorieren, wenn er angeleint ist. Dazu können Sie Begegnungen mit anderen Vierbeinern ganz gezielt für Ihr Training nutzen. Am besten lässt sich die Motivation Ihres Hundes über ein Alternativverhalten reduzieren; besonders gut eignen sich hierfür die Signale »Schau« und »Weiter«.

» Bauen Sie die Signale »Schau« und »Weiter« zunächst über 7–14 Tage an einem ruhigen Ort ohne Ablenkungen auf. Wie das klappt, erfahren Sie am Ende des Kapitels.

» Nach erfolgreichem Training in reizarmer Umgebung können Sie die Signale dann – zunächst noch mit genügend Abstand zu anderen Hunden – auch auf Ihren Spaziergängen nutzen: Dazu sagen Sie im ersten Schritt »Schau«, um die Aufmerksamkeit Ihres Hundes auf sich zu lenken. Anschließend geben Sie das Signal »Weiter«, um ihn sicher an seinen Artgenossen vorbeizuführen.

» Wählen Sie den Abstand zu anderen Hunden immer so, dass Ihr Vierbeiner die Übung noch erfolgreich bewältigen kann. Wichtig ist zudem, dass Sie ihn hochwertig belohnen, wenn er wie gewünscht reagiert.

Wenn Sie insbesondere auch den letzten Punkt beachten, wird Ihre Fellnase Ihnen gerne folgen. Nach einigen Wochen können Sie die Distanz zu anderen Vierbeinern dann kontinuierlich verringern. Je öfter Sie Ihre Spaziergänge so meistern, desto stärker wird Ihr Hund verinnerlichen, dass es viel lohnenswerter für ihn ist, seine Artgenossen ganz entspannt links liegen zu lassen.

Die Signale »Schau« und »Weiter«

Für das Training des zuvor beschriebenen Alternativverhaltens benötigen Sie die beiden Signale »Schau« und »Weiter«. Hier erfahrenen Sie, wie Sie beim Signal-Aufbau vorgehen:

Signal 1 Wenn Sie zu Ihrem Hund zukünftig »Schau« sagen, möchten Sie, dass er Sie sofort ansieht und Ihnen seine volle Aufmerksamkeit schenkt. Das Signal eignet sich hervorragend als Reizunterbrecher, denn Vierbeiner reagieren immer nur auf das, was sie gerade fixieren.

- Platzieren Sie einen tollen Leckerbissen zwischen Daumen und Zeigefinger und geben Sie Ihrem Hund dann das Signal »Schau«. Gleichzeitig wandert Ihre Hand Richtung Stirn, bis sich das Leckerchen über Ihrer Nase zwischen den Augenbrauen befindet.
- Im Idealfall wird der Vierbeiner jetzt Ihrer Handbewegung und der begehrten Leckerei mit seinem Blick folgen. Sobald er das Leckerchen zwischen Ihren Augen fixiert, belohnen Sie ihn sofort damit.
- Dieses Prozedere wiederholen Sie nun einige Male. Verändern Sie dabei häufig Ihre Position und auch die Umgebung, in der Sie diesen wichtigen Übungsschritt trainieren.
- Nach einiger Zeit wird Ihr Vierbeiner Sie sofort ansehen, wenn Sie »Schau« sagen – auch wenn Sie gar kein Leckerchen mehr in der Hand halten und zur Stirn führen. Jetzt wird der Hund unmittelbar für die erfolgreiche Reaktion (also den Blickkontakt inklusive seiner vollen Aufmerksamkeit) belohnt.
- Im Verlauf des weiteren Trainings können Sie die Anforderungen Woche für Woche weiter steigern: Erhöhen Sie dafür in kleinen Schritten den Ablenkungsgrad; üben Sie also zu-

Mit dem Signal »Weiter« lernt der Hund, sich rasch von reizvollen Dingen zu trennen und sich Ihnen wieder anzuschließen.

Später kommen die Signale »Schau« und »Weiter« beim Spazierengehen zum Einsatz. Mit etwas Übung wird sich Ihre Fellnase unterwegs schon bald nicht mehr für andere Hunde interessieren.

nächst in einem etwas belebterem Umfeld, später in einer Umgebung, in der sich viele andere Menschen oder Hunde aufhalten. Je länger und intensiver Sie das Signal trainieren, desto erfolgreicher können Sie es langfristig als Reizunterbrecher einsetzen. Ihr Hund wird auch dann noch reagieren, wenn er sehr aufgeregt oder gestresst ist.

Signal 2 Das Signal »Weiter« ist sehr hilfreich, wenn Sie möchten, dass sich Ihr Hund von reizvollen Dingen löst und weiterläuft. Wählen Sie anfangs wieder ein ruhiges Trainingsumfeld und halten Sie attraktive Belohnungen bereit.

- Im ersten Schritt machen Sie den Hund in einer möglichst einfachen Situation mit dem neuen Signal vertraut: Ihr Vierbeiner nimmt beispielsweise einen interessanten, aber nicht zu reizvollen Geruch am Wegesrand wahr. Sie wissen also, dass er gleich wieder das Interesse verliert und weiterläuft.
- Genau in diesem Moment beginnen Sie mit dem Aufbau des Signals: Sagen Sie »Weiter« und belohnen Sie Ihren Hund, nachdem er wie gewünscht reagiert hat.
- Nach und nach steigern Sie den Schwierigkeitsgrad: Üben Sie jetzt mit Dingen, die weitaus reizvoller duften und von denen sich die Fellnase schwerer trennen kann. Oder kombinieren Sie mehrere Verlockungen. Unser Ziel ist, dass das Signal auch dann noch funktioniert, wenn fremde Hunde anwesend sind.

Die Signale »Schau« und »Weiter« lassen sich übrigens auch wunderbar mit einem Clicker trainieren (→ Seite 221). Geklickt wird immer dann, wenn der Hund im jeweiligen Trainingsschritt wie gewünscht reagiert hat.

Lösungsschritte kompakt

SCHRITT 1: Vermeiden Sie möglichst alle Sozialkontakte an der Führleine. Natürlich darf Ihr Vierbeiner auch zukünftig andere Hunde kennenlernen – aber nicht beim Spazierengehen, sondern auf der Hundewiese!

SCHRITT 2: Bauen Sie die Signale »Schau« und »Weiter« auf. Üben Sie zunächst in reizarmer Umgebung, ohne dass dabei schon andere Hunde anwesend sind.

SCHRITT 3: Jetzt können Sie beide Signale auch beim Spazierengehen nutzen. Achten Sie dabei anfangs auf einen ausreichenden Abstand zu den anderen Vierbeinern. Belohnen Sie Ihren Hund hochwertig, wenn er das erwünschte Verhalten zeigt.

SCHRITT 4: Verringern Sie nach und nach den Abstand zu den anderen Hunden. Gehen Sie dabei jedoch behutsam vor. Wichtig ist, dass Ihr Vierbeiner die Übung immer problemlos meistern kann.

SCHRITT 5: Haben Sie Geduld und Ausdauer. Es kann mehrere Monate dauern, bis sich die Motivation Ihres Hundes reduziert und er seine Artgenossen entspannt ignoriert.

OPTIONAL: Gewöhnen Sie Ihren Hund an eine Führhilfe, wenn er stark zu anderen Hunden zieht und Sie Schwierigkeiten haben, ihn zu halten. Hierfür empfehle ich ein Canny Collar (→ Seite 33).

12

DAS KLINGT NICHT GUT!

So nehmen Sie Ihrem Hund die Angst vor Geräuschen

Draußen zieht ein Sturm auf, es donnert, und Ihre Fellnase verkriecht sich unterm Küchentisch? Oder Ihr Hund zuckt zusammen, sobald Sie den Staubsauger anschalten? Geräuschängste können bei Vierbeinern jeden Alters und jeder Rasse auftreten. Sie können genetisch veranlagt sein oder sich im Laufe des Hundelebens durch Lernerfahrungen entwickeln. Aber auch eine mangelnde Sozialisation während der Welpenzeit kann zu solchen Ängsten führen.

Hier eine Liste der häufigsten Ursachen für Geräuschängste. Überschneidungen sind möglich, denn es kommt eher selten vor, dass nur ein Faktor für das Problem verantwortlich ist.

- Sind die Ursachen genetischer Natur, wird der Hund mit dieser Neigung geboren. Meist beschränkt sich die Angst dann nicht nur auf Geräusche, sondern es besteht eine allgemeine Veranlagung zu ängstlichem Verhalten.
- Geräuschängste können aber auch das Ergebnis negativer Lernerfahrungen sein. In diesen Fällen kann man häufig beobachten, dass sich das Angstverhalten des Hundes zunächst auf spezielle Geräusche beschränkt. Klassische Beispiele hierfür sind die Angst bei Unwetter und Feuerwerk. Meist reagieren Hunde auf das Donnern und Knallen anfangs noch nicht ganz so heftig, die Angst steigert sich dann aber rasch von Mal zu Mal. Da Vierbeiner zu Generalisierungen neigen, können sich die Ängste dann langfristig ausweiten: Ist es zu Beginn vielleicht »nur« das Gewitter, versetzen später auch Baustellenlärm und ähnliche akustische Reize den Hund in Panik.
- Ist eine mangelnde Sozialisation für die Angst verantwortlich, bereiten dem Hund vor allem solche Geräusche Unbehagen, die er in der so wichtigen Präge- und Sozialisierungsphase (sie reicht von der vierten bis maximal zur sechzehnten Lebenswoche) nie oder kaum kennengelernt hat. Betroffen sind beispielsweise Vierbeiner, die mit ihren Menschen vom Land in die Großstadt ziehen: Hupende Autos, ratternde Straßenbahnen oder die heulenden Sirenen von Einsatzfahrzeugen wirken auf sie völlig fremd und furchteinflößend, was schließlich zu einer ausgeprägten Geräuschangst führen kann.

Die Lösung des Problems

Um die Geräuschängste in den Griff zu bekommen, müssen Sie zunächst die Auslöser ausfindig machen; nur so können Sie Ihren Hund später gezielt desensibilisieren. Sehr hilfreich sind dabei spezielle Klangbibliotheken, die auf CD und auch online zum Download angeboten werden. Sie decken nahezu jedes Alltagsgeräusch ab – vom Rasenmäher bis zum Feuerwerk.

Schritt 1 Bestimmte Geräusche, die Ihrem Hund Angst machen, haben Sie sicher schon identifiziert. Einige sind Ihnen aber vielleicht noch unbekannt. Sie spüren diese auf, indem Sie

Hört Ihr Hund vormals angstmachende Geräusche beim Fressen, wird er sie allmählich positiv verknüpfen.

die Geräusche nach und nach in der Nähe Ihres Vierbeiners abspielen. Ganz wichtig ist dabei, die Lautstärke so zu regeln, dass Ihr Hund gegebenenfalls nur leichte Angstreaktionen zeigt.

Schritt 2 Nachdem Sie alle furchteinflößenden Geräusche identifiziert haben, können Sie mit der Desensibilisierung beginnen. Dazu wird das jeweilige Geräusch mehrmals täglich in einer milden Lautstärke abgespielt, die keine Angstreaktion beim Vierbeiner auslöst. Nach und nach kann der Pegel dann erhöht werden. Gehen Sie dabei aber behutsam und in kleinen Schritten vor – und arbeiten Sie immer im »Wohlfühltempo« des Hundes!

Schritt 3 Jetzt können Sie noch ein weiteres Tool aus dem Hundetraining nutzen: die Gegenkonditionierung. Das Ziel ist dabei, dass Ihr Vierbeiner die bislang angstauslösenden Reize

Ein Shirt gegen die Angst

Vielleicht haben Sie schon einmal den Begriff »Thundershirt« gehört? Das Hilfsmittel wirkt auf viele Hunde mit Geräuschängsten beruhigend und wird daher häufig von Tierärzten und Verhaltenstrainern empfohlen. Solche Shirts liegt eng am Hundekörper an, üben dabei einen sanften, konstanten Druck aus und entfalten so den gewünschten Effekt. Ähnlich wie bei einer Führhilfe (→ Seite 33) müssen Hunde sich aber zunächst an das Tragen des Shirts gewöhnen; Thundershirts sind im Fachgeschäft für Tierbedarf und online erhältlich.

Nicht jeder Lärm, wie etwa der Motor eines Staubsaugers, macht betroffenen Hunden Angst. Daher müssen Sie zunächst herausfinden, welche Geräusche tatsächlich problematisch sind.

Aus Angst wird ganz langsam Genuss: Auch leckere Kauartikel eignen sich hervorragend zur Gegenkonditionierung.

nicht nur toleriert, sondern im Idealfall sogar positiv verknüpft. Dies gelingt, indem Sie die Geräusche täglich während der Fütterungszeit abspielen oder den Hund währenddessen mit seinem Lieblingskauartikel verwöhnen.

So vermeiden Sie Rückschläge

Ein Verhaltenstraining mit dem Ziel, bestehende und möglicherweise tief sitzende Ängste aufzulösen, ist keine ganz einfache Sache, und der Erfolg wird sich nicht über Nacht einstellen. Haben Sie daher Geduld und gehen Sie mit viel Fingerspitzengefühl vor. Erschrickt Ihr Vierbeiner, weil Sie beispielsweise zu schnell mit zu hoher Lautstärke arbeiten, kann das auch nach mehrwöchigem Training zu enormen Rückschlägen führen. Gleiches gilt für angstauslösenden Lärm, der überraschend von außen kommt – etwa ein starkes Unwetter oder Knallkörper, die bei einem Straßenfest in der Nachbarschaft gezündet werden. Schlimmstenfalls müssen Sie dann mit dem Training wieder ganz von vorn beginnen.
Seien Sie also achtsam, üben Sie langsam und versuchen Sie, Ihren Hund während des Trainings von allen angstauslösenden Außenreizen abzuschirmen. Wenn Sie gleichzeitig beharrlich am Ball bleiben, Ihre Fellnase kontinuierlich desensibilisieren und zudem unterstützend mit einer Gegenkonditionierung arbeiten, erreichen Sie in der Regel die besten Ergebnisse.

Medikamente als letzter Ausweg?
Sollten die Ängste Ihres Hundes so stark ausgeprägt sein, dass Sie mit den beschriebenen Techniken keine Fortschritte erzielen, ist unter Umständen eine unterstützende medikamentöse Therapie empfehlenswert. Lassen Sie sich aber vorab unbedingt von Ihrem Tierarzt beraten!

Lösungsschritte kompakt

SCHRITT 1: Besorgen Sie sich eine Zusammenstellung auf CD oder in Form von digitalen Audio-Dateien, die möglichst viele Alltagsgeräusche beinhaltet.

SCHRITT 2: Finden Sie jetzt ganz vorsichtig und mit geringer Lautstärke heraus, welche Geräusche Ihrem Hund Angst machen.

SCHRITT 3: Beginnen Sie mit der Desensibilisierung. Arbeiten Sie dabei immer in der Wohlfühllautstärke des Hundes!

SCHRITT 4: Arbeiten Sie unterstützend mit einer Gegenkonditionierung, indem Sie die Geräusche zu den Fütterungszeiten abspielen oder dem Hund währenddessen einen besonders reizvollen Kauartikel anbieten.

SCHRITT 5: Organisieren Sie den Alltag Ihres Vierbeiners so, dass seine Geräuschängste gar nicht oder zumindest möglichst selten ausgelöst werden. Berücksichtigen Sie dabei auch akustische Reize, die eventuell von außen kommen könnten.

SCHRITT 6: Nutzen Sie bei Bedarf unterstützende Hilfsmittel wie ein Thundershirt. Medikamente sollten nur nach Rücksprache mit dem Tierarzt verabreicht werden.

SCHRITT 7: Haben Sie Geduld: Nachhaltige Erfolge stellen sich in der Regel erst nach einer Trainingszeit von 3–6 Monaten ein.

EXTRA

Fünf wertvolle Tipps für den Jahreswechsel mit Hund

Für manche Zweibeiner ist es der allerschönste, für manche Vierbeiner der schlimmste Tag im ganzen Jahr: Wenn draußen die Raketen zischen und im Sekundentakt die Böller explodieren, macht dieses höllische Spektakel nicht nur extrem geräuschempfindlichen Hunden zu schaffen. Wenn Sie die nachfolgenden fünf Tipps beherzigen, wird sich Ihr Liebling aber auch an Silvester wohlfühlen. Im Idealfall bekommt er von all dem Trubel und der wilden Knallerei kaum etwas mit und vergnügt sich ganz entspannt mit anderen Dingen.

Noch ist es schön ruhig: Unternehmen Sie am frühen Morgen einen langen Spaziergang mit Ihrem Hund.

Tipp 1 Drehen Sie möglichst früh am Morgen eine ausgedehnte Runde mit Ihrem Vierbeiner. In den Morgenstunden, am letzten Tag des Jahres, ist der Geräuschpegel in der Regel noch niedrig, und Ihr Schützling kann noch einmal entspannt mit Ihnen einen längeren Spaziergang genießen. Sollte Ihr Hund starke Angst vor Feuerwerksgeräuschen haben, gehen Sie im weiteren Tagesverlauf nur noch ganz kurz mit ihm hinaus, damit er sein Geschäft erledigen kann. Beachten Sie dabei, dass manche Nachbarn oft schon vor Einbruch der Dunkelheit die eine oder andere Knallerei zünden.

Tipp 2 Bieten Sie Ihrem Hund in der Wohnung angenehme Rückzugsorte und halten Sie möglichst alle Außengeräusche von ihm fern. Fenster und Türen sollten also fest verschlossen und auch nicht gekippt werden – zumindest in den Räumen, in denen sich der Vierbeiner aufhält. So können Sie die für Ihren Hund unangenehme Geräuschkulisse ein wenig reduzieren. Diese Regel wird natürlich umso wichtiger, je weiter der Silvesterabend voranschreitet.

Tipp 3 Ist es sehr still in Ihrer Wohnung, wird der Ihr Hund angstauslösende Knallgeräusche intensiver wahrnehmen. Halten Sie deshalb den Geräuschpegel in den eigenen vier Wänden

Bei Hunden mit leichten Ängsten sorgen Bewegung oder ein lustiges Suchspiel für Ablenkung.

Schließen Sie am Silvestertag möglichst alle Fenster und Türen – vor allem in den Räumen, in denen sich Ihr Hund aufhält.

Ihr Hund wird sich freuen, wenn es auch für ihn zum Jahreswechsel ein paar reizvolle Programmpunkte gibt.

am Silvesterabend »angenehm hoch«, indem Sie beispielsweise das Radio oder den Fernseher einschalten. Läuft Musik oder eine Sendung, schwächt das den Feuerwerkslärm draußen vor der Tür ein wenig ab. Bedenken Sie aber, dass zum Jahreswechsel auf vielen Kanälen Silvesterpartys inklusive Knallerei ausgestrahlt werden. Diese Sender sollten Sie natürlich meiden.

Tipp 4 Falls der Lärm von Böllern und Raketen doch zu Ihrem Hund durchdringt und ihm arg zu schaffen macht, sollten Sie ihn nicht zu überschwänglich trösten und beruhigen, denn das ist eher kontraproduktiv. Hat Ihr Vierbeiner Angst und beginnt zu zittern, kann zu viel Zuwendung in diesem Moment sogar negativ verstärkend wirken. Streicheln Sie das Tier daher nur sanft und bleiben Sie gelassen. Allein schon Ihre Anwesenheit und körperliche Nähe wird sich positiv auf Ihren Liebling auswirken.

Tipp 5 Sollte Ihr Hund am Silvesterabend »nur« leichte Angstsymptome zeigen, können Sie ihm mit positiver Beschäftigung über diese kleinen emotionalen Erschütterungen hinweghelfen: Sprechen Sie ihn an und motivieren Sie ihn, sich ein wenig zu bewegen. Sie können auch einen Schnüffelteppich (→ Seite 23) präparieren oder andere Suchspiele spielen. Oder Sie lassen den Hund im Wohnzimmer seinen Lieblingsdummy apportieren. Mit etwas Bewegung, Ablenkung und Beschäftigung wird sich Ihre Fellnase rasch wieder wohlfühlen!

13

MEIN HUND HAT ANGST VOR KÖRPERPFLEGE!

So verwandeln Sie Unbehagen in Vorfreude

»Da muss der Hund jetzt durch!« Diesen Satz höre ich immer wieder, wenn es um all die Dinge und Situationen geht, die für unsere Fellnasen unangenehm sein können. Die Klassiker sind hier das Abtrocknen der Pfoten nach dem Regenspaziergang, das Saubermachen der Ohren oder auch die ganz normale Fellpflege mit Kamm und Bürste. Genau diese sehr menschliche, aber leider dennoch falsche Einstellung kann langfristig zu Schwierigkeiten führen. Nehmen wir zur Veranschaulichung ein typisches Alltagsbeispiel: Egal ob Langhaarcollie, Yorkshire Terrier, Malteser oder Pudel – die meisten Rassen müssen regelmäßig gebürstet werden. Der eine Hund mehr, der andere weniger.

Bitte etwas sanfter bürsten!

Das Problem: Viele Vierbeiner empfinden diese notwendige Pflege von Anfang an als unangenehm, weil sie meist zu unsanft durchgeführt wird. Das Fell ist vielleicht ein wenig verfilzt oder verknotet, und der Mensch (ungeduldig, wie er eben oft ist) zupft dann etwas heftiger am Kamm, um die Stelle rasch zu glätten. An diesem Punkt beginnen die meisten Hunde, Abwehrreaktionen zu entwickeln, und viele versuchen zunächst, der Situation zu entkommen. Und wie verhält sich der Mensch? Er will natürlich weitermachen, schnell fertig werden, also hält man den Hund gegen seinen Willen fest: »Da muss er jetzt durch!« Eine Abwärtsspirale beginnt.

Erst wird geschnappt, dann zugebissen

Von Mal zu Mal steigert sich das Abwehrverhalten des Hundes, und bei jedem Versuch, ihn zu bürsten, reagiert er jetzt noch sensibler. Auf die erfolglosen Fluchtversuche folgt dann in der Regel ein erstes Knurren. Hilft auch dieses Warnsignal nichts, wird geschnappt und in letzter Instanz gebissen. Ist es erst einmal so weit gekommen, wird vielen Hunden ein Maulkorb verpasst, und die Fellpflege wird für sie zum Albtraum.
Dieses Beispiel ist auf viele weitere Situationen übertragbar, die ein Vierbeiner als unangenehm empfindet, aus denen er aber nicht entfliehen kann, weil sein Mensch ihn daran hindert.

Wie können wir es aber nun besser machen? Ich empfehle, dass Sie Ihren Hund von Anfang an in ganz kleinen Schritten an Handlungen gewöhnen, auf die er sensibel reagiert. Das klappt natürlich nur bei Welpen – oder wenn Sie zum ersten Mal darüber nachdenken, Ihren Vierbeiner von Filzknoten zu befreien. Falls Ihre Fellnase bereits ein starkes Abwehrverhalten entwickelt hat, können Sie die Trainingstechnik der Desensibilisierung nutzen. Beide Herangehensweisen stelle ich Ihnen jetzt Schritt für Schritt vor.

Ganz sanft und mit viel Geduld gewöhnen Sie den Hund ans Pfotenabtrocknen. Ein Clicker kann dabei helfen.

KAPITEL 13

Gewöhnung an neue Handlungen

Sehen wir uns zunächst an, wie Sie Ihren Hund an sensible Handlungen gewöhnen, die er noch nicht kennt. Sie haben beispielsweise einen Welpen und wollen ihn zukünftig bürsten, die Pfötchen abtrocknen oder seine Ohren reinigen.

Schritt 1 Versuchen Sie, diese Handlungen von Anfang an möglichst positiv zu gestalten. Wichtig ist, dass Sie die ersten Male besonders behutsam vorgehen. Ihr Hund muss sich unbedingt wohlfühlen, wenn Sie sein Fell bürsten oder ihn mit dem Handtuch abtupfen.

Schritt 2 Ein wertvolles Hilfsmittel sind dabei Kauartikel (→ Seite 22): Sie lenken den Hund ab und wirken stressmildernd. Während Sie mit Ihren Geräten hantieren, wird Ihr Hund also genüsslich kauen und die Gesamtsituation im Idealfall als positives Erlebnis abspeichern. In der Praxis funktioniert das dann so:

» Sie möchten Ihren Hund langsam an das Bürsten gewöhnen und nehmen sich dafür ein paar Kaustangen zu Hilfe. Diese Kauartikel kennt Ihr Liebling bereits, und Sie wissen, dass er sie sehr gern mag.

» Während Ihr Hund beschäftigt ist, beginnen Sie damit, ihn vorsichtig zu bürsten. Er sollte das möglichst zu keinem Zeitpunkt als unangenehm empfinden. Im Idealfall konzentriert sich die Fellnase jetzt ohnehin voll und ganz auf den leckeren Kauartikel.

» Diese Vorgehensweise reicht in der Regel aus, um Ihren Hund erfolgreich an die nötige Körperpflege zu gewöhnen. Schon bald wird er sich sogar auf dieses Ritual freuen!

Bürsten Sie sanft und geben Sie Ihrem Liebling einen tollen Kauartikel, dann wird er das Ritual bald lieben.

Die Herangehensweise funktioniert auch bei vielen anderen Pflegemaßnahmen, etwa beim Krallenschneiden.

So machen Tierarztbesuche Spaß!
Dieses Prinzip funktioniert übrigens auch wunderbar, wenn Ihr Hund zum Tierarzt muss. Das kann ich aus eigener Erfahrung berichten: Jedes Mal, wenn ich mit meinen Hunden auf unsere Praxis im Ort zulaufe, sind sie vor Vorfreude regelrecht aus dem Häuschen! Denn unsere Tierärztin weiß natürlich um den positiven Effekt der Kaustangen und hat wirklich immer welche parat. Die erste gibt's schon im Wartezimmer, die letzte dann bei der Verabschiedung.
Nutzen also auch Sie unbedingt von Anfang tolle Kauartikel, um Ihren Schützling an sensible Handlungen zu gewöhnen, und gehen Sie dabei behutsam vor. So werden Schwierigkeiten später gar nicht erst auftreten. Fortgeschrittene können die beschriebene Gewöhnung auch mithilfe der Clicker-Technik (→ Seite 34) durchführen.

Desensibilisierung

Was aber tun, wenn Ihr Hund bereits negative Erfahrungen gemacht hat? Dann ist die Desensibilisierung eine bewährte Trainingstechnik.

Schritt 1 Arbeiten Sie erneut mit einem attraktiven Kauartikel und beginnen Sie, das bestehende Meideverhalten in kleinen Schritten abzubauen. Hat Ihr Hund beispielsweise große Angst vor dem Bürsten, legen Sie die Bürste im ersten Schritt nur neben sich, während Ihr Liebling mit seinem Kauartikel beschäftigt ist.

Schritt 2 Beginnen Sie jetzt behutsam mit dem eigentlichen Bürsten; Ihr Hund wird dabei nach und nach desensibilisiert. Gehen Sie dabei langsam vor und beobachten Sie den Hund genau: Reagiert er noch empfindlich auf den Bürstenbesatz, fahren Sie zunächst mit der flachen Bürstenseite über seinen Rücken. Wenn das gut klappt, drehen Sie Bürste um, arbeiten aber noch mit minimalem Druck. Fügen Sie so viele Zwischenschritte wie nötig ein und steigern Sie das Niveau keinesfalls zu schnell. Sie werden sehen: Wenn Sie mit viel Fingerspitzengefühl vorgehen, werden sich bald Erfolge einstellen.

Diese Vorgehensweise lässt sich auf etliche andere Situationen bzw. Behandlungen übertragen, die Hunde in der Regel als unangenehm empfinden. Zu den typischen Beispielen zählen das bereits erwähnte Abtrocknen der Pfötchen oder auch die Entfernung von Zecken mit einer speziell dafür vorgesehenen Zeckenzange.

Lösungsschritte kompakt

SCHRITT 1: Gewöhnen Sie Ihren Hund in kleinen Schritten an alle für ihn unangenehmen Handlungen und nutzen Sie währenddessen immer spannende Kauartikel.

SCHRITT 2: Zeigt Ihr Hund bereits ein Meide- oder Angstverhalten (er weicht zurück, knurrt, schnappt oder beißt), können Sie ihn Schritt für Schritt desensibilisieren. Nutzen Sie auch hierfür wieder reizvolle Kauartikel und planen Sie genügend Zeit ein. Gehen Sie also ganz langsam und behutsam vor!

SCHRITT 3: Falls Ihr Vierbeiner beißt bzw. falls Sie sich beim Training nicht sicher fühlen, sollten Sie einen professionellen Hundetrainer vor Ort um Unterstützung bitten.

14

PFOTEN WEG VON MEINEN TOLLEN SACHEN!

Was tun, wenn Hunde ihre Ressourcen verteidigen?

Es gibt wohl kaum ein anderes Thema, bei dem Hunde so häufig missverstanden werden wie bei diesem: Wenn unsere Vierbeiner ihre Ressourcen verteidigen – das kann Futter, Spielzeug aber auch eine enge Bezugsperson sein – und es dabei zu Konflikten kommt, heißt es häufig, der Hund mache einen auf »Alphatier« und wolle sich innerhalb des »Familienrudels« zum Chef aufschwingen. Oftmals werden dann mit strengem Drill Übungen durchgeführt, in denen sich der Vierbeiner unterwerfen muss. Sobald man die Rangordnung wieder zurechtgerückt habe, so der Irrglaube, sei auch das Problem gelöst.

Veraltete Denkmuster

In der Wissenschaft gilt diese Denkweise längst als überholt, und auch meine persönliche Praxiserfahrung deckt sich nicht mit diesen Ansätzen. In meiner langjährigen Arbeit mit verhaltensauffälligen Hunden konnte ich feststellen, dass Ressourcen in den meisten Fällen völlig unabhängig von der Rudelstellung verteidigt werden. Mit anderen Worten: Selbst ein extrem unterwürfiger Vierbeiner, der keinerlei Ambitionen hat, in der Rangordnung aufzusteigen, kann knurrend über seinem geliebten Schweineohr liegen!
Überhaupt finde ich es wichtig, dass wir endlich damit aufhören, vermeintliche Rangordnungskonflikte für alle Probleme in der Mensch-Hund-Beziehung verantwortlich zu machen. Nur so können wir lösungsorientiert an Schwierigkeiten arbeiten und schießen nicht am Ziel vorbei.

Dinge, die Hunden wichtig sind

Aber warum verteidigen Hunde dann Ressourcen, wenn es ihnen dabei nicht um Macht und ihre Stellung innerhalb des Rudels geht? Die Antwort ist denkbar simpel: Hunde verteidigen Ressourcen vor allem, um sie schützen und nicht zu verlieren. Sie sind wertvoll und wichtig für sie – unter Umständen sogar überlebenswichtig! Dabei gilt: Je bedeutsamer eine Ressource, desto vehementer wird sie in der Regel verteidigt.
Aktuell geht man davon aus, dass das Verteidigungsverhalten eines Hundes in Bezug auf Ressourcen vor allem von zwei Faktoren geprägt ist:

- Wie reizvoll und wichtig sind die gefährdeten Ressourcen für den Hund?
- Wie hoch ist die Risikobereitschaft des Vierbeiners, verletzt zu werden, wenn es darum geht, diese Ressourcen zu verteidigen?

Je nach Wert der Ressource und seiner Risikobereitschaft, wird ein Hund also mehr oder weniger heftig um Dinge kämpfen, die ihm wichtig sind. Zu welchen Problemen das führen kann und wie man sie löst, sehen wir uns jetzt an.

Eine Futteraggression liegt vor, wenn Hunde es nicht zulassen, dass man sich ihnen beim Fressen nähert.

Verteidigung von Futter

Beginnen wir mit dem Futter, eine der wichtigsten Ressourcen des Hundes. Hierzu zählt nicht nur das »normale« Futter im Napf; auch Kauartikel und Leckerchen fallen in diese Kategorie. Generell gilt, das haben wir bereits zu Beginn des Kapitels gelernt: Je reizvoller Ihr Vierbeiner das Futter findet, desto höher ist seine Bereitschaft, es zu verteidigen. Um ein duftendes Stück Pansen wird er also höchstwahrscheinlich viel engagierter kämpfen als um einen Zahnpflege-Stick.

Schritt 1 Wenn Sie bei Ihrem Hund eine Futteraggression festgestellt haben, ist es im ersten Schritt wichtig, das Futter ab sofort möglichst schlicht zu halten. Schlicht bedeutet in diesem Zusammenhang keinen Mangel an Qualität, sondern bezieht sich auf die Wertigkeit, die das Futter in den Augen Ihres Hundes hat. Gut geeignet sind einfache, qualitativ hochwertige Produkte ohne Geschmacksverstärker oder ähnliche Zusatzstoffe. Trockenfutter wird beispielsweise von den meisten Hunden als deutlich unattraktiver eingestuft als Nassfutter. Nach dem gleichen Prinzip gehen Sie bei den Kauartikeln und Leckerchen vor: Verwenden Sie fortan einfache, vergleichsweise langweilige Produkte.

Schritt 2 Jetzt müssen Sie Ihren Hund genau beobachten und eventuell einige Dinge im Haushalt neu organisieren: Wo und wem gegenüber zeigt er das aggressive Verhalten? Tritt es nur am Futternapf auf, positionieren Sie den Napf an einem anderen Ort. Wählen Sie den besten Platz, an dem Ihr Hund ungestört fressen kann und sein Futter nicht mehr verteidigen muss. Wenn wir unerwünschtes Verhalten schon im Vorfeld durch etwas Organisation und Planung verhindern können, sollten wir das immer tun! So können wir Risiken minimieren und gleichzeitig verhindern, dass sich unerwünschtes Verhalten wiederholt und so von Mal zu Mal weiter verstärkt.

Ersetzen Sie reizvolle Nahrung durch deutlich schlichtere Produkte. Das gilt fürs Futter im Napf, aber auch für Kaustangen und Leckerchen.

Schritt 3 Als Nächstes können Sie an der Futteraggression arbeiten. Das Ziel: Der Vierbeiner soll gelassen bleiben, wenn sich ihm jemand nähert, während er frisst oder kaut. Denn solange das Problem besteht, empfindet der Hund jede Annäherung als Bedrohung seiner Futterressourcen. Wir möchten diese Befürchtungen in eine positive Erwartungshaltung umwandeln. Der Hund soll lernen: »Wenn sich mein Mensch nähert, während ich fresse, hat er immer etwas noch Besseres für mich!« So gehen Sie konkret beim Training vor:

- Ihr Hund frisst ungestört an einem ruhigen Ort im Haus. In seinem Napf befindet sich schlichtes, eher reizloses Futter.
- Nehmen Sie nun ein paar Leckerchen zur Hand, die aus Sicht des Hundes deutlich attraktiver sind als das Futter im Napf.
- Nun positionieren Sie sich in der Nähe des Vierbeiners, aber – das ist sehr wichtig – nicht so nah, dass er Ihre Anwesenheit als Bedrohung ansieht. Ihr Hund darf während des Trainings zu keiner Zeit knurren oder auf andere Weise Verteidigungsbereitschaft signalisieren. Tut er dies doch, müssen Sie den Abstand vergrößern!
- Jetzt beginnen Sie, die Leckerchen in die Nähe des Napfes zu werfen. Tun Sie dies zu jeder Fütterungszeit mit insgesamt 5–10 Wiederholungen.
- Nach einigen Tagen können Sie die Distanz zum Hund langsam verringern, bis er keine Schwierigkeiten mehr mit Ihrer Anwesenheit hat.

Seien Sie bitte bei dieser Übung extrem vorsichtig und führen Sie sie nur durch, wenn Sie die Risiken als gering bzw. kontrollierbar einstufen. Im Zusammenhang mit Futteraggression sind schon viele schwere Beißunfälle passiert! Falls Ihr Hund sehr heftig reagiert, sollten Sie sich auf die beschriebene Futterumstellung (schlichte Produkte) und organisatorische Maßnahmen (Napfposition) konzentrieren.

Probleme unter Artgenossen

Eine Futteraggression kann natürlich auch dann zum Problem werden, wenn andere Hunde in der Nähe sind. Das sollten Sie immer beachten. Eine meine Kundinnen hatte hier ein tragisches Erlebnis: Sie war mit ihrer Fellnase im Park unterwegs, als ein fremder Hund auf sie zulief; scheinbar hatte ihn der Duft der Leckerchen in ihrer Tasche angelockt. Er setzte sich ganz brav vor ihr ab. Nichts ahnend griff sie in die Tasche

Gut getauscht ist halb gewonnen: Ihr Hund soll lernen, dass Sie immer etwas Besseres für ihn haben, wenn er begehrte Ressourcen freigibt.

Seien Sie bitte vorsichtig!

Führen Sie alle in diesem Kapitel beschriebenen Übungen nur durch, wenn Sie sicher sind, dass Ihr Vierbeiner Sie nicht verletzt. Falls Sie Angst haben oder das Training sehr heikel ist, sollten Sie einen erfahrenen Hundetrainer zurate ziehen, der Sie vor Ort unterstützen kann. In einigen Fällen kann es sinnvoll sein, den Hund zunächst positiv an einen Maulkorb zu gewöhnen (→ Seite 128), bevor mit den entsprechenden Übungen begonnen wird. Ihre Sicherheit sollte stets an erster Stelle stehen!

und gab erst dem fremden Hund ein Leckerchen und dann ihrem eigenen, der gleich danebensaß. Blitzschnell und wie aus dem Nichts biss der unbekannte Vierbeiner ihren Hund in den Nacken und verwundete ihn dabei so schwer, dass er kurz darauf verstarb. Offenbar hatte er eine stark ausgeprägte Futteraggression.
Seien Sie also immer vorsichtig beim Umgang mit Futter. Das gilt insbesondere, wenn auch andere Vierbeiner anwesend sind, die Sie nicht kennen oder noch nicht einschätzen können!

Lieber tauschen als bestrafen
Freunde und Bekannte werden Ihnen vermutlich häufiger raten, sich dem Hund gegenüber durchzusetzen. Es fallen dann Sätze wie: »Der muss doch wissen, wer hier das Kommando hat!« oder »Ein Hund muss sich alles wegnehmen lassen!« Wer auf diese Stimmen hört, bekommt höchstwahrscheinlich große Schwierigkeiten. Denn wenn der Vierbeiner seine Ressourcen als sehr wertvoll empfindet und zudem bereit ist, für ihre Verteidigung hohe Risiken einzugehen, wird er in letzter Konsequenz auch zubeißen! Sparen Sie sich daher alle Lösungen, die auf Strenge oder Härte setzen. Viel besser ist es, wenn Sie Ihrem Hund deutlich verlockendere Alternativen anbieten und ihn so zum Tauschen animieren. Mit diesem Vorgehen wird die Futteraggression allmählich verschwinden oder im Idealfall gar nicht erst entstehen.

Verteidigung von Spielzeug/Beute

Auch Spielzeug ist für Hunde eine wichtige Ressource. Den Begriff »Beute« habe ich absichtlich mit in die Überschrift gepackt, da viele nicht wissen, dass es für Hunde im Prinzip keinen Unterschied macht, ob sie einem echten Hasen oder einem Stofftier hinterherjagen. Beides ist für sie Beute. Macht man sich das bewusst, wird man acht- und sorgsamer mit Spielzeug umgehen.

Schritt 1 Sollte Ihr Vierbeiner sein Spielzeug verteidigen, können Sie ganz ähnlich wie bei der Futteraggression vorgehen. Analog dazu gilt: Je attraktiver das Spielzeug und je risikofreudiger der Hund, desto größer die Motivation des Vierbeiners, seine Beute zu verteidigen. Rangieren Sie also zunächst alle reizvollen Spielsachen aus und ersetzen Sie diese durch eher schlichte Produkte oder Gegenstände, die Ihre Fellnase deutlich weniger begehrenswert findet.

Schritt 2 Jetzt sehen Sie sich wieder an, wie Sie Ihren Alltag besser planen und organisieren können: Wann und wo bieten Sie dem Hund üblicherweise seine Spielsachen an? Wählen Sie Zeiten und Orte, an denen er keine Motivation entwickelt, diese zu verteidigen. Wichtig ist also, dass Ihr Vierbeiner beim Spielen genügend Platz hat und nicht von Menschen – oder Hunden – gestört wird, die ihm zu nahe kommen.

Schritt 3 Im letzten optionalen Schritt können Sie den Hund wieder zu einem Tauschgeschäft animieren. Auch hier gehen wir wie bei der Futteraggression vor: Er soll lernen, dass sich das Tauschen für ihn immer lohnt, weil Sie ihm stets etwas deutlich Reizvolleres anbieten als das Spielzeug, mit dem er gerade beschäftigt ist. Führen Sie diesen Schritt aber bitte nur selbst durch, wenn kein Verletzungsrisiko für Sie besteht. Sollten Sie unsicher sein, bleiben Sie bei den Schritten eins und zwei.

Verteidigung von Liegeplätzen

Wenn es um Liegeplätze geht, wird oft ganz schnell klar, dass Hunde Ressourcen vor allem dann verteidigen, wenn sie hochwertiger sind. Ein klassisches Beispiel sind Fellnasen, die es sich gerne auf dem Sofa oder Bett gemütlich machen und diese Orte nur für sich beanspruchen. Will man ihnen den begehrten Liegeplatz streitig machen, wehren sie sich vehement. Nähert man sich hingegen Körbchen oder Hundekissen, ist ihnen das egal. Diese Plätze sind in den Augen des Hundes einfach nicht attraktiv genug, um verteidigt zu werden; eine Motivation für dieses Verhalten entsteht gar nicht erst.
Was also tun, wenn Ihr Vierbeiner die Vorzüge Ihrer Matratze oder Ihrer weichen Sofakissen für sich entdeckt und diese Liegeplätze aggressiv verteidigt? Wichtig ist zunächst, dass diese Orte für den Hund ab sofort tabu sind: Er muss begreifen, dass Bett und Couch nur Ihnen gehören und sein Ruheplatz vorzugsweise das Hundekissen ist. Alternativ kann sich Ihr Hund auch an anderen Orten in der Wohnung ablegen, wenn er dort keine Probleme verursacht. Im Sommer mögen es beispielsweise viele Hunde, sich auf kühlen Bodenfliesen auszustrecken.

» Sofa und Bett können Sie zur Tabuzone erklären, indem Sie den Hund daran hindern, diese Plätze zu erreichen. Beim Bett klappt das meist problemlos: Sie müssen nur die Schlafzimmertür geschlossen halten.
» Beim Sofa ist die Sache etwas kniffliger. Hier empfehle ich die Verwendung des Schluss-Signals (→ Seite 129), sobald der Hund versucht, auf die Couch zu springen. Sollte er es dennoch schaffen, können Sie eine Hausleine (→ Seite 15) verwenden; mit diesem Band können Sie die Fellnase vom Sofa herunterführen. Das funktioniert meist sehr gut und ist deutlich sicherer als der direkte Griff ans Halsband. Seine Hausleine sollte der Hund dann in den kommenden 4–6 Wochen dauerhaft in der Wohnung tragen.
» Je konsequenter Sie mit dem Schluss-Signal arbeiten bzw. je häufiger es Ihnen gelingt, den Hund im Fall der Fälle mit der Hausleine wieder vom Sofa zu führen, desto schwächer wird seine Motivation, sich diese Liegeplätze zurückzuerobern.
» Sobald Ihr Hund dann verstanden hat, dass Bett und Sofa für ihn tabu sind, löst sich das Problem für gewöhnlich auf.

Weitere Trainingstipps zu diesem Thema finden Sie übrigens in Kapitel 42 (→ Seite 190). Hier habe ich typische Probleme rund um Bett und Couch noch einmal ausführlich beleuchtet.

Verteidigung von Bezugspersonen

Einige Hunde sehen auch ihre Menschen als so hochwertige Ressourcen an, dass sie mit hohem Einsatz um sie kämpfen. Hier muss man aber gleich differenzieren: Es ist nämlich auch möglich, dass es sich bei diesem Verhalten um einen Schutztrieb handelt. In diesem Fall fürchtet der Vierbeiner nicht den Verlust seiner wertvollen Ressource, sondern will Frauchen oder Herrchen vielmehr vor *anderen* vermeintlichen Aggressoren beschützen. Das kann etwa der Fall sein, wenn sich eine fremde Person nähert und der Hund zu knurren beginnt. Wir konzentrieren uns jetzt aber auf das Problem der Ressourcenverteidigung, also das Szenario, in dem Hunde ihre Menschen so stark nur für sich beanspruchen, dass das zum Problem wird.

Ungestörte Umarmungen

Knurrt Ihr Vierbeiner, wenn Sie Ihren Partner oder Ihre Partnerin umarmen möchten, schicken Sie ihn als Unterbrechung sofort auf seine Decke. Noch besser: Tun Sie dies präventiv! Bringen Sie den Hund also zu seinem Platz, leinen Sie ihn bei Bedarf an und beschäftigen Sie ihn mit einem Kauartikel. Im Anschluss können Sie Ihren Liebsten oder Ihre Liebste dann etwas abseits umarmen. So gewöhnt sich der Hund am schnellsten und einfachsten an diese Situation.

Schritt 1 Zunächst ist es notwendig, den Hund ein wenig zu entwöhnen. Meist leben Vierbeiner, die ihren Menschen als unverzichtbare Ressource betrachten, zu eng an ihrer Bezugsperson. Beide verbringen also viel Zeit miteinander, und der Hund genießt dabei häufig zu viel Aufmerksamkeit.

- Für eine sanfte, schleichende Entwöhnung können Sie sich an meinen Tipps zur Gewöhnung an das Alleinbleiben (→ Seite 119) orientieren. Ihr Hund muss lernen, sich auch dann wohlzufühlen, wenn Sie nicht in seiner unmittelbaren Nähe sind.
- Bett und Sofa sind grundsätzlich tabu, und die Liegeplätze des Hundes sollten sich etwas entfernt von Ihren Ruhezonen befinden.

Schritt 2 Im zweiten Schritt können Sie bestimmte Signale nutzen, die Sie im Vorfeld trainiert haben. Mit ihnen können Sie unerwünschtes Verhalten gezielt unterbrechen oder kritischen Situationen vorbeugen. Bei den meisten Hunden treten die Probleme im Haus auf. Dort ist das Signal »Decke« bzw. »Geh auf deinen Platz« (→ Seite 47) am effektivsten.

- Folgt Ihr Hund Ihnen mal wieder auf Schritt und Tritt durch die Wohnung oder kommt es in einer bestimmten Situation zum Problemverhalten, nutzen Sie das Signal »Decke«. Bei Bedarf können Sie den Hund zusätzlich an seinem Platz anleinen.
- Belohnen und beschäftigen Sie den Vierbeiner auf seiner Decke mit einem attraktiven Kauartikel – aber erst, wenn er liegt und zur Ruhe gekommen ist. Vermeiden Sie also unerwünschte Verhaltensketten und zögern Sie die Belohnung bei Bedarf hinaus.

15

HILFE, MEIN HUND FRISST ALLES, WAS ER FINDET!

So ignoriert Ihr Liebling Verlockungen am Boden

Die Sorge, der eigene Hund könnte auf dem nächsten Spaziergang vergiftet werden, ist leider nicht unbegründet. Immer wieder gibt es Meldungen von ausgelegten Ködern, die einzig und allein darauf abzielen, unseren Vierbeinern zu schaden. Dazu werden Reißnägel in Frikadellen versteckt, Wurstscheiben mit Rasierklingen präpariert oder Pestizide an Orten verstreut, an denen sich unsere Fellnasen gern aufhalten. Was in den Köpfen der Täter vorgeht, ist nur schwer zu begreifen. Manche haben eine pathologische Veranlagung zur Tierquälerei, andere hassen einfach Hunde, wieder andere ärgern sich über nicht entsorgte Hinterlassenschaften im Park.

Das Anti-Giftköder-Training

Die Hundehalter-Community versucht sich gegen diese Angriffe zu schützen, indem sie in den sozialen Netzwerken und mithilfe spezieller Apps möglichst rasch vor gefundenen Giftködern warnt. Doch nicht alle nutzen diese Informationsquellen – oder die Warnung kommt zu spät. Daher bleibt nicht jeder Fellnase das grausame Schicksal einer solchen Attacke erspart. Hinzu kommt, dass im Park oder am Straßenrand häufig auch andere Dinge herumliegen, die für Hunde unter Umständen gefährlich oder zumindest ungesund sind. Das können Scherben oder scharfe Metallstücke sein oder auch Krankheitserreger, die sich in Tierkot, verwesten Lebensmittelresten oder anderem Müll verbergen.

In drei Schritten zum Ziel

Am besten und effektivsten lösen Sie dieses Problem, wenn Sie Ihrem Hund beibringen, Dinge, die am Boden liegen, gar nicht erst aufzunehmen – auch wenn sie noch so verführerisch duften! Wie das gelingt, sehen wir uns nun an.

Die Grundlage für die nachfolgende Übung ist das bewährte Schluss-Signal (→ Seite 149). Falls Ihr Hund dieses Signal noch nicht zuverlässig beherrscht, trainieren Sie es zunächst über einen Zeitraum von circa zwei Wochen. Anschließend können Sie mit dem Training loslegen. Wir gehen dabei in drei Schritten vor:

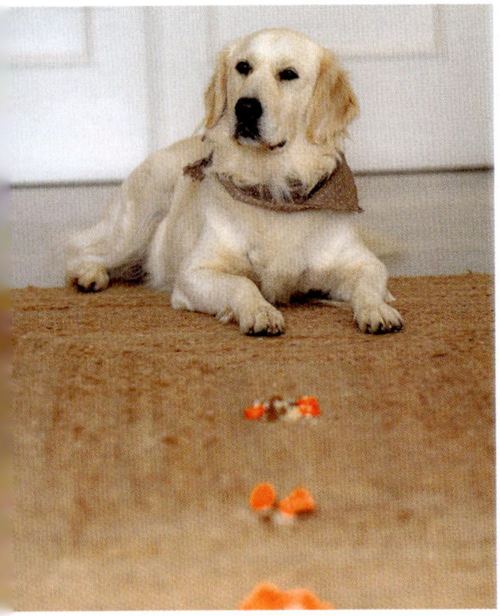

Beginnen Sie in reizarmer Umgebung mit dem Training, beispielsweise im Wohnzimmer.

Nach einiger Zeit können Sie reizvollere Verlockungen auslegen und auch unter Realbedingungen beim Gassigehen üben.

Ziel erreicht: Auf dem Boden liegende Abfälle interessieren den Hund nicht mehr.

Schritt 1 Im ersten Schritt legen Sie möglichst schlichtes Futter (zum Beispiel Trockenfutter) in einer für Ihren Hund reizarmen Umgebung aus. Das kann beispielsweise Ihr Wohnzimmer, Ihr Flur oder vielleicht sogar schon Ihr Garten sein, wenn es dort ruhig genug ist.

- Sichern Sie Ihren Vierbeiner jetzt mit einer Leine ab und führen Sie ihn an den ausgestreuten Leckereien vorbei. Sobald er seinen Kopf senkt und versucht, mit der Nase das Futter zu erreichen, sagen Sie »Schluss«.
- Der Trainingsschritt ist nur dann erfolgreich, wenn der Hund zuverlässig auf das Signal reagiert und das Futter am Boden meidet.
- Sollte der Hund nicht entsprechend reagieren, müssen Sie erneut das Schluss-Signal üben und weiter festigen. Dabei arbeiten Sie zunächst wieder ohne die ausgelegten Köder.
- Nach einiger Zeit legen Sie dann wieder die Leckerchen aus, um zu überprüfen, ob Ihr Schützling die Übung jetzt erfolgreich meistern kann. Wiederholen Sie diesen Trainingsschritt so lange wie nötig.

Schritt 2 Im nächsten Schritt erhöhen Sie die Wertigkeit des ausgelegten Futters. Die verstreuten Happen sind jetzt also deutlich verlockender für Ihre Fellnase. Sie arbeiten aber nach wie vor unter reizarmen Trainingsbedingungen.

- Nutzen Sie jetzt Fleischwurstwürfel, Hackbällchen, Käsestückchen oder Ähnliches als Köder. Ihr Hund soll auch diese Köstlichkeiten am Boden immer und überall meiden.
- Sobald es Ihr Hund schafft, die Leckerbissen auf Ihr Schluss-Signal hin zu ignorieren, sind Sie bereit für das nächste Übungs-Level: das Training beim täglichen Spaziergang!

ÜBUNGSTIPPS

1 Sichern Sie Ihren Hund während des Trainings so lange wie nötig mit einer Leine ab. So verhindern Sie in jedem Fall, dass er die Leckereien am Boden erreicht. Im Idealfall haben Sie aber das Schluss-Signal stabil aufgebaut und steigern das Übungsniveau später nicht zu schell. Dann sollte es immer möglich sein, mit dem »Schluss« zuverlässig das Meideverhalten auszulösen.

2 Vor allem sehr futteraffine Hunde neigen dazu, Essensreste oder Ähnliches vom Boden aufzunehmen. Ist das Verhalten stark ausgeprägt oder noch unkontrollierbar, kann ein Spezialmaulkorb mit Fressschutz sinnvoll sein, der den Vierbeiner vor Giftködern oder anderen gesundheitsschädlichen Abfällen schützt. Gelingt es dem Hund, unterwegs verlockende Gegenstände aufzunehmen, hat das nicht zuletzt stark selbstbelohnende Effekte, die das unerwünschte Verhalten verstärken. Mit konsequentem Training – und notfalls mit erwähntem Spezialmaulkorb – können wir das verhindern.

3 Wenn Sie beim Training Futter als Lockmittel auslegen und mit dem Schluss-Signal arbeiten, dürfen Sie den Hund nicht gleich im Anschluss an das ausgeführte Meideverhalten belohnen. Andernfalls kann eine unerwünschte Verhaltenskette entstehen. Belohnen Sie den Hund erst, nachdem Sie sich beide deutlich vom Ort entfernt haben, an dem der Köder ausliegt.

Schritt 3 Jetzt üben wir also unter Realbedingungen. Ein wenig Organisation und Planung ist für diesen Übungsschritt dennoch nötig, denn vor dem Gassigehen müssen Sie entlang der ausgewählten Strecke einige Leckereien verstecken und sich die Orte, an denen Sie die Köder ausgelegt haben, genau merken.

- Wählen Sie eine Route, auf der möglichst wenig los ist, damit nicht andere Hunde die Leckerbissen aufspüren. Oder Sie führen das Training zu ruhigen Tageszeiten durch, etwa am frühen Morgen bzw. späteren Abend, um diesem Problem vorzubeugen.
- Sind die Köder ausgelegt, führen Sie Ihren Vierbeiner nah und in langsamem Tempo an den Verstecken vorbei. Sobald er seinen Kopf senkt und sich für den Leckerbissen interessiert, nutzen Sie das Schluss-Signal.
- Wichtig ist, dass Ihr Hund es auf keinen Fall schafft, an die ausgelegten Köder heranzukommen. Leinen Sie den Hund daher beim Üben zunächst immer noch an, um selbstbelohnende Erfolgserlebnisse zu verhindern.

Trainieren Sie diese Übung mehrmals pro Woche und bleiben Sie mindestens 1–2 Monate konsequent am Ball, denn nur so generalisiert Ihr Hund das gewünschte Meideverhalten und reagiert auch dann zuverlässig, wenn besonders verlockende Gegenstände am Boden liegen.
Bei sehr futtermotivierten Hunden, zu ihnen zählen etwa Labrador Retriever, ist eventuell ein deutlich längeres und intensiveres Training erforderlich. Für alle Rassen gilt jedoch: Frischen Sie die Übung zwischendurch immer mal wieder auf. Dann sind Sie auf der sicheren Seite und vermeiden, dass sich Ihr Liebling den Magen verdirbt oder schlimmstenfalls sogar vergiftet wird.

Lösungsschritte kompakt

SCHRITT 1: Trainieren und festigen Sie zunächst das Schluss-Signal (→ Seite 149) so lange, bis es zuverlässig klappt.

SCHRITT 2: Legen Sie schlichtes Futter in einer reizarmen Umgebung aus und führen Sie den Hund, abgesichert über eine Leine, an den Ködern vorbei. Nutzen Sie das Schluss-Signal, sobald er Interesse zeigt. Wichtig ist, dass es dem Hund nicht gelingt, an die Leckerchen am Boden zu gelangen!

SCHRITT 3: Erhöhen Sie die Wertigkeit der ausgelegten Leckerbissen. Verwenden Sie dabei am besten Nahrungsmittel, die auch von Kriminellen häufiger als Giftköder eingesetzt werden – zum Beispiel Wurststückchen, Frikadellen oder Käse.

SCHRITT 4: Trainieren Sie jetzt unter Realbedingungen. Legen Sie die Köder dazu entlang einer ruhigeren Gassiroute aus und verhindern Sie erneut mit dem Schluss-Signal, dass Ihr Vierbeiner sie aufnimmt. Trainieren Sie mehrmals pro Woche und über einen Zeitraum von 1–2 Monaten. Wenn das gut klappt, können Sie beginnen, die Übung auch ohne Leine durchzuführen.

OPTIONAL: Nutzen Sie einen Maulkorb mit Fressschutz, falls die Problematik stark ausgeprägt ist und Sie um die Sicherheit Ihres Hundes fürchten. Wie Sie den Hund daran gewöhnen, erfahren Sie auf Seite 128.

16

WENN DER HUND ZUM HALALI BLÄST

So bremsen Sie Ihren jagdbegeisterten Vierbeiner

Wenn Hunde beginnen, sich fürs Jagen zu interessieren, führt das nicht selten zu großen Schwierigkeiten. Zum einen verstärkt sich das (in der Regel unerwünschte) Verhalten oft rasch. Zum anderen sind Vierbeiner, die plötzlich in den Jagdmodus umschalten, meist nicht mehr ansprechbar – geschweige denn abrufbar! Auf ihre Menschen wirkt das dann sehr befremdlich

Gute Erfolgsaussichten!

Ob Sie mit dem Anti-Jagd-Training erfolgreich sind, hängt von vielen Faktoren ab. Neben dem Alter und der individuellen Veranlagung spielen vor allem die Lernerfahrungen des Hundes eine große Rolle – insbesondere auch im Hinblick auf bereits erlebte Jagderfolge. Das Training lohnt sich dennoch immer! Bei den meisten Vierbeinern erreicht man nach mehrmonatigem intensivem Training sehr zufriedenstellende Ergebnisse.

und beängstigend. Viele berichten, dass sie ihren Liebling in diesem Zustand nicht mehr wiedererkennen. Und tatsächlich sind Hunde im Jagdfieber völlig auf ihre Beute fixiert und blenden alles andere aus. Dazu müssen sie das Wild nicht einmal sehen. Es reicht schon, wenn der Geruch eines Rehs (oder auch der Nachbarskatze) in der Luft liegt und ihnen in die Nase strömt.

Fünf Phasen des Jagdverhaltens

Problematisch ist jede Art von Jagdverhalten vor allem deshalb, weil es auf unsere Vierbeiner enorm selbstbelohnend wirkt. Haben sie erst einmal die Freude am Beschleichen, Hetzen und sogar Zupacken für sich entdeckt, sind sie nur schwer wieder davon abzubringen – selbst wenn die Jagd nicht zum Erfolg führt. Aus diesem Grund ist es wichtig, möglichst früh gegenzusteuern. Je eher Sie die Jagdmotivation Ihres Hundes erkennen und dann aktiv in die richtigen Bahnen lenken, desto größer sind Ihre Erfolgsaussichten, das Problem in den Griff zu bekommen.

Die Signale »Sitz« und – wie hier im Bild – »Platz« eignen sich am besten, um die Impulskontrolle des Hundes zu perfektionieren.

Die klassische Jagdsequenz

Wenn unsere Hunde oder andere Raubtiere jagen, gleicht dieses Verhalten einer Treppe, auf der sie Stufe für Stufe vorankommen müssen, um am Ende die begehrte Beute zu erlegen. Damit Sie als Halter diese Stufen bzw. Phasen rechtzeitig erkennen und richtig interpretieren können, sehen wir uns jetzt an, wie eine typische Jagdsequenz aufgebaut ist.

- **Phase 1 – Orientieren:** In dieser Phase wird der Hund auf das Beutetier aufmerksam; oft geschieht das nur durch Witterung, also über den Geruchssinn. Jetzt wird die Fährte des Wildtiers aufgenommen und dann verfolgt.
- **Phase 2 – Beschleichen:** Ist das Wild geortet, beginnt die langsame Annäherung. Der Hund muss dabei sehr vorsichtig sein, um nicht entdeckt zu werden und so nah wie möglich an die potenzielle Beute heranzukommen.
- **Phase 3 – Hetzen:** Bemerkt das Wild den geplanten Angriff und flieht, beginnt die Hetzjagd. Der Hund bündelt jetzt all seine Kräfte, um die Beute zu verfolgen.
- **Phase 4 – Zupacken:** Hat der Vierbeiner seine Beute erreicht, packt er sie und fixiert sie anschließend. Dabei wird das Beutetier meist geschüttelt und dann weggeschleppt und in Sicherheit gebracht.
- **Phase 5 – Töten:** In letzter Instanz wird die Beute getötet, zerlegt und schlussendlich gefressen, wenn sie als Nahrung dient.

Die einzelnen Phasen kann man auch bei Beutespielen beobachten. Auf welcher Stufe ein Hund in die Jagdsequenz ein- oder auch wieder aussteigt, ist charakter- und situationsabhängig.

Jagdmotivation unterbrechen

Die nachfolgenden Übungen haben zum Ziel, das Jagdverhalten Ihres Vierbeiners so schnell wie möglich zu unterbrechen und ihn im Fall der Fälle sofort abrufen zu können. Je eher uns das

Hier habe ich die Jagdmotivation meines Hundes – in der Hecke war ein Kaninchen unterwegs – mit dem Schluss-Signal unterbrochen und sein Alternativverhalten (das Weitergehen) dann intensiv mit einem Dummyspiel belohnt. Im Bild rechts trainiere ich die Impulskontrolle: Der Dummy wird geworfen, aber mein Hund bleibt trotzdem liegen.

ÜBUNGSTIPPS

1 Ist die Jagdmotivation Ihres Hundes sehr stark ausgeprägt, sollten Sie beim Spazierengehen Orte und Tageszeiten meiden, an denen unerwünschtes Jagdverhalten besonders häufig ausgelöst wird. Vor allem in sehr naturnahen Landschaften und im Umfeld von Wäldern ist die Wahrscheinlichkeit hoch, dass Ihnen Wildtiere begegnen. Das gilt insbesondere für die frühen Morgenstunden und die Abenddämmerung.

2 Achten Sie darauf, dass Ihr Hund körperlich und geistig gefordert wird und entsprechend ausgelastet ist, denn das reduziert seine Jagdmotivation. Je nach Rasse und Talenten des Vierbeiners können hier ausgedehnte Spaziergänge, das Apportier- und Dummytraining, Mantrailing oder Such- und Intelligenzspiele eine große Hilfe sein.

3 Vermeiden Sie monotone Spaziergänge und kombinieren Sie Ihre Gassirunden mit zuvor genannten Aktivitäten: Lassen Sie den Hund zum Beispiel unterwegs Dummys apportieren oder verstecken Sie Leckerchen im Gras, die er dann suchen darf.

4 Sichern Sie Ihre Fellnase im Zweifel mit einer Leine oder Schleppleine ab. So verhindern Sie im Ernstfall mögliche Jagderfolge. Jeder Jagderfolg – das kann schon eine spannende Hetzjagd sein – wirkt extrem belohnend und führt dazu, dass sich das unerwünschte Verhalten rasch verstärkt.

gelingt, desto besser. Denn ist Ihr Hund erst einmal in die Jagdsequenz eingestiegen, wird es in der Regel von Stufe zu Stufe schwieriger, seine Motivation wieder zu bremsen.
Mein Anti-Jagd-Training habe ich in vier Blöcke gegliedert. Sollte Ihr Vierbeiner einen der Bausteine bereits beherrschen, können Sie natürlich direkt zum nächsten wechseln.

Baustein 1 Wenn es bei der Kommunikation noch hapert und Ihr Hund auf Signale wie »Sitz«, »Platz« und »Hier« noch nicht zuverlässig reagiert, wird es kaum möglich sein, ihn zu bremsen, wenn plötzlich ein Reh oder Hase vorbeiflitzt. Nur wenn Ihr Schützling im Rahmen eines Grundlagen- und Aufbautrainings gelernt hat, auch in aufregenden Situationen Ihre Stimme zu beachten, werden Sie in solchen Situationen überhaupt zu ihm durchdringen. Für unser Training bedeutet das: Falls noch nicht geschehen, üben Sie im ersten Schritt ausgiebig alle Grundsignale. Folgende Signale bzw. Disziplinen sollte Ihr Hund unbedingt beherrschen:

- das Signal »Schau« (→ Seite 66)
- das Signal »Sitz« (→ Seite 51)
- das Signal »Platz« (→ Seite 51)
- das Signal »Hier« (→ Seite 42)
- die Leinenführigkeit (→ Seite 30)
- das Signal »Schluss« (→ Seite 149)

Arbeiten Sie an diesen Signalen mindestens so lange, bis Ihre Fellnase sie auch unter leichter Ablenkung mühelos ausführen kann.

Baustein 2 Jetzt wollen wir die Impulskontrolle des Hundes aufbauen und stärken. Er soll lernen, dass es sich für ihn lohnt, die Nerven zu bewahren und nicht auf jeden spannenden Reiz sofort zu reagieren. Wenn dieser wichtige Schritt gelingt, entsteht eine Zeitverzögerung zwischen Reiz und Reaktion, die wir nutzen können, um das Verhalten des Hundes zu korrigieren. Für den Aufbau der Impulskontrolle können Sie die Signale »Sitz« und »Platz« verwenden.

- Trainieren Sie zunächst in normalen Alltagssituationen. Setzen Sie sich zum Beispiel im Park auf eine Decke oder Bank und schicken Sie Ihren Hund in eines der beiden Signale.
- Erhöhen Sie nach und nach die Anzahl und Intensität der Außenreize, denen Ihr Hund widerstehen muss: Er soll auch dann sitzen oder liegen bleiben, wenn andere Menschen oder Hunde vorbeigehen – oder wenn Sie beispielsweise einen Dummy werfen.
- Wichtig ist, dass Ihr Vierbeiner die Übung immer erfolgreich meistern kann. Klappt das nicht, müssen Sie die Zahl bzw. Intensität der Ablenkungen wieder reduzieren, indem Sie beispielsweise den Abstand zu anderen Fußgängern im Park vergrößern.
- Verändern Sie diese Parameter immer so, dass Ihr Hund Erfolge erzielt, und belohnen Sie sein »Nicht-Reagieren« dann hochwertig.
- Steigern Sie die Anforderungen immer weiter, um so die Impulskontrolle Ihres Hundes kontinuierlich zu perfektionieren.

Baustein 3 Nutzen Sie im Ernstfall immer das Schluss-Signal! Sobald Sie merken, dass Ihr Hund Wildduft wittert und eine Fährte aufnehmen möchte, unterbrechen Sie ihn sofort mit »Schluss«. Wichtig ist, dass Sie Ihrem Vierbeiner anschließend sofort eine alternative Aufgabe geben, die seine Jagdmotivation in eine erwünschte Bahn lenkt. Welche Aufgaben hier infrage kommen, erfahren Sie im letzten Baustein.

Baustein 4 In den meisten Situationen ist es am sinnvollsten, den Hund nach dem Schluss-Signal abzurufen. Zum einen entfernt er sich so rasch vom Reiz, der den Jagdimpuls ausgelöst hat, zum anderen können Sie ihn sofort mit der Leine absichern, sobald er wieder bei Ihnen ist.

- Hunde im Jagdfieber sind sehr aufgeregt und hoch motiviert. Damit der Abruf dennoch gelingt, ist es empfehlenswert, für solche Situationen ein spezielles Signal aufzubauen. Eine Hundepfeife oder auch ein Wort, dass Sie im Alltag sehr selten benützen – ich verwende »Aquí«, das spanische Wort für »Hier« –, eignet sich dafür besonders gut.
- Auch die Belohnung, die Ihr Hund bekommt, wenn er den speziellen Abruf meistert, sollte etwas ganz Besonderes sein. Im Fachjargon spricht man hier von einer »Jackpot-Belohnung«. Infrage kommen etwa Fleischwurstscheibchen, Leberwurst aus der Tube oder ähnliche Dinge. Sie können aber auch einen Kong mit Leberwurst präparieren und für den Vierbeiner werfen, nachdem er wie gewünscht reagiert hat. Befüllbare Beutespielzeuge eignen sich nach meiner Erfahrung besonders gut als Belohnung, wenn Hunde aus einem Jagdreiz herausgerufen werden.
- Haben Sie Geduld: Trainieren Sie diesen Baustein des Anti-Jagd-Trainings sowie die Impulskontrolle des Hundes über mehrere Monate, um gute Ergebnisse zu erzielen!

Wie Sie den besonderen Abruf Ihres Vierbeiners aufbauen, erfahren Sie in Kapitel 6 (→ Seite 42). Ersetzen Sie dann einfach das Signal »Hier« durch das Spezialsignal Ihrer Wahl und achten Sie darauf, Ihren Liebling stets mit einem hochkarätigen »Jackpot« zu belohnen.

17

KEINE LUST AUF DIESES DING AUS BLECH?

So gewöhnen Sie Ihren Hund ans Autofahren

Egal ob man eine längere Reise plant oder zum Tierarzt im Nachbarort muss: Für die meisten Hundehalter ist es unverzichtbar, dass ihr Vierbeiner problemlos auch im Auto mitfährt. Bei einigen klappt das wie von selbst, andere haben damit große Schwierigkeiten. Idealerweise werden Hunde schon im Welpenalter ganz behutsam ans Autofahren gewöhnt. Wie das Schritt für Schritt gelingt, sehen wir uns jetzt an. Seien Sie aber nicht entmutigt, falls Ihre Fellnase bereits etwas älter ist. Mit dem nachfolgenden Training und ein wenig Geduld können Sie Ihren Liebling auch jetzt noch ans Autofahren gewöhnen bzw. vorhandene Ängste wieder abbauen.

So macht Mitfahren Freude!

In meiner praktischen Arbeit hat sich eine Gewöhnung in fünf Schritten bewährt. Üben Sie jeden Schritt so lange wie nötig. Wichtig ist, dass sich Ihr Vierbeiner beim Training immer wohlfühlt und kein Meideverhalten zeigt!

Schritt 1 Bevor es richtig losgeht, müssen Sie eine wichtige Entscheidung treffen: Wie und wo möchten Sie Ihren Vierbeiner zukünftig im Auto transportieren? Einige nutzen dafür eine Transportbox, die auf dem Rücksitz oder im Kofferraum platziert wird. Andere bevorzugen ein Gurtsystem. Bei dieser Lösung tragen Hunde ein Brustgeschirr, das dann am Gurtschloss befestigt wird: Der Vierbeiner sitzt oder liegt also angeschnallt auf seiner Decke beispielsweise auf der Rückbank. Ich bevorzuge diese Variante.

Schritt 2 Jetzt machen wir den Hund mit dem Auto vertraut – zunächst von außen. Ziel ist, dass er den Anblick und jede Annäherung an den Wagen als angenehm empfindet.

- Lassen Sie den Hund in der Nähe des Autos laufen, wenn nötig abgesichert über eine Leine, und gestalten Sie die Übung positiv.
- Füttern Sie Leckerchen oder gern auch ganze Mahlzeiten neben dem Auto oder spielen Sie mit Ihrem Hund in der Nähe des Fahrzeugs.
- Der Motor ist in diesem Übungsschritt noch abgeschaltet. Sie können aber bereits beginnen, die Autotüren zu öffnen und zu schließen, damit sich der Hund an diesen Anblick und damit verbundene Geräusche gewöhnt.

Schritt 3 Anschließend können Sie den Hund mit dem Fahrzeuginneren vertraut machen. Legen Sie dazu die Decke an den Ort, an dem Sie ihn zukünftig sichern wollen. Falls Sie sich für eine Box entschieden haben, platzieren Sie diese im Kofferraum oder auf der Rückbank.

Meine Fellnasen sitzen im Auto immer auf der Rückbank und werden dort über ein Gurtsystem abgesichert.

- Streuen Sie ein paar Leckerchen auf die Decke oder in die Transportbox und üben Sie in mehreren Trainingseinheiten das Einsteigen, Aussteigen und Sichern des Hundes.
- Den Zündschlüssel haben Sie für diesen Schritt immer noch nicht umgedreht.
- Üben Sie auch jetzt weiterhin das Öffnen und Schließen der Türen. Währenddessen verharrt Ihr Hund im Idealfall entspannt auf seiner Decke oder in der Transportbox.

Schritt 4 Nun können Sie das Auto starten. Lassen Sie den Motor laufen, damit sich Ihr Hund an das Geräusch gewöhnt. Falls Ihr Vierbeiner sehr schreckhaft ist, gehen Sie wie im zweiten Schritt vor: Nähern Sie sich dem Wagen mit laufendem Motor langsam an und machen Sie den Hund zunächst mit der neuen Situation vertraut. Erst dann darf er wieder ins Fahrzeug.

- Arbeiten Sie weiterhin mit Leckerchen, Kauartikeln oder einem Lieblingsspielzeug, damit der Hund die Situation positiv verknüpft. Das ist ein wichtiger Schlüssel zum Erfolg!
- Einigen Hunden wird im Auto schlecht. Daher wird häufig empfohlen, Vierbeiner mindestens zwei Stunden vor Abreise und unterwegs nicht mehr zu füttern. In meinen Tipps am Ende des Kapitels werde ich auf das Thema eingehen und Ihnen zeigen, wie Sie trotzdem mit Futter belohnen können.
- Sobald sich Ihr Vierbeiner an das Motorengeräusch gewöhnt hat, können Sie zum nächsten Schritt übergehen.

Ist der Hund an seine Decke gewöhnt, wird er sich darauf auch im Auto sicher fühlen.

Wichtig ist, dass Ihr Hund das Autofahren von Anfang an positiv verknüpft. Arbeiten Sie dazu mit reizvollen Belohnungen.

Beginnen Sie mit kurzen Fahrten zu Zielen, die für Ihren Hund spannend sind.

Schritt 5 Jetzt geht es endlich auf die Straße. Wichtig ist, dass Sie es anfangs nicht übertreiben und immer überprüfen, ob sich Ihre Fellnase an Bord noch wohlfühlt!

» Sie beginnen also mit kurzen Strecken und achten dabei auf eine ruhige Fahrweise.
» Steuern Sie ein Ziel an, das für Ihren Hund möglichst interessant ist, beispielsweise den nächstgelegenen Park. Gehen Sie dort ein wenig mit Ihrem Liebling spazieren, spielen Sie mit ihm und fahren Sie dann wieder zurück.
» Alles gut gelaufen? Das wird Ihnen Ihr Hund mitteilen! Ist er entspannt und ruhig mitgefahren und hatte er Spaß auf seinem Spaziergang, haben Sie alles richtig gemacht.
» Allmählich können Sie jetzt auch längere Strecken fahren, und schon bald wird Ihr Hund begeistert zum Auto laufen, wenn Sie den Zündschlüssel in Händen halten.

Transportbox oder Gurt?

Ihren Hund können Sie im Auto entweder in einer Box transportieren oder auf seiner Decke, beispielsweise auf der Rückbank, angurten. Im Handel sind dafür diverse Gurtsysteme und Spezialgeschirre erhältlich. Mit der Transportbox müssen Sie Ihren Liebling im Vorfeld vertraut machen und dafür etwa 1–2 Wochen einplanen. Wie das gelingt, erfahren Sie in Kapitel 39 (→ Seite 179). An eine Decke müssen Sie den Hund zwar nicht zwingend gewöhnen, aber es ist eine große Hilfe, wenn er sich auf dieser Unterlage an jedem Ort sicher und geborgen fühlt. Wie Sie das Signal »Decke« aufbauen, können Sie in Kapitel 7 (→ Seite 46) nachlesen.

Drei Tipps zum Abschluss

Sie haben Angst, dass Ihrem Hund unterwegs schlecht wird? Oder die Fellnase wirkt während der Fahrt immer noch sehr angespannt? Hier einige Tipps, die es Ihnen erleichtern, Ihren Hund an sein neues Transportmittel zu gewöhnen.

Tipp 1 Beim Training können Sie durchaus Leckerchen und Kauartikel als Belohnung nutzen, tun Sie dies aber sehr dosiert und effizient. Damit meine ich, dass Sie möglichst wenig Futter nutzen, das im Gegenzug aber eine sehr starke, positive Wirkung hat. Leberwurst aus der Tube ist beispielsweise eine gute Option. Hier reicht es, nur eine Fingerkuppe herauszudrücken, die Ihr Hund dann abschlecken darf. Die belohnende Wirkung ist für die meisten Vierbeiner enorm, und ihnen wird von diesen winzigen Mengen auch nicht gleich schlecht. Möchten Sie längere Belohnungs- bzw. Beschäftigungszeiten von 10–15 Minuten erzielen, können Sie auch eine Portion Leberwurst in einen Kong streichen und diesen dann einfrieren.

Tipp 2 Einigen Hunden wird im Auto übel, weil sie während der Fahrt ständig aus dem Fenster schauen. Um das Problem zu lösen, stellen Sie das Gurtsystem einfach so ein, dass dies nicht mehr bzw. kaum noch möglich ist. Gehen Sie ähnlich vor, wenn Sie eine Transportbox verwenden: Platzieren Sie die Box so, dass der Hund keine freie Sicht mehr nach draußen hat. Alternativ können Sie die Box auch mit einem dünnen Tuch abdecken. All das hilft nicht nur gegen Übelkeit, sondern auch, falls Ihr Hund unterwegs stark auf den Straßenverkehr oder vorbeilaufende Menschen und Hunde reagiert.

Tipp 3 Falls das Mitfahren Ihrem Hund große Schwierigkeiten bereitet, können Sie ihm eine Technik beibringen, die ihn schnell und gezielt in einen Entspannungszustand versetzt:

» Sobald Ihr Hund sichtbar entspannt ist – Sie streicheln oder kraulen ihn beispielsweise, während er neben Ihnen sitzt –, lassen Sie ganz ruhige Musik laufen. Ein Video mit entsprechender Anleitung finden Sie übrigens auf meinem YouTube-Kanal; suchen Sie einfach nach dem Titel »Relax your dog!«.
» Parallel dazu können Sie auch mit Lavendelduft arbeiten. Bitte seien Sie aber bei der Dosierung *extrem* vorsichtig, sonst erreichen Sie das Gegenteil! Ein sanfter Sprühstoß aus der Entfernung reicht völlig aus.
» Wiederholen Sie dieses Ritual im Alltag so oft wie möglich. Musik und Spray kommen dabei zunächst nur im Haus während der Entspannungsphasen zum Einsatz.
» Nach erfolgreicher Konditionierung wird Ihr Hund rasch zur Ruhe kommen, sobald er die Musik hört oder ihm zarter Lavendelduft in die Nase strömt. Diesen Effekt können Sie später nicht nur im Auto, sondern auch in anderen Stresssituationen nutzen.

Als allerletztes Mittel können auch beruhigende Medikamente helfen. Lassen Sie sich aber unbedingt von einem Tierarzt beraten, bevor Sie sich für diese Lösung entscheiden.

Lösungsschritte kompakt

SCHRITT 1: Entscheiden Sie sich, wo Sie Ihren neuen Mitfahrer zukünftig im Auto platzieren möchten.

SCHRITT 2: Gewöhnen Sie Ihren Hund bei Bedarf vorab an eine Transportbox bzw. führen Sie im Vorfeld ein Deckentraining durch, um die Gewöhnung an das Autofahren zu unterstützen.

SCHRITT 3: Machen Sie den Hund mit dem Anblick des Autos vertraut und gestalten Sie diese Annäherung so positiv wie möglich.

SCHRITT 4: Üben Sie nun das Einsteigen, Aussteigen und Sichern. Arbeiten Sie auch jetzt mit reizvollen Belohnungen, damit Ihr Vierbeiner diese Aktionen positiv verknüpft.

SCHRITT 5: Gewöhnen Sie Ihren Hund an das Motorengeräusch (Starten, Laufenlassen, Abschalten). Fahren Sie bei diesem Schritt aber noch nicht los!

SCHRITT 6: Beginnen Sie nun mit kurzen Fahrten und steuern Sie dabei Ziele an, die für Ihren Hund reizvoll sind. Steigern Sie dann langsam die Streckenlänge.

SCHRITT 7: Lassen Sie Ihren Hund während der Fahrt möglichst nicht aus dem Fenster blicken und arbeiten Sie in Problemfällen mit konditionierter Entspannung, die Sie über Düfte oder Musik auslösen.

18

WENN VIERBEINER AUF DURCHZUG SCHALTEN

So reagiert Ihr Hund von Anfang an auf Ihre Signale

»Mein Hund hört nicht!« Das beklagen viele meiner Kundinnen und Kunden, die Probleme mit ihrer Fellnase haben und mich dann kontaktieren. Gemeint ist mit diesem Satz natürlich normalerweise nicht, dass der Vierbeiner plötzlich taub geworden ist, sondern dass er seinen Menschen – manchmal überraschend, von einem Tag auf den anderen – ignoriert und lieber seine eigenen Interessen verfolgt. Kurzum: Der Hund macht, was er will, egal was Frauchen oder Herrchen davon halten. Genau um diese Problematik wird es in diesem Kapitel gehen.

Der perfekte Familienhund

Viele Menschen gehen davon aus, dass es an der individuellen Veranlagung ihres Hundes liegt, also gewissermaßen an seinem Charakter, wenn er nicht wie gewünscht reagiert; und in Einzelfällen ist das durchaus möglich. Es gibt aber zwei Hauptursachen, die hier in der Regel deutlich stärker ins Gewicht fallen: Das ist zum einen ein unzureichender Kommunikationsaufbau, zum anderen mangelhaftes Wissen über die wichtigsten Entwicklungsstufen eines Vierbeiners.

Darum sehen wir uns nun an, welche Phasen ein Hund durchläuft, wenn er sich vom Welpen zur ausgewachsenen Fellnase entwickelt – und was Sie in diesen einzelnen Lebensabschnitten tun müssen, damit Ihr Liebling zuverlässig Signale befolgt. Denn das ist die Grundlage für ein entspanntes, harmonisches Zusammenleben.

Das Grund- und Aufbautraining

Wie sieht nun das ideale Training eines Familienhundes aus, damit der Alltag später problemlos funktioniert? In welchen Schritten verläuft es, und wie viel Zeit muss man dafür einplanen? Wir beginnen mit einem Welpen in der achten Lebenswoche, denn in diesem Alter werden die meisten Hunde von der Mutter getrennt und von ihrer neuen Familie in Obhut genommen.

Training mit Schleppleine: Ist mein Junghund abgelenkt, halte ich die Leine in der Hand.

Klappt die Kommunikation besser, zieht der Hund die Schleppleine hinter sich her. In Notfällen kann ich immer reagieren.

Mein Hund ist konzentriert und das Umfeld sicher: Jetzt verzichte ich auf die Leine.

- Von der achten bis zur 15. Lebenswoche dreht sich alles um die Eingewöhnung und Sozialisation des Hundes: Er wird mit seinem neuen Zuhause und all den Außenreizen in der Umgebung vertraut gemacht, wird im Idealfall problemlos stubenrein und lernt auch schon, dass es nicht schlimm für ihn ist, wenn er einige Zeit allein in der Wohnung verbringen muss.
- Um die 16. Lebenswoche herum beginnt dann für die meisten Fellnasen der gezielte Kommunikationsaufbau, der etwa sechs Wochen dauert. Dazu wird bestenfalls ein Trainingsplan erstellt, denn jetzt werden mehrmals täglich die Grundsignale wie »Sitz«, »Platz« und »Hier« geübt – zunächst aber noch in einem ruhigen, reizarmen Umfeld.
- Anschließend beginnt das Aufbautraining. Jetzt werden die Grundsignale perfektioniert und auch unter Ablenkung geübt; die Kommunikation wird also gefestigt. All das nimmt weitere sechs Wochen in Anspruch.

Gelerntes weiter festigen

Wenn man diese Chronologie verfolgt, ist das Grund- und Aufbautraining etwa im siebten Lebensmonat abgeschlossen. Damit ist der Kommunikationsaufbau aber noch längst nicht abgehakt! Hier endet »nur« das intensive, mehrmals tägliche Training der einzelnen Signale.

Im Anschluss werden diese über einen Zeitraum von mindestens einem Jahr regelmäßig und aktiv im Alltag genutzt, um die Kommunikation kontinuierlich zu festigen. Zudem sollten Sie nach wie vor darauf achten, dass es sich für Ihren Hund immer lohnt, wenn er gewünschtes Verhalten zeigt. Viele Menschen hören viel zu früh damit auf, Ihren Vierbeiner zu belohnen. Das führt dazu, dass die sich mühsam aufgebaute Kommunikation wieder verschlechtert. Wenn überhaupt, sollte man Belohnungen erst nach anderthalb Jahren Training ausschleichen.

Ich persönlich belohne meine Hunde ein Leben lang, mache das aber meist nicht mit Leckerchen, sondern je nach Situation mit Worten, Berührungen oder kurzen Rennspielen. Man bezeichnet das als »situativ-bedürfnisgerechte Belohnung« (→ Seite 41). Im Zentrum steht dabei die Frage: »Was wäre im Moment am reizvollsten

Die Schleppleine

Eine Schleppleine verhindert, dass ein junger Hund ungehemmt jedem Impuls folgen kann. Eine Länge von fünf Metern ist für die meisten Situationen ideal. Ich persönlich setze die Schleppleine in den ersten beiden Jahren sehr flexibel ein: Ist der Vierbeiner stark abgelenkt oder reagiert er momentan kaum auf mich, halte ich die Leine in der Hand. Signale gebe ich jetzt nur, wenn ich weiß, dass der Hund sie höchstwahrscheinlich auch ausführt. In einem ruhigen Umfeld oder in Zeiten, in denen die Kommunikation besser klappt, lasse ich die Leine los, und der Hund schleppt sie hinter sich her. Im Fall der Fälle erreiche ich ihn so besser als komplett ohne Leine. Wichtig ist, dass sie die Schleppleine immer am Brustgeschirr befestigen, da die Verletzungsgefahr am Halsband zu groß wäre.

für meinen Hund?« Das eine Mal ist es vielleicht tatsächlich ein Leckerbissen, das andere Mal aber eventuell ein Apportier- oder Suchspiel. Beobachten Sie Ihren Hund und lernen Sie ihn kennen, dann wissen Sie immer, über welche Belohnung er sich gerade am meisten freut!

Wichtige Entwicklungsstufen

Häufig berichten mir Kursteilnehmer, wie toll doch schon alles mit ihrer kleinen Fellnase klappt. Draußen bleibt der Welpe immer in der Nähe, zieht nicht an der Leine, und im Sozialkontakt mit anderen Hunden ist er angenehm zurückhaltend. Ich bremse dann nur ungern die Euphorie, aber die Wahrheit ist: Es bleibt leider nicht so! Je mehr Zeit verstreicht, desto mehr Interesse entwickeln Junghunde an ihrer Umwelt. Sie werden mutiger, entdecken ihre Vorlieben und werden versuchen, diesen nachzugehen.
Wer die Entwicklungsstufen des Hundes kennt, ist aber gewappnet: Über das aktive Training, das ja schon im vierten Lebensmonat begonnen hat, und mit einer Schleppleine bekommt man fast alle Herausforderungen gut in den Griff.

Erfolge nur im Welpenalter?

Vielleicht haben Sie einen erwachsenen Hund von Bekannten übernommen, oder Sie haben die Ausbildung Ihrer Fellnase anfangs ein wenig schleifen lassen? So oder so: Auch wenn Sie mit einem älteren Vierbeiner starten, können Sie sich am Leitfaden orientieren, der in diesem Kapitel beschrieben wird. Das Grund- und Aufbautraining dauert bei älteren Hunden etwa drei Monate, für die Festigung der Signale sollten Sie mindestens ein weiteres Jahr einplanen. In diesem Zeitraum erzielen Sie in der Regel sehr gute Ergebnisse.

Die Pubertät und kürzere Angstphasen

Zwischen dem sechsten und achten Lebensmonat kommen Hunde langsam in die Pubertät. Meist reagieren sie dann nicht mehr so zuverlässig wie gewohnt auf ihre Menschen, und Rüden geraten jetzt häufiger in Konflikt mit gleichgeschlechtlichen Artgenossen. Beendet ist diese Lebensphase erst, wenn der Hund erwachsen wird. Bei den meisten Fellnasen ist das zwischen dem zweiten und dritten Lebensjahr der Fall.
Während der Pubertät sind viele Hunde furchtloser und wollen ihre Welt erobern. Aber auch kürzere Angst- oder Fremdelphasen sind in den ersten drei Lebensjahren ganz normal. Vor allem um den achten Lebensmonat herum legen viele Vierbeiner plötzlich ängstliches oder zögerliches Verhalten an den Tag. Sie lassen sich dann von Situationen aus der Bahn werfen, die bislang kein Problem für sie waren. Normalerweise sind solche Ängste nicht von Dauer und lösen sich nach kurzer Zeit von selbst wieder auf.
Um Ihrem Hund über solche Episoden hinwegzuhelfen, nutzen Sie Ihre bis dahin aufgebauten Signale und entfernen sich vom angstauslösenden Reiz. Mit Belohnungen sollten Sie jetzt nur arbeiten, wenn der Vierbeiner erwünschtes Verhalten zeigt, also frei von Angst ist. Andernfalls besteht die Gefahr, dass Sie das Meideverhalten Ihres Lieblings unbewusst weiter verstärken.

19

OH, WIE PEINLICH!

Was tun, wenn Hunde häufig aufreiten?

Bei diesem Thema gibt es etliche Missverständnisse, und nicht selten wird es tabuisiert. Vor allem wenn Besuch kommt und der Hund sich am Bein eines Gastes »austobt«, ist das vielen Haltern peinlich. Meist wird davon ausgegangen, dass Vierbeiner, die aufreiten, sexuelle Interessen verfolgen oder ihre Dominanz zum Ausdruck bringen möchten. Die häufigste Ursache ist jedoch starke Aufregung, die durch Freude, Stress, Angst oder Unsicherheit ausgelöst wird.

Die typischsten Szenarien

Aber auch Hunde, die unterfordert sind, neigen dazu aufzureiten. Sie wollen dann in der Regel einfach nur die Aufmerksamkeit ihrer Menschen auf sich lenken. In manchen Fällen kann das Verhalten aber auch stereotypische oder regelrecht zwanghafte Züge annehmen und dient dann gar keinem erkennbaren Zweck mehr.
Um herauszufinden, warum Ihr Vierbeiner aufreitet, sollten Sie immer die jeweilige Situation und den Kontext betrachten: Wie geht es dem Hund gerade, und was passiert vor dem Aufreiten? Je nach Ursache können Sie dann – falls notwendig – gezielte Maßnahmen ergreifen. Um das Ganze zu veranschaulichen, sehen wir uns jetzt sieben typische Fallbeispiele an:

Hunde, die aufreiten, sind oft aufgeregt oder gestresst. Auf ihrem Platz kommen sie schnell wieder zur Ruhe.

Szenario 1 Das Aufreiten an Hundekissen, Plüschtieren & Co. kann vorwiegend bei jungen Hunden beobachtet werden; manchmal neigen aber auch ältere Vierbeiner noch zu diesem Verhalten. Solange es nicht übertrieben häufig vorkommt oder zwanghaft wirkt, können und sollten Sie es einfach ignorieren. Denn wenn Sie Ihre Fellnase jedes Mal korrigieren, kann das auch belohnende Effekte haben: Der Hund lernt dann, dass er ganz schnell Ihre Aufmerksamkeit bekommt, wenn er beispielsweise seine Decke besteigt – er wird das Verhalten also wiederholen.

Szenario 2 Aktiv werden sollten Sie hingegen, wenn Ihre Fellnase regelmäßig Ihr Bein bespringt, sobald Sie nach Hause kommen. In diesem Fall sind Hunde meist hocherfreut über die Rückkehr ihrer Bezugsperson und zeigen deshalb das unerwünschte Verhalten. Gegensteuern können Sie, indem Sie Ihrem Liebling in Begrüßungssituationen möglichst gelassen begegnen und sein Verhalten rasch in erwünschte Bahnen lenken. Bewährt hat sich auch hier wieder das Deckentraining (→ Seite 47). Ist das Alternativverhalten erfolgreich aufgebaut, können Sie den Hund sofort auf seinen Platz schicken, wenn Sie die Wohnung betreten. Auf diese Weise verhindern Sie nicht nur das Aufreiten, sondern sorgen gleichzeitig dafür, dass der Vierbeiner wieder zur Ruhe kommt. Wenn Sie mit dieser Methode konsequent einige Wochen am Ball bleiben, löst sich das Problem in der Regel auf.

Szenario 3 Vielen ist dieses Szenario besonders peinlich: Es kommt Besuch, und der Hund reitet auf! In diesem Fall sind Vierbeiner häufig unsicher oder ängstlich. Jetzt führt also nicht Freude, sondern vielmehr Stress zum unerwünschten Verhalten. In dieser Situation ist es zunächst wichtig, dem Hund über eine gute Organisation Sicherheit zu vermitteln. Den Besuch sollten Sie daher erst einmal von Ihrer Fellnase fernhalten. Dazu können Sie wieder mit einem Alternativverhalten arbeiten: Bewährt hat sich, den Hund mit seinem Lieblingskauartikel an seinem Platz zu beschäftigen. Platzieren Sie seine Decke oder das Hundekissen aber möglichst weit weg von den Gästen. Der Hund soll dort zur Ruhe kommen und sich »pudelwohl« fühlen. Sobald die Besucher im Wohnzimmer angekommen sind und Ihr Liebling entspannt ist, können Sie versuchen, ihn vorsichtig zu integrieren.

Wann zum Tierarzt?

Das Aufreiten ist zwar in vielen Fällen harmlos, manchmal verbergen sich dahinter aber auch schwerwiegende Probleme. Das kann der Fall sein, wenn Hunde unter Hypersexualität leiden. Die Symptome habe ich in Kapitel 31 (→ Seite 156) beschrieben. Falls sich Ihr Vierbeiner hypersexuell verhält, sollten Sie einen Experten aufsuchen, denn der Hund muss behandelt werden. Sprechen Sie im ersten Schritt mit Ihrem Tierarzt, er kann Sie an einen spezialisierten Verhaltenstherapeuten verweisen.

Auch unterforderte Hunde neigen zum Aufreiten. Lange Spaziergänge helfen, Ihre Fellnase auszulasten.

Wenn Ihr Hund unterwegs Artgenossen bedrängt, ist es wichtig, dass Sie ihn zuverlässig abrufen können.

Szenario 4 Ich habe es eingangs bereits angesprochen: Auch eine Unterforderung kann dazu führen, dass Hunde häufig aufreiten. Wenn Sie den Eindruck haben, dass das die Ursache für das unerwünschte Verhalten ist, müssen Sie Ihren Vierbeiner stärker auslasten. Eine gute Möglichkeit sind natürlich ausgedehnte Spaziergänge. Gehen Sie dabei aber nicht immer die gleiche Route, sondern wählen Sie ab und an neue Strecken, die spannende und vielleicht noch unbekannte Reize für Ihren Liebling bereithalten. Zudem können auch Such- und Intelligenzspiele Ihren Hund auslasten und fordern.

Szenario 5 Führen Ihre Beobachtungen zu dem Schluss, dass Ihr Hund aufreitet, um gezielt Ihre Aufmerksamkeit auf sich zu lenken, gehen Sie ähnlich wie im zweiten Szenario vor: Ignorieren Sie das unerwünschte Verhalten konsequent über einen Zeitraum von etwa 2–4 Wochen. In der Regel löst es sich dann auf. Hat das Verhalten hingegen bereits stereotypische bzw. zwanghafte Züge angenommen, sollten Sie unbedingt einen Tierarzt oder Therapeuten zurate ziehen.

Szenario 6 Die Problematik beschränkt sich natürlich nicht nur auf die eigenen vier Wände bzw. geschlossene Räume. Einige Fellnasen reiten auch beim Spaziergehen auf. Besprungen werden dann nicht nur Frauchen oder Herrchen, sondern manchmal sogar wildfremde Passanten. Häufigste Ursache sind auch hier wieder Stress und Aufregung. Ist der Vierbeiner bereits gut ausgebildet, hilft es, ihn für ein paar Minuten ins »Platz« zu schicken, damit er sich entspannen kann. Falls entlang der gewählten Route sehr viele stimulierende Außenreize auf Ihren Schützling einprasseln, kann auch ein Umgebungswechsel sinnvoll sein.

Lösungsschritte kompakt

SCHRITT 1: Beobachten Sie Ihren Hund aufmerksam und finden Sie heraus, welche Ursachen das unerwünschte Verhalten hat.

SCHRITT 2: Orientieren Sie sich an den beschriebenen Szenarien, um die Schwierigkeiten in den Griff zu bekommen. Beachten Sie dabei, dass es in manchen Fällen am besten ist, das Verhalten zu ignorieren.

SCHRITT 3: Bei Verdacht auf schwerwiegendere Probleme wie etwa Hypersexualität sollten Sie die Verhaltensauffälligkeiten von einem Experten überprüfen lassen.

Szenario 7 Was aber tun, wenn der eigene Hund Artgenossen besteigt? Auch hierfür sind meist Stress und Aufregung verantwortlich. Sobald sich der Vierbeiner wieder entspannt, verschwindet das Problem. Das gilt aber nur, wenn der Hund keine sexuellen Motive hatte. Hündinnen oder Kastraten, die gut riechen, werden häufig von Rüden bedrängt, weil diese schlichtweg ihrem Sexualtrieb folgen möchten. Falls es Ihnen nicht gelingt, den Hund mit dem Schluss-Signal (→ Seite 149) zu stoppen, ist es am sinnvollsten, die Situation einfach zu verlassen.
Es kommt übrigens auch vor, dass Rüden aufreiten, um ihren gleichgeschlechtlichen, unkastrierten Artgenossen zu imponieren. Hier müssen Sie dringend eingreifen, um ernsthaftere Konflikte zu verhindern: Rufen Sie Ihren Hund ab (→ Seite 42) und verlassen Sie das Gelände.

20

AN DER LEINE WIRD MEIN HUND ZUM RÜPEL!

So löst sich Leinenaggression schon bald in Luft auf

Von einer Leinenaggression spricht man, wenn Hunde im Freilauf in der Regel freundlich und umgänglich auf Artgenossen reagieren. Hängt hingegen eine Leine am Halsband oder Brustgeschirr, mutieren sie plötzlich zu kleinen Monstern: Sie knurren, bellen, fletschen die Zähne und werfen sich mit voller Wucht in die Schnur, sobald eine fremde Fellnase um die Ecke biegt.

So mancher Hundebesitzer reibt sich da nicht nur die schmerzenden Arme, sondern auch die Augen, weil er seinen Liebling nicht wiedererkennt. Viele gehen dann bald gar nicht mehr mit dem Hund spazieren, aus Angst, die Gassirunde könnte wieder zum Fiasko werden.

Ohne Strafe zum Erfolg

Vielleicht kommt Ihnen das eben geschilderte Szenario ja bekannt vor. Aus meiner langjährigen Erfahrung als Trainer weiß ich jedenfalls, dass die Leinenaggression viele Hundehalter vor enorme Herausforderungen stellt. Aber wie entsteht dieses Problem bei Vierbeinern überhaupt? Zu den häufigsten Ursachen zählen:

- Frustration
- Angst bzw. Unsicherheit
- Schmerzreize
- Verteidigung von Ressourcen
- Schutztrieb
- negative Lernerfahrungen
- mangelnde Sozialisation
- gesundheitliche Probleme

Auf diese einzelnen Punkte will ich hier aber gar nicht im Detail eingehen. Denn der Lösungsweg, den ich Ihnen gleich vorstelle, hat den großen Vorteil, dass er in der Regel immer zum Erfolg führt – egal, welche Ursachen der Leinenaggression zugrunde liegen. Nicht zuletzt ist die Methode gewaltfrei und kommt ohne Strafe aus. Ich betone das deshalb, weil bis heute häufig versucht wird, Hunden das unerwünschte Verhalten mit Wasserpistolen, Wurfschellen oder anderen unangenehmen Reizen auszutreiben. Diese Herangehensweise ist nicht nur aus tierschutzrechtlicher Sicht problematisch, sie funktioniert auch nicht! Zumindest nicht nachhaltig.

Bei stark ausgeprägter Aggression sollten Sie Ihren Hund an einen Maulkorb gewöhnen.

Akzeptiert der Vierbeiner das neue Hilfsmittel, können Sie den Maulkorb für Ihr weiteres Training beim Gassigehen nutzen.

Die Distanz zu Artgenossen dürfen Sie unterwegs aber nur langsam verringern!

Nach der Bestrafung sind einige Vierbeiner vielleicht kurz gehemmt, ein paar Tage später kommt das unerwünschte Verhalten dann aber meist wieder. Bedenken muss man in diesem Zusammenhang auch, dass ein aggressiver Hund extrem unter Stress steht, denn er hat sich für einen Angriff entschieden. Die meisten Korrekturversuche werden daher an ihm abprallen. Es sei denn, Sie arbeiten mit drakonischen Strafen und roher Gewalt; aber das wäre moralisch nun wirklich nicht vertretbar. Es muss also eine bessere Lösung geben – und die gibt es auch!

Alternativverhalten aufbauen

Um das Problem in den Griff zu bekommen, müssen wir ein Alternativverhalten aufbauen, das die unerwünschte Aggression des Hundes in erwünschte Bahnen umlenkt. Hier sind wieder etwas Fleiß und Geduld gefragt: Nur wenn dieses Alternativverhalten stetig wiederholt und gefestigt wird, schwächt sich die Leinenaggression langsam ab und verschwindet bestenfalls ganz. Zur Vorbereitung und Durchführung des Trainings können Sie sich am folgenden Leitfaden orientieren. Schritte 2 und Schritt 3 sind optional; je nachdem, wie stark die Leinenaggression bei Ihrem Hund ausgeprägt ist, sind sie mehr oder weniger sinnvoll und empfehlenswert.

Schritt 1 Vereinbaren Sie einen Termin beim Tierarzt und lassen Sie abklären, ob Ihr Hund gesund und schmerzfrei ist. So schließen Sie bereits im Vorfeld gesundheitliche Probleme als Ursache für die Leinenaggression aus.

Schritt 2 Ist die Leinenaggression sehr stark ausgeprägt, müssen Sie andere Vierbeiner und Menschen, denen Sie beim Spazierengehen

ÜBUNGSTIPPS

1 Führen Sie bitte alle in diesem Kapitel beschriebenen Übungen nur durch, wenn Sie sicher sind, dass Ihr Hund weder Sie noch andere Vierbeiner oder Menschen verletzt. Wenn Sie diesbezüglich unsicher sind oder sogar Angst haben, sollten Sie unbedingt einen erfahrenen Hundetrainer um Unterstützung bitten.

2 Achten Sie darauf, dass Sie das unerwünschte Verhalten Ihrer Fellnase nicht versehentlich belohnen. Viele Halter versuchen, ihren Hund mit Futter abzulenken oder zu besänftigen, sobald er aggressiv wird. Das ist ein großer Fehler! Denn dadurch wird die Aggression bestätigt, was häufig zu einer Verschlimmerung des Problems führt. Eine Belohnung darf immer nur dann zum Vorschein kommen, wenn der Hund – ganz ruhig und frei von Aggressionen – das gewünschte Alternativverhalten ausführt.

3 Organisieren Sie Ihre Gassirunden zunächst so, dass Sie unterwegs nur selten auf andere Hunde treffen. So verhindern Sie schon im Vorfeld, dass es zu Konflikten kommt. Generell gilt: Je häufiger Sie die Leinenaggression unterbinden können (sei es durch Vermeidung von Sozialkontakten oder mithilfe des trainierten Alternativverhaltens), desto schneller verschwindet sie. Bleiben Sie dran! Spätestens nach einem Jahr werden Sie und Ihr Hund wieder ganz entspannt Ihre gemeinsamen Spaziergänge genießen.

begegnen, unbedingt schützen. In diesem Fall gewöhnen Sie Ihre Fellnase am besten vor Trainingsbeginn an einen Maulkorb (→ Seite 128). Dieser Schritt ist aber nur notwendig, wenn Sie das Gefühl haben, dass Ihr Hund in kritischen Situationen ein Sicherheitsrisiko darstellt.

Schritt 3 Sollte Ihr Hund beim Gassigehen generell sehr stark an der Leine – und gegebenenfalls in Richtung seiner Artgenossen – zerren, empfehle ich Ihnen eine Führhilfe, beispielsweise ein »Canny Collar« (→ Seite 33). Hat sich der Hund an dieses Spezialhalsband gewöhnt, erleichtert das das Training enorm.

Schritt 4 Im nächsten Schritt beginnen wir mit dem Aufbau des Alternativverhaltens. Dabei arbeiten wir mit den Signalen »Sitz«, »Weiter« und »Schau« (→ Seite 51, 66). Trainieren Sie diese Signale intensiv mit Ihrem Liebling und belohnen Sie ihn besonders hochwertig, wenn er sie wie gewünscht ausführt. Üben Sie aber zunächst noch in reizarmer Umgebung, beispielsweise im Garten oder Wohnzimmer. Wir trainieren in diesem Schritt also noch nicht unter Realbedingungen in der Nähe anderer Hunde!

Schritt 5 Jetzt wird es endlich ernst: Nach etwa zwei Wochen intensivem Training können Sie beginnen, die Signale beim Spazierengehen und in Begegnungssituationen zu nutzen.

- Achten Sie dabei anfangs auf genügend Abstand zu Artgenossen. Die Distanz sollte stets so gewählt sein, dass Ihr Hund das Alternativverhalten problemlos ausführen kann.
- Nutzen Sie je nach Situation das passende Signal: Manchmal ist es am sinnvollsten, an Ort und Stelle stehen zu bleiben; dann schicken Sie den Hund ins »Sitz«. In anderen Situationen, etwa in einem sehr belebten Umfeld, ist es wiederum besser, in Bewegung zu bleiben. Dann nutzen Sie also das Signal »Weiter«.
- Vor Gebrauch beider Signale verwenden Sie aber *immer* das Signal »Schau«, um den Blick des Hundes einzufangen und seine volle Aufmerksamkeit zu bekommen.
- Wenn das Training über einige Wochen hinweg erfolgreich ist, können Sie die Distanz zu anderen Hunden verringern. Gehen Sie dabei aber langsam und vorsichtig vor.

Lösungsschritte kompakt

SCHRITT 1: Gehen Sie zum Tierarzt, um gesundheitliche Probleme im Vorfeld auszuschließen. Bei Bedarf sollte Ihr Hund jetzt einen Maulkorb bzw. eine Führhilfe tragen.

SCHRITT 2: Trainieren Sie über einen Zeitraum von mindestens zwei Wochen intensiv die Signale »Sitz«, »Schau« und »Weiter«. Sie dienen später in den Problemsituationen als Alternativverhalten. Üben Sie aber zunächst noch in reizarmer Umgebung.

SCHRITT 3: Nutzen Sie die Signale jetzt unter Realbedingungen. Achten Sie dabei auf genügend Abstand zu Artgenossen, damit Ihr Hund die Übungen immer meistern kann.

SCHRITT 4: Bleiben Sie am Ball! Nach einigen Monaten Training erreichen Sie in der Regel sehr gute Ergebnisse.

21

ZU VIELE PFOTEN UNTER EINEM DACH?

Herausforderungen bei der Mehrhundehaltung

Einer mehr, gar kein Problem? In vielen Fällen ist es leider nicht so, dass man sich einfach einen zweiten oder sogar dritten Hund anschafft, und die neue Fellnase »läuft dann einfach so mit«. Jeder Vierbeiner hat seine ganz eigene Persönlichkeit mit individuellen Bedürfnissen, die man berücksichtigen muss. Und bei so vielen Pfoten unter einem Dach kommt es, wie in jeder größeren Menschenfamilie, natürlich auch mal zu Streitereien. Was sind die häufigsten Herausforderungen, und wie organisiert man die Mehrhundehaltung so, dass alle Zwei- und Vierbeiner harmonisch zusammenleben können? Das wollen wir uns in diesem Kapitel genauer ansehen.

Begehrte Ressourcen

Wenn mehrere Hunde in einem Haushalt leben und es dann zu Reibereien kommt, drehen sich die Konflikte meist um Ressourcen (→ Seite 78). Typische Zankäpfel sind also Futter, Spielzeug bzw. Beute, Liegeplätze oder auch Bezugspersonen, um deren Aufmerksamkeit und Nähe die Fellnasen je nach Hundepersönlichkeit mehr oder weniger stark buhlen. Daher ist es wichtig, diese Ressourcen im Auge zu behalten und den Umgang mit ihnen ganz bewusst zu organisieren. Oft ist das schon die halbe Miete!

Organisation ist jetzt das A und O

Dazu müssen Sie Ihre Hunde aber zunächst beobachten und gut kennenlernen: Wie wichtig sind ihnen die einzelnen Ressourcen? Vielleicht sogar so wichtig, dass sie mit Nachdruck beansprucht und vehement verteidigt werden?
Je nachdem, was Ihre Beobachtungen ergeben, organisieren Sie den Alltag zukünftig so, dass Konflikte möglichst gar nicht erst entstehen. Sind etwa Beutespielzeuge sehr begehrt oder eventuell sogar heiß umkämpft, werden sie den

Weisen Sie jedem Ihrer Hunde in der Wohnung einen getrennten Liegeplatz zu – mit so viel Abstand wie nötig.

Hunden nur noch getrennt bzw. unter Ihrer Aufsicht angeboten. Gleiches gilt für Kauartikel und Futter: Füttern Sie alle Vierbeiner mit ausreichendem Wohlfühlabstand, um Streit zu vermeiden. Falls notwendig, können die Näpfe auch in getrennten Räumen platziert werden.

Liegeplätze und Deckentraining
Empfehlenswert ist es, wenn Sie jedem Ihrer Hunde in der Wohnung einen festen Liegeplatz zuweisen. Abhängig von den Bedürfnissen Ihrer Schützlinge, müssen Sie auch hier wieder auf genügend Abstand achten. Führen Sie dann, falls noch nicht geschehen, mit allen Fellnasen ein intensives Deckentraining durch (→ Seite 46). Das Signal »Decke« können Sie später wunderbar in folgenden Situationen nutzen:

- wenn die Hunde sehr aufgeregt sind
- wenn Ihre Vierbeiner zu lange oder intensiv herumtollen und Sie dieses oder andere wilde Spiele unterbrechen möchten
- wenn Ihre Hunde in einen Konflikt geraten
- wenn Ihre Fellnasen, etwa nach dem Training oder nach Spaziergängen, Ruhe benötigen
- immer dann, wenn Sie eine Situation kontrollieren und die Vierbeiner dazu an ihrem Platz ablegen möchten – zum Beispiel, wenn es klingelt, beim Essen oder wenn Ihnen die Hunde ständig auf Schritt und Tritt folgen

Das allerletzte Mittel

Mit entsprechendem Training und etwas Organisation können Sie viel erreichen, um Konflikte im Alltag zu vermeiden. Trotzdem kann es natürlich passieren, dass alle Bemühungen vergebens sind und die Spannungen bestehen bleiben. Leidet einer der Hunde über längere Zeit, weil er ständig attackiert oder übervorteilt wird, ist es unausweichlich, die Konstellation aufzulösen. Suchen Sie dann sorgsam nach einem neuen, liebevollen Zuhause für eine Ihrer Fellnasen. So schwer Ihnen dieser Schritt auch fallen mag: In Härtefällen ist es der beste Weg für Tier und Mensch!

Stressfreie Spaziergänge

In der Wohnung klappt alles gut? Dann sehen wir uns jetzt an, zu welchen Schwierigkeiten es häufig beim Spazierengehen kommt, wenn man plötzlich mit mehreren Fellnasen unterwegs ist. Hier spielt die sogenannte »Stimmungsübertragung« eine wichtige Rolle: Ist Ihr Ersthund sozial gefestigt, leinenführig und gut abrufbar, wirken sich sein Verhalten und seine ruhige Aura in der in der Regel positiv auf den Zweithund aus. Ist der Ersthund hingegen nervös, jagdbegeistert oder verhält er sich gegenüber fremden Artgenossen sogar aggressiv, können auch seine Unruhe und sein unerwünschtes Verhalten auf den neuen Hund abfärben. Das Phänomen der Stimmungsübertragung kann Ihnen also in die Hände spielen – oder gegen Sie arbeiten.

Am besten einer nach dem anderen
Daher ist es ratsam, sich erst dann für einen Zweithund zu entscheiden, wenn mit dem ersten alles problemlos funktioniert: Der Ersthund sollte gut ausgebildet und mindestens zwei Jahre

alt sein. Mit dem Neuzugang geht man dann im ersten Jahr möglichst getrennt spazieren. Diese Methode hat folgende Vorteile:

- Der neue Hund orientiert sich deutlich stärker an seiner Bezugsperson als bei Spaziergängen mit mehreren Hunden. Das ist wichtig, um eine solide Bindung aufzubauen.
- Der Kommunikationsaufbau bzw. das Training von Signalen ist deutlich unkomplizierter, wenn Sie nur mit einem Hund unterwegs sind. Das gilt zumindest für die Anfangsphase. Später können Sie dann mit mehreren Hunden gleichzeitig üben – mit fortgeschrittenem Training ist das sogar vorteilhaft.

Vielleicht haben Sie sich aber bereits einen zweiten Hund zugelegt, obwohl mit dem ersten noch nicht alles rundläuft? Auch in diesem Fall empfehle ich Ihnen dringend, mit beiden Vierbeinern zumindest eine Zeit lang getrennt spazieren zu gehen. So können Sie sich auf jedes Tier einzeln konzentrieren und gezielt Defizite ausgleichen. Die Mühe lohnt sich! Sind beide Hunde dann später auf dem gleichen Trainingsstand, können Sie entspannt gemeinsam losziehen.

Weitere Herausforderungen

Viele Hundefreunde legen sich einen noch recht jungen Zweithund zu, wenn ihr Ersthund langsam in die Jahre kommt. Der große Altersunterschied führt dann häufig zu Problemen. Denn so eine quicklebendige, spielfreudige Fellnase bedeutet für den Senior eventuell puren Stress!
Kann oder will sich der ältere Hund nicht mehr selbst wehren bzw. gegenüber dem Neuzugang abgrenzen, müssen Sie das für ihn übernehmen.

Gehen Sie mit Ihrem neuen Hund im ersten Jahr möglichst getrennt spazieren. Das erleichtert das Training und festigt die Bindung, denn der Vierbeiner kann sich dann voll und ganz auf seine Bezugsperson konzentrieren.

Greifen Sie in solchen Fällen am besten mit dem Schluss-Signal (→ Seite 149) ein und nutzen Sie bei Bedarf das Deckentraining (→ Seite 46).

Konflikte beim Spielen

Leben mehrere Hunde in einem Haushalt, ist es besonders wichtig, die Vierbeiner beim Spielen im Auge zu behalten. Vor allem noch sehr junge Fellnasen finden dabei häufig keinen Schlusspunkt und verausgaben sich manchmal nahezu bis zur Erschöpfung. Zudem geht es beim Sozialspiel manchmal ziemlich wild zu (→ Seite 157), was dazu führen kann, dass aus einer harmlosen Rangelei eine ernste Auseinandersetzung wird. Hier sollten Sie regulierend eingreifen und auch frühzeitig mit Ihren Hunden eine Spielunterbrechung trainieren: Wenn sie lange genug herumgetollt haben oder das Spiel gelegentlich zu hitzig wird, geben Sie Ihren Hunden einfach ein Time-out: Rufen Sie die Hunde dafür ab (→ Seite 42) und schicken Sie sie bei Bedarf auf ihren Platz (→ Seite 47), damit sie dort wieder zur Ruhe kommen und entspannen können.

Wenn ein Hund stirbt

Der Tod einer geliebten Fellnase ist ein einschneidendes Erlebnis, das natürlich auch alle anderen Hunde im Haushalt betrifft. Von vielen Seiten wird empfohlen, auch ihnen die Möglichkeit zu geben, sich zu verabschieden. Dazu lässt man den zurückgebliebenen Hund am besten kurz am Leichnam des verstorbenen Artgenossen schnuppern. Soll ein Hund zu Hause eingeschläfert werden, ist es ratsam, den zweiten Hund in einem anderen Raum unterzubringen, wenn der Tierarzt kommt. So werden Aufregung und Stress vermieden. Anschließend kann man dann das Abschiedsritual durchführen.

Sind beide Hunde auf dem gleichen Trainingsstand, können Sie gemeinsam losziehen. Im Idealfall besorgen Sie sich erst einen Zweithund, wenn der Ersthund gut leinenführig ist und alle wichtigen Grundsignale beherrscht.

22

VOR MEINEM HUND IST KEINE KATZE SICHER!

So klappt die Vergesellschaftung mit anderen Tieren

Zieht ein Hund bei seiner neuen Familie ein und es wohnen dort schon andere Haustiere, kann es schnell zu Turbulenzen kommen: Die Katze traut sich beispielsweise nicht mehr ins Wohnzimmer, weil dort plötzlich eine struppige Fellnase liegt. Oder sie wird von ihrem neuen Mitbewohner sogar durchs ganze Haus gejagt! Damit bald Ruhe einkehrt und alle Tiere friedlich zusammenleben können, müssen wir den Fokus möglichst früh auf eine gelungene »Vergesellschaftung« legen – so bezeichnet man in der Zoologie das harmonische Miteinander mehrerer Tierarten auf engerem Raum.

Harmonisches Zusammenleben

Häufig klappt am Anfang nicht alles reibungslos, das ist aber ganz normal. Und natürlich entstehen Konflikte bei der Vergesellschaftung nicht nur zwischen Hund und Katze: Sie können auch auftreten, wenn Hamster, Kaninchen oder sogar größere Nutztiere in Ihrem Haus bzw. Garten leben. Um Problemen mit dem neuen Vierbeiner vorzubeugen, sind vor allem zwei Dinge wichtig: Zum einen müssen Sie, das gilt insbesondere für die Anfangsphase, aufmerksam beobachten, wie es allen Tieren miteinander geht. Zum anderen sollten Sie Regeln aufstellen und den Alltag so organisieren, dass sich die Haustiere bestmöglich aneinander gewöhnen können.

Damit sich alle wohl und sicher fühlen

Aber was bedeutet das konkret? Wenn sich Ihr Hund entscheidet, die Katze zu jagen, ist es wichtig, seine Motivation sofort zu stoppen. Er muss lernen, dass dieses Verhalten tabu ist! Nutzen Sie das Schluss-Signal (→ Seite 149) zur Unterbrechung und schicken Sie den Vierbeiner dann bei Bedarf auf seinen Liegeplatz (→ Seite 47). Der Ort für diesen Platz sollte so gewählt werden, dass sich alle Tiere möglichst wohlfühlen.
Haben Sie das Signal »Decke« im Vorfeld stabil aufgebaut, können Sie damit viele Stresssituationen entschärfen. Gleichzeitig eignet sich das Deckentraining hervorragend, um zwei oder mehrere Haustiere aktiv aneinander zu gewöhnen. Dafür beschäftigen Sie Ihre Fellnase auf ihrer Decke mit einem tollen Kauartikel, während es sich Ihre Katze beispielsweise im gleichen Zimmer auf dem Kratzbaum gemütlich macht.
Haben Sie Geduld: Es braucht einfach einige Wochen, bis sich das Zusammenleben eingespielt hat und alle Tiere gut miteinander klarkommen. Katze & Co. lernen mit unserer Hilfe, dass ihr Zuhause trotz des neuen – und anfangs vielleicht noch ein wenig ungestümen – Mitbewohners sicher ist, und finden so zu ihrem entspannten und gewohnten Alltag zurück!

Hund und Katze werden vielleicht nicht dicke Freunde, aber sie können sich zumindest aneinander gewöhnen.

KAPITEL 22

Ein neuer Hund zieht ein!

Dieses Kapitel dreht sich zwar im Schwerpunkt um die Vergesellschaftung von Vierbeinern mit Katzen oder anderen, nicht artverwandten Haustieren. Dennoch möchte ich Ihnen abschließend auch ein paar Tipps geben, wie Sie zwei Hunde aneinander gewöhnen können, die sich noch fremd sind. Wer tiefer in dieses Thema eintauchen möchte: In Kapitel 21 (→ Seite 111) habe ich die Mehrhundehaltung und damit verbundene Herausforderungen im Detail beleuchtet.

Tipp 1 Das erste Zusammentreffen sollte auf einer neutralen, ausreichend großen Grünfläche stattfinden. Sichern Sie beide Hunde bei Bedarf mit Leinen ab. Verwenden Sie dafür am besten drei oder fünf Meter lange Schleppleinen in Verbindung mit einem Brustgeschirr.

Tipp 2 Auf der Grünfläche geben Sie Ihrem Ersthund und seinem neuen Weggefährten die Möglichkeit, sich ausgiebig zu beschnuppern und kennenzulernen. Gehen Sie anschließend gemeinsam eine Weile spazieren.

Tipp 3 Ressourcen wie Beutespielzeuge oder Kauartikel sollten in Ihrer Wohnung anfangs nicht einfach herumliegen, sonst kann es zu unnötigen Konflikten kommen. Beobachten Sie zunächst, wie gut Ihre Hunde mit solchen Ressourcen umgehen können, und organisieren Sie die Verfügbarkeit dann entsprechend.

Tipp 4 Weisen Sie jedem Hund einen festen Liegeplatz zu – mit so viel Abstand wie nötig. Es ist ratsam, mit beiden Hunden ein Deckentraining durchzuführen. So bekommen Sie aufregende Situationen schnell in den Griff.

Lösungsschritte kompakt

SCHRITT 1: Organisieren Sie die Liege- und Ruheplätze Ihrer Haustiere in der Wohnung so, dass sich alle möglichst wohlfühlen.

SCHRITT 2: Unterbrechen Sie Ihren Hund mit dem Schluss-Signal (→ Seite 149), wenn er Ihre Katze jagt. Diese Motivation sollten Sie so früh wie möglich bremsen!

SCHRITT 3: Trainieren Sie mit Ihrem neuen Familienmitglied intensiv das Signal »Decke« (→ Seite 47). Damit bekommen Sie die meisten Stresssituationen schnell wieder unter Kontrolle. Das Deckentraining eignet sich aber auch zur aktiven Gewöhnung an andere Haustiere. Bis es erfolgreich abgeschlossen ist, können Sie Ihren Hund bei Bedarf an seinem Platz anleinen.

SCHRITT 4: Haben Sie Geduld und geben Sie den Tieren Zeit! Es kann einige Wochen dauern, bis sie sich aneinander gewöhnt und Ihre Spielregeln gelernt haben.

WENN NICHTS HILFT: Jedes Tier hat seine Eigenarten und ganz speziellen Bedürfnisse. Ein harmonisches Zusammenleben kann man daher nicht erzwingen. Sollten Sie also nach längerer Zeit keine Fortschritte machen und eines Ihrer Haustiere leidet dauerhaft unter Angst und Stress, müssen Sie vermutlich die Reißleine ziehen. Versuchen Sie dann, für einen Ihrer Schützlinge ein neues, liebevolles Zuhause zu finden.

23

WANN KOMMEN DIE DENN ENDLICH WIEDER?

So gewöhnen Sie Ihren Liebling ans Alleinbleiben

Sie wollen einkaufen gehen oder Freunde besuchen, aber kaum fällt die Tür hinter Ihnen ins Schloss, beginnt Ihr Hund im Haus herzerweichend zu winseln? Jetzt stecken Sie in einem Dilemma, das vor allem Welpenbesitzer kennen. Denn was tut man in diesem Fall? Zurück in die Wohnung und den Vierbeiner trösten? Oder setzt man einfach unbeeindruckt seinen Weg

Gehen Sie es langsam an!

Um Ihren Hund an das Alleinbleiben zu gewöhnen, brauchen Sie Geduld und Fingerspitzengefühl. Ganz wichtig ist, dass Sie ihn beim Training nicht überfordern. Schafft Ihr Hund es, über 30 Minuten entspannt allein zu bleiben, sollten Sie eine Weile auf diesem Niveau weiterüben. So festigen Sie das Gelernte und Ihren Erfolg. Es ist also nicht sinnvoll, die Dauer Ihrer Abwesenheit nach jeder Trainingseinheit sofort zu steigern.

Üben Sie zunächst drinnen: Ihr Hund ist mit einem Kauartikel beschäftigt, während Sie ihn ignorieren und sich frei im Haus bewegen.

fort – schließlich soll die kleine Fellnase ja auch nicht verhätschelt werden? Fest steht jedenfalls: Irgendwann muss sich Ihr Liebling ans Alleinbleiben gewöhnen. Wie das für alle Beteiligten gut und vor allem auch entspannt klappt, sehen wir uns in diesem Kapitel an.

Trennungsängste vermeiden

Das Wichtigste gleich vorweg: Während Sie abwesend sind, muss sich Ihr Hund immer wohlfühlen! Das ist die größte Hürde, an der unglaublich viele Halter scheitern, wenn sie ihren Vierbeiner ans Alleinbleiben gewöhnen wollen.
Oftmals wird dann der kontraproduktive Ratschlag befolgt, die Haustür erst dann wieder zu öffnen, wenn der Hund aufgehört hat zu jammern. In vielen Fällen sind Frauchen oder Herrchen aber auch zu ungeduldig: Sie lassen den Hund dann zu schnell zu lange allein. In beiden Fällen entwickelt das Tier Trennungsängste, die sich in der Regel rasch steigern und alle bisherigen Trainingserfolge komplett zunichtemachen.
Damit Ihnen das nicht passiert, müssen Sie also sehr behutsam vorgehen. Hier eine Anleitung, mit der Sie Schritt für Schritt von Anfang an erfolgreich sind:

Schritt 1 Bevor es mit dem Training losgeht, müssen Sie eine wichtige Entscheidung treffen: Wo soll sich Ihr Hund zukünftig aufhalten, wenn Sie längere Zeit abwesend sind? Ich empfehle Ihnen, den Liegeplatz von Anfang an so zu wählen, dass der Vierbeiner von dort aus nicht die Haustür im Blickfeld hat.

Schritt 2 Mit der Gewöhnung an das Alleinbleiben beginnen wir aber zunächst *in* der Wohnung: In den ersten Trainingswochen geht es nur darum, dass Ihr Hund ruhig und entspannt auf seinem Platz liegen bleibt, während Sie sich in anderen Räumen aufhalten. Dies gelingt in der Regel mühelos, wenn Sie ihn auf seinem Platz mit einem tollen Kauartikel beschäftigen. Bewährt hat sich hier beispielsweise ein Kong. Dieses befüllbare Spielzeug (→ Seite 24) gibt es im Fachhandel in verschiedenen Größen, und Sie können es problemlos auch einfrieren. Mit einem mittelgroßen Kong, den Sie mitsamt Inhalt ins Kühlfach gelegt haben, erreichen Sie eine Beschäftigungsdauer von 20–30 Minuten; diese Zeit ist perfekt fürs Training. Sollte Ihr Hund zwischendurch aufstehen und Ihnen folgen, können Sie ihn vorübergehend anleinen.

Schritt 3 Sobald es Ihrem Liebling nichts mehr ausmacht, an seinem Platz zu bleiben, während Sie sich frei in der Wohnung bewegen, können Sie beginnen, für kurze Zeit das Haus zu verlassen. Achten Sie aber darauf, dass der Hund nicht auf das Geräusch der Haustür reagiert.

» Reagiert er trotzdem und das Öffnen und Schließen führt zu Trennungsängsten, müssen Sie das Türgeräusch zunächst neutralisieren.
» Das erreichen Sie, indem Sie die Haustür während der Trainingseinheiten hin und wieder auf- und zumachen, während Ihr Vierbeiner auf seinem Liegeplatz mit dem Kauartikel beschäftigt ist.
» Wichtig ist, dass Sie sich bei der Gewöhnung an die Türgeräusche noch in der Wohnung befinden. Sobald Ihrem Hund das Öffnen und Schließen dann keine Schwierigkeiten mehr bereiten, können Sie fortfahren und für ein paar Minuten aus dem Haus gehen.

Schritt 4 Wenn bis hierhin alles reibungslos geklappt hat, können Sie die Wohnung ab jetzt auch für etwas längere Zeit verlassen. Falls irgendwie möglich, sollten Sie Ihren Hund mit einer Videokamera filmen, um zu überprüfen,

Die Wohnung sollten Sie erst verlassen, nachdem sich Ihr Schützling an das Öffnen und Schließen der Haustür gewöhnt hat.

ob er während Ihrer Abwesenheit tatsächlich ruhig und entspannt ist. Denn für den weiteren Erfolg sind jetzt zwei Dinge essenziell: Achten Sie sorgsam darauf, dass Ihr Hund das gewählte Zeitpensum immer bewältigen kann, und üben Sie nach wie vor mit reizvollen Kauartikeln!

Drei Fragen zum Alleinbleiben

Zum Abschluss möchte ich noch auf drei Fragen eingehen, die mir im Zusammenhang mit dem Alleinbleiben häufig gestellt werden:

- Mein Hund wird unruhig, sobald er mit dem Kauen fertig ist: Was kann ich dagegen tun?
- Muss ich jetzt wirklich für immer und ewig mit einem Kauartikel arbeiten, wenn ich meinen Liebling allein lassen möchte?
- Wie lange kann mein Hund grundsätzlich ohne mich zu Hause bleiben?

Mehr als vier Stunden sollten es nicht sein

Gehen wir die Fragen also Stück für Stück durch: Wenn Ihr Hund ohne Kaustange oder Kong unruhig wird oder sogar Trennungsängste entwickelt, ist er einfach noch nicht so weit. In dieser Phase dürfen Sie ihn nur so lange allein lassen, bis sein Kauartikel verbraucht ist.

Nach intensiver Gewöhnung verlieren die Kauartikel dann aber an Bedeutung. Somit wäre auch die zweite Frage fast schon beantwortet: Für ein erfolgreiches Training müssen Sie mehrere Monate einplanen. Nach dieser Zeit kommt der Hund dann in der Regel auch ohne Kaustange & Co. klar, wenn Sie das Haus verlassen.

Und wie lange darf eine Fellnase maximal allein bleiben? Das ist von Tier zu Tier wirklich sehr unterschiedlich. Es gibt Hunde, die selbst bei perfekter Vorbereitung nie länger als eine Stunde durchhalten. Andere hingegen dösen auch dann tiefenentspannt auf ihrem Liegeplatz, wenn Frauchen oder Herrchen mal den ganzen Nachmittag unterwegs sind. Generell gilt aber: Länger als vier Stunden sollte man einen Hund möglichst nicht allein lassen.

Lösungsschritte kompakt

SCHRITT 1: Üben Sie zunächst in der Wohnung und gewöhnen Sie den Hund daran, sich allein wohlzufühlen, während Sie sich frei im Haus bewegen. Beschäftigen Sie ihn dazu mit einem tollen Kauartikel. Sie sollten Ihren Hund während der Übung nicht beachten – und er Sie im Idealfall auch nicht!

SCHRITT 2: Um das Geräusch der Haustür zu neutralisieren, öffnen und schließen Sie diese während der Übung. Treten Sie dabei aber noch nicht vor die Haustür.

SCHRITT 3: Verlassen Sie nun kurzzeitig die Wohnung und wählen Sie die Dauer Ihrer Abwesenheit immer so, dass Ihr Hund ruhig und entspannt bleibt. Arbeiten Sie in diesem Schritt weiterhin mit Kauartikeln und nutzen Sie wenn möglich eine Videokamera, um zu überprüfen, wie Ihr Vierbeiner reagiert.

SCHRITT 4: Steigern Sie die Dauer der Abwesenheit in ganz kleinen Schritten. Verharren Sie dabei zwischendurch immer mal wieder auf dem gleichen Schwierigkeitslevel, um die erreichten Erfolge zu festigen.

24

DIESMAL HAT ER PAPAS BUCH ZERFLEDDERT!

Was tun, wenn Hunde ständig alles kaputt machen?

Wie ärgerlich, Sie müssen schon wieder in den Möbelladen, um neue Kissen zu kaufen? Oder ins Sportgeschäft, weil der kleine Racker Ihre brandneuen Laufschuhe zerfetzt hat? Bei Vierbeinern gibt es eigentlich nur zwei Altersgruppen, in denen zerstörerisches Verhalten relativ »normal« ist, und das sind Welpen und Junghunde. Sie kauen so ziemlich auf allem herum, was sie finden können. Dazu zählen neben Schuhen und Polstern auch Bücher und Tischbeine oder Kuscheltiere. Und selbst der eigene Liegeplatz, etwa das Hundekissen oder -körbchen, bleibt von den Kauattacken nicht verschont.

Meist verschwindet dieses Verhalten, wenn der Zahnwechsel des Vierbeiners abgeschlossen ist. Er beginnt um die zwölfte Lebenswoche; dann verlieren kleine Fellnasen nach und nach ihre Milchzähne, die durch bleibende Zähne ersetzt werden. Dieser Prozess ist dann in der Regel im sechsten Lebensmonat abgeschlossen.

In dieser Zeit ist es wichtig, dass Sie Ihrem Schützling regelmäßig Kauartikel – dazu zählen Kauknochen, Kaustangen oder andere Kauspielzeuge wie etwa ein Kong – anbieten. Falls das nicht zum Erfolg führt und Ihr Hund weiterhin Möbel oder andere Haushaltsgegenstände zerbeißt, können Sie mit dem Schluss-Signal (→ Seite 149) arbeiten und bei Bedarf auch ein Deckentraining (→ Seite 47) durchführen, um ihn zukünftig davon abzuhalten.

Ursachen bei erwachsenen Hunden

Was aber tun, wenn der Hund bereits älter ist und der Zahnwechsel längst hinter ihm liegt? Kommt es jetzt immer noch zu destruktivem Verhalten, kann das mehrere Ursachen haben:

Ursache 1 Dem Hund werden nicht genügend Kauartikel angeboten. Unsere Fellnasen brauchen sie aber ihr Hundeleben lang, um ihr natürliches Kaubedürfnis zu stillen. Darüber hinaus wirkt das Kauen beruhigend und beschäftigt den Hund. Dabei wird ein regelrechter Cocktail an Glückshormonen im Körper des Tieres freigesetzt! Falls Ihr Schützling also nur selten oder gar keine Kauartikel bekommt, müssen Sie diesen Mangel beheben: Bieten Sie ihm zukünftig ein- bis zweimal täglich ein entsprechendes Produkt an, mit dem er mindestens 5–10 Minuten lang beschäftigt ist.

Ursache 2 Der Hund leidet unter Stress bzw. Unruhe. In diesem Fall müssen Sie zunächst die Stressauslöser ausfindig machen: Gibt es vielleicht Lärm oder andere Personen, die den Vierbeiner aufregen oder verunsichern? Oder lebt neuerdings eine zweite

Gelangweilte oder unterforderte Hunde neigen häufiger zu destruktivem Verhalten. Hier helfen kleine Spiele, das klappt auch in der Wohnung!

Fellnase im Haus (→ Seite 111)? Erst wenn Sie wissen, was Ihrem Hund zu schaffen macht, können Sie gezielt am Problem arbeiten:

- Desensibilisieren Sie den Hund (→ Seite 77, 127) und organisieren Sie die häusliche Situation so, dass er sich möglichst wohlfühlt.
- Die Wahl des richtigen Liegeplatzes und ein erfolgreiches Deckentraining (→ Seite 47) können hierbei eine große Hilfe sein.

Ursache 3 Ihr Hund ist unterfordert bzw. gelangweilt. Wenn das die Ursache für sein destruktives Verhalten ist, müssen Sie Ihre Fellnase intensiver beschäftigen. Hier reicht es oft schon,

Kalorienarme Kauartikel

Kaustangen und andere verzehrbare Kauartikel aus dem Handel haben oft sehr viele Kalorien; manche Hunde bekommen davon auch Verdauungsprobleme. Im Sonderkapitel auf Seite 24 erfahren Sie, wie Sie kalorienärmere Alternativen finden. Lassen Sie sich inspirieren und befüllen Sie beispielsweise Ihren Kong mithilfe eines der leckeren Rezepte einfach selbst!

Ist Ihr Hund sehr bewegungsfreudig, müssen Sie ihn bei Unterforderung deutlich intensiver auslasten: Infrage kommen Apportierspiele im Garten, aber auch ausgedehnte Spaziergänge sowie diverse Hundesportarten.

wenn Sie etwas längere, abwechslungsreichere Spaziergänge unternehmen. Aber auch Apportier- und Suchspiele sind gute Auslastungsmöglichkeiten. Bei entsprechender Eignung kommen zudem Hundesportarten wie Agility, Hundefrisbee oder Mantrailing infrage. Ist Ihr Liebling körperlich und geistig ausgelastet, löst sich das destruktive Verhalten in der Regel auf.

Ursache 4 Der Hund leidet unter Angst bzw. Trennungsangst oder Kontrollverlust. Auch in diesem Fall müssen Sie der Sache zunächst auf den Grund gehen: Welche Stressoren oder Situationen lösen die Ängste aus – ist es heftiger Baulärm, oder sind es vielleicht die vielen Radfahrer, die ständig am Fenster vorbeifahren?

» Ganz ähnlich wie bei Stress oder Unruhe (Ursache 2) können Sie auch hier mit der Wahl des richtigen Liegeplatzes und einer Desensibilisierung deutliche Verbesserungen erzielen oder die Ängste sogar auflösen.
» Sind speziell Trennungsängste oder das Gefühl von Kontrollverlust für das destruktive Verhalten verantwortlich, verschwinden die Probleme normalerweise, sobald Sie Ihren Vierbeiner erfolgreich an das Alleinbleiben gewöhnt haben (→ Seite 119).
» Neigt Ihr Hund vor allem in Ihrer Abwesenheit zu destruktivem Verhalten, kann es zudem hilfreich sein, mit einer Hundebox zu arbeiten. Bewährt haben sich auch flexible Raumteiler, die im Online-Handel erhältlich

Kauen ist für Hunde wichtig. Daher sollten Sie Ihrem Liebling ein Leben lang täglich Kauartikel anbieten.

sind. Damit können Sie sensible Bereiche in der Wohnung einfach abriegeln. Wichtig ist dabei: Sowohl mit der Hundebox als auch mit Raumteilern muss Ihre Fellnase im Vorfeld vertraut gemacht werden (→ Seite 179).

Ursache 5 Ihr Hund hat mit der Zeit gelernt, dass er schnell die volle Aufmerksamkeit seiner Menschen bekommt, wenn er Dinge zerstört. Hier arbeiten Sie am besten mit dem Schluss-Signal (→ Seite 149), um zu verhindern, dass das destruktive Verhalten jedes Mal durch Ihre Zuwendung bestätigt und somit zusätzlich verstärkt wird. Alternativ können Sie Ihren Hund an einen Maulkorb gewöhnen (→ Seite 128), den er dann 2–4 Wochen lang in der Wohnung trägt. So verschwindet das aufmerksamkeitsheischende Verhalten in der Regel ebenfalls.

Ursache 6 Auch gesundheitliche Probleme kommen als Ursache infrage. Beobachten Sie Ihren Hund also aufmerksam und gehen Sie zum Tierarzt, falls der Verdacht besteht, dass er krank ist oder unter Schmerzen leidet. Sobald Ihr Liebling wieder gesund ist, löst sich sein destruktives Verhalten in der Regel rasch auf.

Lösungsschritte kompakt

SCHRITT 1: Bieten Sie Ihrem Welpen oder Junghund – später aber unbedingt auch Ihrem erwachsenen Vierbeiner – regelmäßig Kauartikel an und arbeiten Sie bei Bedarf mit den Signalen »Schluss« und »Decke«.

SCHRITT 2: Ist Ihr Hund bereits erwachsen, können Ängste, Stress, Unterforderung und andere Ursachen für das destruktive Verhalten verantwortlich sein. Gehen Sie diesen Ursachen auf den Grund und bei Verdacht auf gesundheitliche Probleme zum Tierarzt.

SCHRITT 3: Heischt der Hund mit seinem Verhalten um Aufmerksamkeit, müssen Sie mit dem Schluss-Signal arbeiten. Sind Ängste oder Stress die Ursache, können ein neuer Liegeplatz, ein Deckentraining und eine Desensibilisierung helfen. Bei Unterforderung sollten Sie den Hund intensiver auslasten.

So gelingt die Desensibilisierung

Bei einer Desensibilisierung wird der Hund in ganz kleinen Schritten an Reize oder Situationen gewöhnt, die ihm Probleme bereiten. Reagiert der Vierbeiner beispielsweise ängstlich auf Personen, die häufiger bei Ihnen zu Gast sind, können Sie ihn folgendermaßen desensibilisieren:

» Bitten Sie die betroffene Person, im Haus für eine Weile etwas Abstand vom Hund zu halten und ihn möglichst zu ignorieren.
» Beschäftigen Sie den Hund mit einem tollen Kauartikel auf seinem Platz. Den Ort wählen Sie so, dass er sich dort möglichst wohlfühlt.
» Sobald sich die betroffene Person problemlos in der Wohnung aufhalten kann, während Ihr Hund gelassen auf seinem Liegeplatz kaut, beginnen Sie mit der Desensibilisierung. Gehen Sie dabei ganz ähnlich vor, wie in Kapitel 13 (→ Seite 77) beschrieben.
» Haben Sie Geduld und geben Sie dem Hund die Zeit, die er benötigt. Eine Desensibilisierung dauert in der Regel mehrere Monate.

EXTRA

So gewöhnen Sie Ihren Hund Schritt für Schritt an einen Maulkorb

Ihr Hund beißt, wenn Sie ihn kämmen wollen? Oder er hat eine ausgeprägte Leinenaggression? Diese und ähnliche Probleme bekommen Sie mit Training und etwas Geduld in der Regel gut in den Griff; davon handelt dieses Buch. In manchen Fällen ist es aber unvermeidbar, Ihrer Fellnase eine Zeit lang einen Maulkorb anzulegen. Führen Sie die hier beschriebene Maulkorbgewöhnung aber nur durch, wenn Sie sicher sind, dass Ihr Hund Sie nicht verletzt. Falls Sie ein mulmiges Gefühl oder Angst haben, sollten Sie einen professionellen Trainer zurate ziehen.

Wenn Ihr Hund zum Sicherheitsrisiko wird, sollte er einen Maulkorb tragen – zumindest eine Zeit lang.

Maulkorbvarianten

Maulkorb ist nicht gleich Maulkorb. Bevor wir uns die einzelnen Trainingsschritte zur Gewöhnung ansehen, möchte ich noch kurz auf die angebotenen Modelle und Materialen eingehen.

- **Maulkörbe oder -schlaufen aus Stoff:** Bei diesen Modellen besteht die Gefahr, dass Ihr Hund überhitzt, denn durch den Stoff kann er seine Körpertemperatur nicht wie gewohnt über das Hecheln ausgleichen. Solche Produkte sollten daher nur für kurze Zeit (Tierarztbesuch, kurze Bahnfahrt) und bei kühlen Temperaturen verwendet werden, also keinesfalls bei längerer bzw. intensiver Aktivität.
- **Maulkörbe aus Kunststoff und Metall:** Diese Varianten sind in der Regel die beste Wahl, denn durch das grobmaschige Gitter kann Ihr Liebling seine Körpertemperatur auch bei Anstrengung und an wärmeren Tagen gut regulieren. Auf eine Sache müssen Sie trotzdem dringend achten: Stellt Ihr Hund eine Gefahr für andere Personen oder Artgenossen dar, muss das Modell solide verarbeitet und »ausbruchsicher« sein. Mit anderen Worten: Es darf ihm nicht gelingen, den Maulkorb abzustreifen. Lassen Sie sich am besten vor dem Kauf im Fachhandel individuell beraten.

Wenn Sie behutsam vorgehen, hat sich Ihr Vierbeiner in 7–14 Tagen an seinen neuen Maulkorb gewöhnt.

Nehmen Sie den neuen Maulkorb zunächst in die Hand und machen Sie den Hund ganz vorsichtig damit vertraut.

Später platzieren Sie die Belohnung im Korbgitter. Der Hund darf sie dann mit der Zunge aus dem Maulkorb lecken.

Maulkorb-Praxisübung

Ziel der Gewöhnung ist es, dass Ihr Hund den Maulkorb von Anfang an positiv verknüpft. Mit einer reizvollen Belohnung gelingt das wie immer am besten. Bewährt hat sich in diesem Fall Leberwurst aus der Tube, da der Hund sie gut durchs Korbgitter aufnehmen kann.

- Legen Sie zunächst den Maulkorb neben sich ab und rufen Sie den Hund zu sich. Belohnen Sie ihn sofort mit einem Leckerbissen, sobald er bei Ihnen angekommen ist.
- Nehmen Sie den Maulkorb jetzt in die Hand und belohnen Sie den Hund sofort wieder.
- Anschließend platzieren Sie die Belohnung im Maulkorb: Ihr Hund muss also hineinschlüpfen, um sie sich zu holen. Diesen Schritt wiederholen Sie häufig. Der Korb bleibt dabei jedes Mal ein bisschen länger auf der Fellnase.
- Üben Sie stets im Wohlfühltempo des Hundes; während der Gewöhnung zeigt er bestenfalls kein Meideverhalten. Nach einiger Zeit können Sie den Maulkorb vorsichtig schließen. Belohnen Sie den Hund dann sofort von außen, also durch den Maulkorb hindurch.

Sobald der Hund den Maulkorb toleriert, sollte er ihn täglich tragen – anfangs nur ein paar Minuten, später immer länger. Die Gewöhnung dauert insgesamt 7–14 Tage. Danach können Sie den Maulkorb für Ihr weiteres Training nutzen.

25

NICHT SO STÜRMISCH!

So gewöhnt man Hunden lästiges Anspringen ab

Sind Sie schon einmal von einem ausgewachsenen Border Collie oder Labrador angesprungen worden? Da braucht man schon ein wenig Muskelkraft und Körperspannung, um nicht umzufallen. Aber auch für kleinere Hunde gilt natürlich: Wenn die Fellnase ständig Familienmitglieder, Gäste oder sogar Fremde beim Spazierengehen anspringt, kann das auf Dauer ziemlich nervig sein. Viele Hundehalter wissen sich bei diesem Problem nicht zu helfen und befolgen dann Ratschläge, die man immer noch häufig hört oder im Internet liest: Da wird empfohlen, den Hund zu schimpfen, ihn zur Strafe kräftig auf den Boden zu drücken oder sogar das Bein anzuwinkeln, damit der Vierbeiner beim Hochspringen mit voller Wucht an der Kniescheibe abprallt und sich so wehtut.

Hilfe, er hüpft schon wieder!

Von all diesen Methoden möchte ich Ihnen dringend abraten! Zum einen sind sie ethisch und tierschutzrechtlich nicht vertretbar, zum anderen führen sie schlichtweg nicht zum gewünschten Erfolg. Die Hunde sind beim Hochspringen meist so aufgeregt oder gestresst, dass sie gar nicht begreifen, was der Mensch mit seiner Gewalt und Härte überhaupt erreichen will.

Alle Pfoten bleiben auf dem Boden

Viele Vierbeiner deuten die rabiaten Korrekturmaßnahmen dann sogar als grobes Spiel, was zur Folge hat, dass sich das unerwünschte Verhalten wiederholt und verstärkt. Was also tun?
Die Probleme werden schon bald verschwinden, wenn sich das unerwünschte Verhalten für Ihren Hund nicht mehr lohnt. Um das zu erreichen, brauchen Sie keine Gewalt und Strafe, sondern zunächst – Sie erfahren gleich, warum – vor allem eine Portion Gelassenheit. Sehen wir uns dazu drei typische Szenarien an. Anhand dieser Fallbeispiele zeige ich Ihnen, wie Sie das unerwünschte Verhalten mit etwas Geduld und konsequentem Training auflösen können.

Szenario 1 Diese Situation kennen wohl die meisten, die mit dem Problem vertraut sind: Sie kommen nach Hause, Ihr Hund reagiert mit überbordender Freude und springt Sie dann heftig an. In diesem Fall streifen Sie den Hund einfach sachte ab und schenken ihm dabei möglichst keine Aufmerksamkeit. Das bedeutet:

- nicht anschauen
- nicht ansprechen
- nicht anfassen

Denn warum springt Ihr Liebling überhaupt an Ihnen hoch? Seine Hauptmotivation besteht darin, Ihre Aufmerksamkeit zu erhalten.

Wenn Hunde ihre Menschen anspringen, wollen sie in den meisten Fällen vor allem eines: Aufmerksamkeit!

Die schenken Sie ihm erst dann, wenn sich alle vier Pfoten auf dem Boden befinden. Das ist der Schlüssel zum Erfolg, wenn Sie das Springen zukünftig verhindern wollen. Doch es gibt ein paar Herausforderungen, die Sie meistern müssen:

- Fallen Sie nicht in alte Verhaltensmuster zurück! Schimpfen Sie den Hund also nicht, wenn er Sie anspringt. Denn dadurch – das ist vielen gar nicht bewusst – schenken Sie dem Hund im falschen Moment erneut Aufmerksamkeit. Folglich wird das unerwünschte Verhalten bestätigt und bleibt bestehen. Seien Sie also konsequent und lenken Sie Ihren Fokus auf das gewünschte Verhalten.
- Springt Ihr Hund immer weiter, weil er aufgeregt oder gestresst ist, können Sie mit dem Signal »Decke« (→ Seite 47) arbeiten. Bringen Sie den Hund dann zu seinem Liegeplatz und leinen Sie ihn dort bei Bedarf an, bis er sich wieder beruhigt und entspannt hat.

Szenario 2 Wenn Sie Familie haben oder nicht allein leben, wird Ihr Hund vermutlich auch andere Menschen im Haushalt anspringen. Sind diese Personen bereits erwachsen, sollten sie sich verhalten, wie auch Sie selbst – also genau so, wie im ersten Szenario beschrieben:

- Springt der Vierbeiner ein Familienmitglied an, streift die betroffene Person den Hund sachte ab und ignoriert ihn. Aufmerksamkeit bekommt das Tier erst wieder, wenn alle vier Pfoten ruhig auf dem Boden stehen.

Drehen Sie sich weg und ignorieren Sie den Hund, wenn er Sie anspringen möchte.

Das gewünschte Verhalten ist dann erreicht, wenn sich alle vier Pfoten des Hundes wieder auf dem Boden befinden.

Die Belohnung gibt's erst, wenn die Fellnase ruhig ist und nicht mehr springt.

» Wenn nötig, können auch Familienangehörige oder Mitbewohner das Deckentraining anwenden und den Hund zur Beruhigung auf seinen Platz schicken.

Sollte Ihre Fellnase hingegen Kinder anspringen, sind Sie am Zug, denn Hundeerziehung gehört nur in die Hände von uns Erwachsenen! Sagen Sie den Kleinen, auch sie sollen dem Hund keine Aufmerksamkeit schenken und sich stattdessen wegdrehen. Behalten Sie die Situation aber im Auge: Sollte der Hund weitermachen, müssen Sie einschreiten und ihn zu seinem Platz bringen. Nach einigen Wochen konsequenter Umsetzung löst sich das Problem in der Regel auf.

Wenn Fremde angesprungen werden

Wenn Ihr Hund fremde Menschen anspringt, etwa beim Gassigehen, wird es schwieriger. Diesen Fall sehen wir uns im letzten Szenario an.

Szenario 3 Nehmen wir an, Sie besuchen gerade eine Hundewiese und Ihr Liebling springt an einer fremden Person hoch. In der Regel wird er dann freundlich gestreichelt und begrüßt, manchmal aber auch geschimpft. In beiden Fällen erhält Ihr Vierbeiner Aufmerksamkeit und wird für sein Verhalten bestätigt. Das Anspringen lohnt sich also für ihn, und er wird es wieder tun! Sie haben nun folgende Möglichkeiten, mit dieser Problematik umzugehen:

» Hindern Sie Ihren Hund zukünftig mithilfe einer Schleppleine (bitte nur am Brustgeschirr und nicht am Halsband befestigen!) daran, fremde Menschen anzuspringen.
» Trainieren Sie ein Abrufsignal (→ Seite 42), das auch unter Ablenkung so zuverlässig funktioniert, dass Sie den Hund stoppen können, wenn er auf Personen zuläuft.
» Bitten Sie auch Fremde, Ihren Hund sachte abzustreifen und ihn möglichst zu ignorieren, wenn er sie anspringt. Je häufiger Ihr Liebling die Erfahrung macht, dass sein Verhalten ins Leere läuft und sich für ihn nicht lohnt, desto schneller wird es sich auflösen.

Lösungsschritte kompakt

SCHRITT 1: Streifen Sie den Hund sachte ab, wenn er Sie anspringt, und ignorieren Sie ihn dann. Beachten Sie ihn erst wieder, wenn alle vier Pfoten ruhig auf dem Boden sind.

SCHRITT 2: Arbeiten Sie bei Bedarf mit dem Signal »Decke« (→ Seite 47), um sein Verhalten zu unterbrechen. Auf seinem Liegeplatz kann der Hund wieder entspannen.

SCHRITT 3: Sollte der Hund Ihre Kinder anspringen, übernehmen Sie die Korrektur! Auch hier hilft das Deckentraining.

SCHRITT 4: Nutzen Sie eine Schleppleine, um zu verhindern, dass Ihr Hund andere Personen beim Spazierengehen anspringt. Trainieren Sie zudem ein stabiles Rückrufsignal, mit dem Sie den Vierbeiner stoppen können, wenn er auf Fremde zuläuft.

SCHRITT 5: Bitten Sie auch fremde Menschen, Ihren Hund abzustreifen und zu ignorieren, wenn er an ihnen hochspringt.

26

MEIN HUND STEHT STÄNDIG UNTER STROM!

So bringen Sie Ihre gestresste Fellnase wieder ins Lot

Stress kann nicht nur beim Menschen, sondern bei vielen Lebewesen zu gesundheitlichen Problemen führen. Vor allem dann, wenn belastende Situationen andauern oder immer wiederkehren. Das Immunsystem wird geschwächt, gleichzeitig steigt das Risiko für körperliche Erkrankungen. Aber auch die Seele leidet: Nervosität, Frust, Erschöpfung und ein Gefühl der inneren Leere sind bei uns Menschen häufig die ersten Warnsignale. Wer dann nichts unternimmt und in seinem Hamsterrad immer weiterstrampelt, kann schnell in eine Depression rutschen.

Ist Ihr Vierbeiner überfordert?

In heutigen Zeiten sind auch unsere Hunde einer Fülle von Reizen und Anforderungen ausgesetzt, die Stress auslösen können. Das beginnt schon im belebten Straßenverkehr oder wenn beim Nachbarn renoviert und von früh bis spät gebohrt und gehämmert wird. Manche Fellnasen werden montags zum Hundesport, dienstags zum Hundefriseur und mittwochs zur Hundeschule gezerrt. Lernen sollen sie dort möglichst auch ein paar tolle Tricks, mit denen man die Gäste beim nächsten Gartenfest beeindrucken kann. Gewiss, ich übertreibe ein wenig, aber worauf ich hinauswill: Wie uns Menschen kann auch Hunden manchmal alles zu viel werden!

Typische Stressauslöser

Sehen wir uns zunächst typische Stressauslöser an. Die folgende Liste ist nicht vollständig, gibt Ihnen aber gute Anhaltspunkte, welche Umstände oder Situationen dazu führen können, dass Hunde aus ihrem Gleichgewicht geraten:

- gesundheitliche Probleme und Schmerzen
- Erschöpfung bzw. Schlafmangel
- unerfüllte Bedürfnisse (Hunger, Durst etc.)
- Reizüberflutung (Verkehr, Menschenmassen)
- Lärm bzw. Geräusche (Gewitter, Feuerwerk)
- anhaltende Unruhe oder permanente Veränderungen im Haushalt (Umzüge, Renovierungen, neue Mitbewohner)
- Kinder, insbesondere Kleinkinder
- zu hoher Leistungsdruck beim Training
- unkalkulierbares Verhalten der Bezugsperson bzw. Erziehung mit Strafe und Härte
- zu viele oder keine Regeln im Hundealltag
- Konflikte mit anderen Tieren, die im gleichen Haushalt leben (Katzen, Zweithund)
- Verlust eines Sozialpartners

Ergänzt werden muss an dieser Stelle noch, dass nicht nur Konflikte und Überforderung bei Hunden Stress auslösen können, sondern auch Einsamkeit, Langeweile und Unterforderung.

Lärm, Autos, Fahrräder, Menschen: Vor allem in der Großstadt sind Hunde vielen Stressreizen ausgesetzt.

KAPITEL 26

Die häufigsten Symptome

Um zu erkennen, ob Ihr Hund unter Dauerstress leidet, müssen Sie genauer hinsehen und vor allem auf die Körpersprache Ihres Schützlings achten. Hier eine Liste mit typischen Symptomen:

- angespannter Gesichtsausdruck
- andauerndes Hecheln, häufig verbunden mit einer erhöhten Herzfrequenz
- der Hund leckt sich ständig über die Nase
- Zittern oder Blinzeln
- allgemeine Rastlosigkeit und Unruhe
- angelegte Ohren, geduckte Haltung
- abgewandter Blick, häufiger Rückzug
- ständiges Bellen, Jaulen oder Winseln
- aggressives, destruktives (Zerstörung von Möbeln etc.) oder zwanghaftes Verhalten
- eingeknickter Gang, eingezogene Rute
- Appetitlosigkeit und Verdauungsprobleme
- unangenehmer Körper- bzw. Mundgeruch

So helfen Sie Ihrem Hund

Wenn Sie merken, dass Ihr Hund über einen längeren Zeitraum hinweg gestresst ist, sollten Sie eingreifen, damit sich seine Situation möglichst rasch bessert. Hier einige Tipps, wie Sie Ihre Fellnase wieder ins Gleichgewicht bringen:

Tipp 1 Möglicherweise hat Ihr Hund gesundheitliche Probleme und ist deshalb ständig gestresst. Um das abzuklären, sollten Sie einen Termin beim Tierarzt vereinbaren und Ihren Vierbeiner gründlich durchchecken lassen.

Tipp 2 Gibt es permanente Stressauslöser in der Wohnung oder im näheren Umfeld? Beobachten Sie Ihren Hund aufmerksam, um diese Reize zu identifizieren. Versuchen Sie dann, bestimmte Situationen oder Abläufe so umzuorganisieren, dass sich Ihr Vierbeiner wieder wohl-

In akuten Stresssituationen sollten Sie Ihren Liebling schnell in ein ruhigeres Umfeld bringen. Hier fühlt er sich wieder sicher und kann entspannen.

Gezielte Entspannungsübungen können helfen, den Hund schnell wieder zur Ruhe zu bringen. Diese Techniken müssen Sie aber vorab trainieren.

fühlt. Helfen können hier beispielsweise ein neuer Liegeplatz oder auch eine Desensibilisierung (→ Seite 77, 127), falls der Hund gestresst auf bestimmte Personen im Haushalt reagiert.

Tipp 3 Verlassen Sie Situationen, die Ihren Hund in Wallungen bringen – etwa bei Ärger mit Artgenossen oder wenn Sie unerwartet in ein Straßenfest geraten. Führen Sie Ihren Vierbeiner dann möglichst rasch in ein Umfeld, in dem er sich wieder beruhigen und entspannen kann.

Tipp 4 Verzichten Sie darauf, Ihren Hund mit Worten, Gesten oder sogar mit körperlicher Gewalt zu bestrafen, wenn er unerwünschtes Verhalten zeigt. Denn solche Erziehungsmethoden führen fast immer zu Frustration, Unsicherheit und Angst – und folglich zu Stress!

Tipp 5 Führen Sie täglich Ruheübungen mit Ihrem Vierbeiner durch, etwa das Deckentraining (→ Seite 47), und bieten Sie ihm regelmäßig Kauartikel an. Das Kauen wirkt stimmungsausgleichend und stressmildernd. Empfehlenswert sind auch Entspannungstechniken, die Sie gezielt konditionieren und dann in vielen angespannten Alltagssituationen nutzen können (siehe Kasten). In der Fachliteratur finden Sie dazu eine Fülle weiterer Anregungen.

Tipp 6 Manche Vierbeiner, die ständig unter Strom stehen, sind deutlich ausgeglichener, wenn ihr Alltag möglichst geregelt und immer im selben Rhythmus abläuft. Probieren Sie es einfach aus: Vielleicht fühlt sich auch Ihr Hund wohler, wenn Sie ihn zukünftig immer zur gleichen Zeit füttern, zur gleichen Zeit mit ihm spazieren gehen und auch die Routen, auf denen Sie unterwegs sind, nicht zu häufig variieren.

Schnelle Entspannung

Manchmal muss es einfach schnell gehen: Ihr Hund zeigt beispielsweise Stresssymptome, wenn Sie gemeinsam im Zugabteil oder im Wartebereich eines öffentlichen Gebäudes sitzen. Oder er kommt nach einem aufregenden Abend, an dem viele Gäste zu Besuch waren, trotz aller Bemühungen nicht zur Ruhe. Für solche Situationen können Sie Ihrem Vierbeiner eine Technik beibringen, die ihn rasch und gezielt in einen Entspannungszustand versetzt. Dafür ist vorab etwas Training notwendig, aber der Aufwand lohnt sich! Wie die Konditionierung gelingt, habe ich in Kapitel 17 (→ Seite 98) beschrieben.

Tipp 7 Bilden Sie Ihren Hund in den wichtigsten Grundsignalen aus. Diese Signale können Sie dann in stressigen Situationen als Alternativverhalten nutzen. Für die Grundausbildung empfehle ich Ihnen zum Beispiel den zwölfwöchigen Intensivkurs, den Sie in meiner Online-Hundeschule belegen können (www.deine-hundeschule.com, kostenpflichtiges Angebot).

Tipp 8 Einige Hundehalter berichten zudem über gute Erfahrungen mit Nahrungsergänzungsmitteln, die Angst, Stress und Anspannung abmildern. Gehen Sie aber bitte nicht leichtfertig mit solchen Präparaten um, sondern lassen Sie sich vorab von Ihrem Tierarzt beraten.

27

FELLNASEN & STUPSNASEN

So werden Familie und Hund zum eingespielten Team

Was für eine wunderbare Vorstellung: Der kleine Vierbeiner zieht ein, er gewöhnt sich rasch an seine neue Familie, und einige Zeit später tollen Töchterchen und Sohnemann mit der süßen Fellnase fröhlich im Garten herum. Die wächst heran und lernt, und schon bald sind Kind und Hund ein eingespieltes Team. So sollte es sein, und so kann es auch sein. Doch in der Realität warten auf dem Weg dorthin viele Herausforderungen, und bisweilen kommt es auch zu tragischen Zwischenfällen. Das zeigt allein schon die Statistik: Leider sind ausgerechnet unsere Kinder am häufigsten von Beißunfällen betroffen. Die Verantwortung liegt hier ganz klar aufseiten der Erwachsenen! In diesem Kapitel möchte ich Ihnen eine Vielzahl an Tipps an die Hand geben, damit das Zusammenleben von Kind und Hund von Anfang an möglichst harmonisch und vor allem risikoarm verläuft.

Der perfekte Familienhund

Wir beginnen mit einer wichtigen Frage, die sich vermutlich alle Eltern stellen, bevor sie sich für eine Fellnase entscheiden: Welche Hunde eignen sich überhaupt als Familienhunde? Hier gibt es große Unterschiede. Manche Rassen, beispielsweise Golden Retriever, gelten als besonders kinderfreundlich. Sie sind in der Regel sehr tolerant, ausgeglichen und neigen kaum zu aggressivem Verhalten. An diesen Attributen können Sie sich generell bei der Auswahl Ihres neuen Familienmitglieds orientieren.

Der Einfluss der Elterntiere

Dennoch sollten Sie sich vorab weitaus gründlicher informieren, denn auch die Genetik der Elterntiere und die Erfahrungen, die Welpen in den ersten Lebenswochen machen, haben einen großen Einfluss auf das Wesen und die weitere Entwicklung des Hundes. Versuchen Sie daher im Vorfeld, möglichst viel über Ihren neuen Vierbeiner und vor allem auch über die Elterntiere herauszufinden: Wirken sie freundlich, sozial gefestigt, und lassen sie sich problemlos streicheln? Statten Sie dafür dem Züchter einen oder bestenfalls sogar mehrere Besuche ab. Sie können davon ausgehen, dass ein Großteil des Wesens der Elterntiere weitervererbt wird!

Bevor Ihr neuer Hund einzieht

Der große Tag rückt näher, und die Kleinen sind schon ganz gespannt und wissbegierig? Stellen Sie am besten bereits im Vorfeld klare Regeln auf, die Ihren Kindern beim richtigen Umgang mit dem neuen Familienmitglied helfen.

Wichtig ist natürlich, dass Ihr Nachwuchs diese Regeln begreift und nicht vergisst. Bewährt hat sich dabei folgende Methode: Nehmen Sie ein Stück Karton oder ein großes Blatt Papier und entwerfen Sie gemeinsam mit Ihren Kindern

Wenn die neue Fellnase zu Hause einzieht, ist das vor allem für Kinder ein aufregendes Erlebnis!

eine Collage oder ein gemaltes Bild. Darauf halten Sie fest, was zukünftig erlaubt ist und was nicht. Diesen bunten Leitfaden können Sie dann in der Küche oder in einem anderen Raum im Haus aufhängen. Auf dem Poster sollten folgende Punkte und Regeln illustriert werden:

- Beim Fressen, Trinken, Kauen oder Schlafen dürfen wir Struppi *niemals* stören!
- Liegt Struppi auf seinem Hundekissen oder in seinem Körbchen, lassen wir ihn in Ruhe.
- Struppi bekommt kein Essen vom Tisch, und wenn Struppi knurrt, gehen wir weg!
- Wenn Struppi an uns hochspringt oder seine Zähnchen benutzt, rufen wir einfach unsere Eltern um Hilfe, die regeln das dann.
- Hundespielzeug ist für Struppi wie Beute und somit für uns Kinder tabu.
- Wir schimpfen Struppi nicht, denn um seine Erziehung kümmern sich die Erwachsenen.
- Vor unserem neuen Hund rennen wir nicht weg, denn sonst könnte er uns jagen.
- Struppi mag nicht umarmt werden, und wir dürfen unserer Fellnase *niemals* wehtun.

Diese Punkte sollen Ihnen lediglich als Anregung dienen. Erweitern oder reduzieren Sie die Regeln gern nach Ihren persönlichen Vorstellungen.

Hurra, der neue Hund ist da!

Sobald Sie Ihren Vierbeiner vom Züchter oder Vorbesitzer abholen, werden Ihre Kinder voller Vorfreude und Aufregung sein. Jetzt müssen Sie den quirligen Nachwuchs aber im Auge behalten. Denn erfahrungsgemäß möchten die Kleinen am liebsten schon am ersten Tag alles auf einmal mit dem neuen Mitbewohner machen, etwa das gesamte Hundespielzeug ausprobieren, dem Hund gleich ein paar Tricks beibringen oder Oma, Opa und möglichst alle Freunde in der Nachbarschaft besuchen, um ihnen die süße Fellnase vorzustellen. Egal ob Ihr neuer Hund noch ein Welpe oder bereits älter ist: So viel Programm wird den Vierbeiner völlig überfordern! Zu diesem Thema zwei Tipps, die Sie insbesondere in der Anfangsphase beachten sollten:

Tipp 1 Geben Sie Ihrem Schützling mindestens drei Tage Zeit, um entspannt bei Ihnen anzukommen. Danach können Sie den Hund ganz langsam und in seinem Wolhfühltempo neuen Reizen bzw. Anforderungen aussetzen. Bei Bedarf sollten Sie die Euphorie Ihrer Kinder also ein wenig bremsen: Versuchen Sie ihnen zu erklären, dass die neue Fellnase zunächst etwas Ruhe benötigt, um sich einzuleben.

Tipp 2 Wie viel Schlaf und Ruhe brauchen Hunde eigentlich? Das wird häufig unterschätzt: Erwachsene Hunde benötigen circa 17 Stunden Schlaf bzw. Ruhe pro Tag. Bei Welpen sind es sogar an die 20 Stunden! Dösen und entspanntes Liegen ohne Tiefschlaf werden dabei allerdings miteingerechnet. Für Kinder sind diese Informationen wichtig, denn sie erwarten oft viel mehr Aktivität von ihrem neuen struppigen Freund.

Kleine Hundetrainer?

Hundeerziehung gehört zwar nicht in Kinderhände, beim Training dürfen die Kleinen aber spielerisch miteinbezogen werden. Tabu sind jedoch, wie bereits angesprochen, alle Verhaltenskorrekturen! Wenn Ihr Nachwuchs alt genug ist, können Sie aber beispielsweise das Signal »Sitz« (→ Seite 51) oder auch den Rückruf (→ Seite 42) gemeinsam üben. Wichtig ist dabei, dass das Training für alle Beteiligten – vor allem auch für den Hund – stressfrei und angenehm ist und die Anwesenheit zu vieler Personen Ihren neuen Vierbeiner nicht zu stark ablenkt.

Spaß für Kind und Hund

Beim Spielen sollten Sie den Nachwuchs nicht aus den Augen verlieren und darauf achten, dass alle Aktivitäten hundegerecht sind und nicht aus dem Ruder laufen. Wird die Aufregung auf beiden Seiten zu groß, kann die Stimmung schnell kippen, und aus Spaß wird dann bitterer Ernst. Geben Sie der Fellnase und Ihren Stupsnasen also bei Bedarf eine kleine Auszeit, damit sich alle wieder entspannen können. Hier ein paar Ideen, die sich sehr gut eignen, wenn Ihre Kinder mit dem neuen Vierbeiner spielen möchten:

- Futter-Suchspiele
- einfache Bringspiele
- ein kleiner Hindernisparcours

Futter-Suchspiele kommen nur infrage, wenn Ihr Hund keine Futteraggression (→ Seite 80) hat. Für die Bringspiele sollte er das Apportieren bereits beherrschen; und auch hier müssen Sie im Vorfeld unbedingt beuteaggressives Verhalten des Vierbeiners (→ Seite 82) ausschließen.
Einen Hindernisparcours können Sie ganz einfach selbst bauen: Stellen Sie dazu, ähnlich wie beim Agility-Training, ein paar (nicht zu hohe!) Hürden im Garten auf, die Hund und Kinder dann gemeinsam überwinden dürfen. Mit noch weniger Aufwand funktioniert das Spiel in freier Natur: Nutzen Sie als Parcours beim Spazierengehen einfach herumliegende Äste oder Baumstämme, niedrige Büsche, schmale Bäche und Gräben oder andere Hindernisse.
Achten Sie aber bitte darauf, dass alle ausgewählten Aktivitäten zum Hund sowie zum Alter und den Fähigkeiten Ihrer Kinder passen, damit niemand verletzt oder überfordert wird!

Hundetraining ist Erwachsenensache, bei manchen Übungen dürfen die Kleinen aber mitmachen. Wichtig ist, dass Sie immer ein Auge auf Ihre Kinder werfen, wenn diese mit dem Vierbeiner beschäftigt sind. Um Hund und Kinder zu schützen, sollten Sie vorab ein paar klare Regeln aufstellen und diese möglichst kindgerecht erklären.

Wenn's im Haushalt hektisch wird

Ein bisschen Chaos im Alltag, das kennen wir alle. Wenn dann aber auch noch Kinder und Hunde im Hauhalt leben, liegen die Nerven oft schnell blank. Hier vier Tipps, mit denen Sie Tumult und Stress vorbeugen können – oder bei Bedarf effektiv in den Griff bekommen.

Tipp 1 Absolvieren Sie mit Ihrem neuen Hund sobald wie möglich das Deckentraining (→ Seite 47). Sie werden sehen: Es ist Gold wert, wenn sich Ihr Vierbeiner in der Wohnung an einen festen Liegeplatz gewöhnt, auf dem er rasch zur Ruhe kommen kann. Vor allem, wenn noch etwas kleinere Kinder im Haushalt leben, geht es oft hoch her, und diese aufgekratzte Stimmung kann sich schnell auch auf den Hund übertragen. In diesem Fall schicken oder bringen Sie ihn auf seine Decke und leinen ihn bei Bedarf an. Beschäftigen Sie ihn dann mit einem Kauartikel, damit er seinen Ruheplatz positiv verknüpft und sich beim Kauen entspannen kann.

Tipp 2 Für den Liegeplatz des Hundes sollten Sie einen möglichst ruhigen Ort in der Wohnung auswählen. Auch hier können Sie mit Ihren Kindern wieder ein Bild oder Schild anfertigen, das Sie dann über dem Hundekissen oder Körbchen aufhängen, etwa mit der Aufschrift: »Hier ruht Struppi – bitte nicht stören!«

Tipp 3 Wenn Ihre Kleinen Freunde nach Hause einladen, ist Vorsicht geboten! Denn es ist keinesfalls sicher, dass sich Ihr Hund gegenüber fremden Kindern genauso tolerant verhält wie gegenüber Ihren eigenen. Lassen Sie Kinder und Hund daher nie unbeaufsichtigt und organisieren Sie solche Treffen im Vorfeld mit Bedacht.

Tipp 4 Irgendwann wird es womöglich passieren: Ihr Hund knurrt eines Ihrer Kinder an. Was tun? Häufig wird der Fehler gemacht, das Tier für sein Verhalten zu bestrafen. Das sollten Sie aber absolut vermeiden. Knurren gehört zur Kommunikation unserer Vierbeiner; sie wollen uns damit signalisieren, dass wir ihnen zu nahe gekommen sind. Wird der Hund für sein Knurren bestraft, wird er womöglich andere Mittel wählen, um sich mehr Freiraum zu verschaffen. Er wird also schnappen oder sogar beißen. Respektieren Sie daher unbedingt das Knurren und analysieren Sie die Situation: Was ist passiert, und wie hat sich der Nachwuchs verhalten? Jetzt können Sie Dinge verändern und vielleicht einige Punkte auf dem Plakat Ihrer Kinder ergänzen (→ Seite 140), damit der Hund zukünftig gar keinen Grund mehr hat, sie anzuknurren.

Der Schlüssel zum Glück

Sorgen Sie dafür, dass Ihr Nachwuchs und die neue Fellnase gemeinsam möglichst viele schöne Momente erleben. Denn das festigt die Bindung, und so werden schon bald alle Zwei- und Vierbeiner, die unter einem Dach leben, zum eingespielten Team. Behalten Sie immer im Hinterkopf, dass brenzlige Situationen vor allem dann entstehen, wenn Hund und Kinder zu aufgeregt sind, das Tier sich bedrängt fühlt und keine Fluchtmöglichkeit hat oder wenn es um Ressourcen wie Spielzeug bzw. Futter geht.
Wenn Sie diese kritischen Faktoren stets im Auge behalten, klare Regeln aufstellen und bei Bedarf handeln – oder noch besser, wenn Sie Ihren Alltag im Vorfeld so organisieren, dass Konflikte gar nicht erst entstehen können –, sind Sie auf einem guten Weg zu einer innigen und harmonischen Beziehung zwischen Kind und Hund.

28

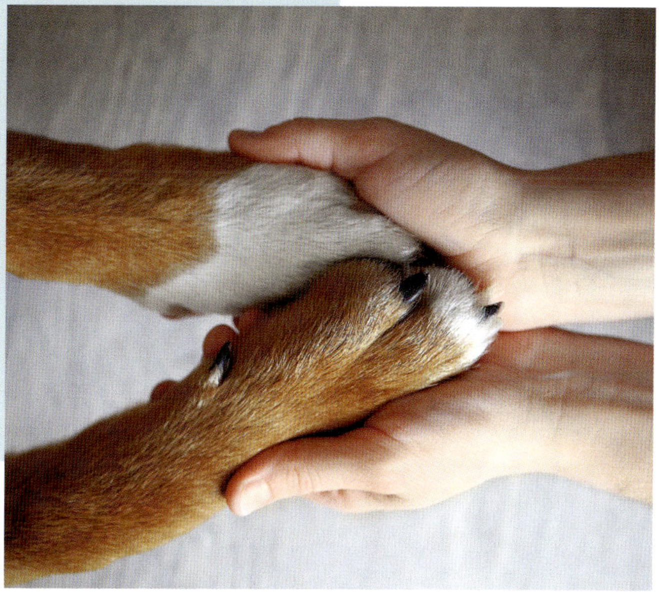

DAS UNSICHTBARE BAND

So fördern und festigen Sie die Bindung zu Ihrem Hund

Hunde brauchen uns Menschen. Und wenn alles gut läuft, bauen sie im Laufe ihres Lebens eine intensive Bindung zu uns auf. Diese verfestigt sich im Idealfall sogar zu einer unerschütterlichen Freundschaft: Gemeinsam geht man durch dick und dünn, und der Hund weiß, dass er sich jederzeit auf seine Bezugsperson verlassen kann. Je stabiler dieses unsichtbare Band zwischen Tier und Mensch, desto ausgeglichener ist der Vierbeiner und desto besser klappt in der

Regel das Zusammenleben. Im Umkehrschluss gilt aber auch: Ist die Bindung eher schwach und instabil, kann das zu Problemen führen.
In diesem Kapitel möchte ich Ihnen zeigen, wie Sie Ihren Hund von Anfang eng und sicher an sich binden. Zudem sehen wir uns an, welche Umstände den Aufbau so einer vertrauensvollen Beziehung bremsen oder verhindern. Denn nur wenn Sie diese negativen Einflussfaktoren kennen bzw. erkennen, können Sie gegensteuern.

So gelingt der Bindungsaufbau

Vorweg gleich eine gute Nachricht: Es ist gar nicht schwer, ein enges Vertrauensverhältnis zu Ihrem Hund aufzubauen. Die meisten Halter machen sich bei diesem Thema jedenfalls viel zu viele Sorgen, und das ohne Grund: Denn Bindung entsteht allein schon durch das gemeinsame Zusammenleben! Je mehr Zeit Sie mit Ihrem Vierbeiner verbringen und je positiver das Tier diese Zweisamkeit erlebt, desto fester wird das unsichtbare Band, das über die Monate und Jahre hinweg zwischen Ihnen beiden entsteht.
Die Sache hat allerdings einen Haken, den Sie beachten müssen: Folgt Ihnen Ihr Hund auf Schritt und Tritt oder winselt sogar sehnsüchtig, sobald Sie das Haus verlassen, ist das nicht – wie manche vielleicht denken – ein Zeichen für eine besonders positive Bindung, sondern in den meisten Fällen Trennungsangst. Vor allem Hunde, die rund um die Uhr Zugang zu ihrem Menschen haben, entwickeln solche Ängste, die sie oft zeit ihres Lebens begleiten. Für Halter ist das meist sehr belastend, und manchmal droht sogar die Kündigung des Mietvertrags, weil sich Nachbarn vom ständigen Jaulen und Bellen belästigt fühlen.

Streicheleinheiten und Körperkontakt sind in den meisten Fällen eine tolle Möglichkeit, um die Bindung zu Ihrem Hund zu stärken.

Vertrauen als Fundament

Wichtig ist daher, dass Ihre Fellnase lernt, problemlos auch einige Zeit ohne Sie auszukommen. Das klappt, wenn Sie regelmäßig das Alleinbleiben (→ Seite 119) trainieren und parallel dazu die Bindung zu Ihrem Hund stärken. Nur dann sind Sie auf einem guten Weg zu einer harmonischen Mensch-Hund-Beziehung.
Nachfolgend habe ich zwei Listen erstellt, die Ihnen auf einen Blick zeigen, welche Faktoren den Bindungsaufbau positiv beeinflussen und welche negativ.

Positive Einflussfaktoren
Folgende Aktivitäten, Umstände und Herangehensweisen *fördern* den Aufbau einer engen Bindung zwischen Mensch und Hund:

- ein sicheres Umfeld im Alltag
- Erfüllung aller für den Vierbeiner wichtigen Grundbedürfnisse wie zum Beispiel Nahrung, Flüssigkeit, Schlaf, Ruhe und Beschäftigung
- Erziehung ohne Drill und Strafe
- Streicheln und körperliche Nähe
- Training, Spiele, spannende Spaziergänge in der Natur und generell viel gemeinsam verbrachte Zeit mit Aktivitäten und Erlebnissen, die der Hund als angenehm empfindet
- klare Strukturen, Tagesabläufe und Regeln, an denen sich der Hund orientieren kann

Negative Einflussfaktoren
Diese Aktivitäten, Umstände und Herangehensweisen *verhindern* oder bremsen das Entstehen einer festen, vertrauensvollen Bindung:

- jede Form von Strafe, Härte und Gewalt
- sprunghaftes, unberechenbares Verhalten der Bezugspersonen gegenüber dem Hund
- ein instabiles bzw. unsicheres Umfeld sowie häufig wechselnde Bezugspersonen
- keine Strukturen und keine klaren Regeln
- häufiges Zurückweisen, wenn der Hund Kontakt zu seinen Menschen aufnehmen möchte
- kaum oder gar keine gemeinsam verbrachte Zeit bzw. keine gemeinsamen Aktivitäten wie beispielsweise Spiele oder Training
- mangelhafte Bedürfniserfüllung

Auch Spaziergänge, Spiele und regelmäßiges Training sind Schlüssel zum Erfolg, wenn Sie Ihren Vierbeiner eng und sicher an sich binden wollen. Wichtig ist dabei, dass Sie immer wohlwollend und respektvoll mit Ihrem Hund kommunizieren. Denn wenn Sie ihn mit Strafe und Härte maßregeln, wird sein Vertrauen in Sie rasch zerstört.

- kaum oder keinerlei körperliche Nähe
- Haltung in Zwinger oder Hundehütte
- Mehrhundehaltung (wenn beide Vierbeiner sich ausschließlich mit sich selbst beschäftigen und ihre Menschen kaum noch beachten; das ist häufiger bei Geschwistertieren der Fall)

Weitere häufige Probleme

Was kann eine vertrauensvolle Mensch-Hund-Beziehung noch gefährden, und wie können Sie gegensteuern? Hier weitere Tipps, die Ihnen bei typischen Bindungsproblemen helfen:

Tipp 1 Vierbeiner, die unzureichend oder gar nicht mit Menschen sozialisiert wurden, sind häufig überhaupt nicht mehr in der Lage, eine engere Bindung zu ihren Bezugspersonen aufzubauen. Entscheidend ist hier vor allem die vierte bis zwölfte Lebenswoche. Defizite, die in dieser so wichtigen Entwicklungsphase entstehen, können später leider kaum noch ausgeglichen werden. Falls das auf Ihren Hund zutrifft, sollten Sie aber nicht die Hoffnung verlieren: Wenn Sie sich an den Tipps und Listen in diesem Kapitel orientieren, werden Sie immerhin noch das bestmögliche Ergebnis für Ihre Fellnase erzielen.

Tipp 2 Folgt ein Vierbeiner überwiegend seinen eigenen Interessen und Vorlieben, entfremdet er sich dabei häufig von seiner Bezugsperson. Nimmt man diese Entwicklung schulterzuckend hin, wird die Bindung zwischen Mensch und Tier mit der Zeit immer instabiler. Ein typisches Beispiel sind Hunde, die beim Spazierengehen ihr ganz eigenes Ding machen: Sie laufen einfach weg, kommen nicht zurück, wenn sie gerufen werden, und die Kommunikation funktioniert generell kaum oder gar nicht.

›› Damit Ihnen das nicht passiert, ist es wichtig, dass Sie Ihren Hund zunächst solide ausbilden und dann darauf achten, dass alle Trainingsinhalte regelmäßig aufgefrischt werden, damit sich Gelerntes verfestigt und die Kommunikation auch zukünftig funktioniert.

›› Wenn Ihr Hund dennoch gelegentlich eine schlechte Phase hat, können Sie ihm eine Schleppleine anlegen, damit er sich nicht – wie oben erwähnt – verselbstständigt und das Interesse an Ihnen verliert.

›› Achten Sie in solchen Phasen zudem darauf, dass es sich für den Hund besonders lohnt, erwünschtes Verhalten zu zeigen. Bewährt hat sich hier beispielsweise, wenn man die Tagesration Futter eine Zeit lang nicht im Napf »verschenkt«, sondern sie während des Trainings häppchenweise als Belohnung füttert. Ist Ihr Hund eher spielbegeistert, können Sie ihn alternativ aber auch mit Apportier- oder Suchspielen belohnen.

›› Sobald die Kommunikation wieder zuverlässig klappt, können Sie auf die Schleppleine verzichten und auch die Attraktivität der Belohnungen wieder etwas reduzieren.

Tipp 3 Zum Abschluss noch ein Punkt, der so wichtig ist, dass man ihn gar nicht oft genug wiederholen kann: Verzichten Sie im Alltag und beim Training auf Bestrafung, Drill und übertriebene Härte! Denn das wird die Bindung zu Ihrem Hund garantiert schwächen und sein Vertrauen in Sie sogar schlimmstenfalls komplett zerstören. Orientieren Sie sich lieber an den Lösungsvorschlägen in diesem Buch: Sie werden in keinem Kapitel Anregungen finden, die auf Strafe basieren, und Sie werden trotzdem alle auftretende Probleme in den Griff bekommen. So mag ich Hundetraining, und dafür stehe ich!

29

ERZIEHUNG OHNE STRAFE, KLAPPT DAS WIRKLICH?

Mit dem Schluss-Signal lösen Sie fast jedes Problem!

Wenn Sie schon mehrere Kapitel in diesem Buch durchgearbeitet und vielleicht sogar die eine oder andere Übung selbst ausprobiert haben, kennen Sie die Antwort auf die in der Überschrift gestellte Frage: Selbstverständlich können Sie das Verhalten Ihres Hundes ohne Strafe in gewünschte Bahnen lenken! Denn alle Methoden, die auf den vorausgegangenen und nachfolgenden Seiten beschriebenen werden, sind völlig gewaltfrei und dabei keine graue Theorie oder Wunschdenken: Sie werden tagtäglich und mit Erfolg von mir und meinen Kursteilnehmern angewandt. Seit über 15 Jahren vermittle ich dieses praktische Wissen, unter anderem über meine Online-Hundeschule, die jährlich von Tausenden Hundeliebhabern besucht wird.

Mehr Erfolg mit positivem Training!

Leider gibt es aber noch immer Hundehalter und sogar professionelle Trainer, die mit Bestrafung und Gewalt arbeiten, um Vierbeiner regelrecht gefügig zu machen. Echten Tierfreunden blutet das Herz, wenn sie solche Praktiken mitansehen müssen. Aber auch ganz nüchtern betrachtet spricht vieles gegen diese altbackenen Erziehungsmethoden: Denn mit einer Ausbildung, die anstelle von Härte und Bestrafung auf Freude und positive Verstärkung setzt, erreicht man erwiesenermaßen nicht nur bessere, sondern auch viel nachhaltigere Ergebnisse.

- Wollen Sie beispielsweise, dass Ihr Hund locker an der Leine läuft (→ Seite 30), werden Sie mit dem Clicker-Training deutlich erfolgreicher sein als mit dem berüchtigten »Leinenruck«, der immer noch von etlichen Hundeschulen empfohlen und gelehrt wird.
- Generell ist es bei einem Großteil der Schwierigkeiten sehr hilfreich, wenn Sie sich nicht auf das unerwünschte Verhalten des Hundes, sondern vielmehr auf das *erwünschte* Verhalten konzentrieren. Sie arbeiten dann fast schon automatisch mit einem antrainierten Alternativverhalten, eine bewährte Methode, die in einigen Kapiteln bereits angesprochen wurde. So können Sie viele Probleme auf kluge, artgerechte Weise lösen.

Aufbau des Schluss-Signals: Ihr Hund bekommt das in der Faust verborgene Leckerchen erst, wenn er aufhört, sich dafür zu interessieren.

Schnelle Reaktion im Notfall
Es gibt aber auch Situationen, in denen Sie schnell reagieren müssen, um Ihren Hund sofort zu bremsen. Nehmen wir beispielsweise an, er beißt in ein Sofakissen. Oder er beginnt, heftig zu bellen – ein Verhalten, das oft stark selbstverstärkend ist (→ Seite 186). Hier sollten Sie möglichst rasch eingreifen; jetzt kommt das Schluss-Signal ins Spiel!

Das Schluss-Signal

Mit der Schluss-Übung bringen Sie Ihrem Vierbeiner ein aktives Meideverhalten bei, das mithilfe von Belohnungen – also auch in diesem Fall mit positiver Bestätigung und Freude – aufgebaut wird und jede Art der Bestrafung gänzlich überflüssig macht. Nach erfolgreichem Training ist das Signal »Schluss« dann das beste und cleverste Instrument, um unerwünschtes Verhalten Ihres Hundes sofort zu unterbrechen.

Schritt 1 Legen Sie ein reizvolles Leckerchen in Ihre Handfläche und verschließen Sie die Hand zur Faust. Lassen Sie Ihren Hund dabei zusehen. Nun halten Sie ihm den verborgenen Leckerbissen vor die Nase. Ihr Liebling wird jetzt an Ihrer Faust schnuppern und vielleicht sogar eine Pfote zu Hilfe zu nehmen, um an das Leckerchen heranzukommen. Sie warten aber einfach ab, und zwar so lange, bis der Vierbeiner aufgibt und seinen Kopf abwendet. Genau in diesem Moment sagen Sie »Schluss« und belohnen ihn mit dem Leckerchen aus der verschlossenen Hand. Wiederholen Sie diesen Schritt mehrmals am Tag und über mehrere Wochen.

Schritt 2 Wenn Ihr Hund mit der Zeit das Interesse am Leckerchen in Ihrer Hand verliert, verändern Sie einfach die Trainingsbedingungen: Platzieren Sie den Leckerbissen in der linken statt in der rechten Faust, üben Sie an verschiedenen Orten, oder wählen Sie als Belohnung neue, schmackhafte Häppchen, mit denen Sie zuvor noch nicht gearbeitet haben. Für die meisten Fellnasen wird die Übung nach solchen Veränderungen deutlich attraktiver; sie sind dann wieder voll bei der Sache und versuchen erneut, an das Leckerchen heranzukommen.

Reicht auch ein »Nein«?

Ich werde häufiger gefragt, ob man das Wortsignal »Schluss« auch durch ein »Nein« ersetzen kann. Ich persönlich rate Ihnen davon ab. Spricht man das »Nein« zu undeutlich aus, ähnelt es einem »Fein«. Zudem hören Hundeohren scharfe S-Laute nicht so gern. Das »Schluss« führt also eher zum gewünschten Meideverhalten und hat somit unterm Strich deutliche Vorteile gegenüber dem »Nein«.

Schritt 3 Jetzt können Sie das »Schluss« im Alltag nutzen. Damit es später auch im Ernstfall wirkt, müssen Sie das Signal in vielen verschiedenen Situationen üben und dabei den Schwierigkeitsgrad ganz langsam steigern.

- Wichtig: Anders als beim Aufbautraining müssen Sie die Belohnung im Ernstfall weglassen! Andernfalls können unerwünschte Verhaltensketten entstehen. Ihr Hund lernt dann beispielsweise, dass er immer einen tollen Keks bekommt, wenn er zu kläffen beginnt und das Verhalten dann für kurze Zeit einstellt. Sagen Sie also einfach nur »Schluss«, um das unerwünschte Verhalten zu unterbrechen. Danach folgt keine Belohnung.
- Machen Sie trotzdem hin und wieder »Trockenübungen« inklusive Belohnung – so wie in den ersten beiden Schritten beschrieben. Denn nur so behält das Schluss-Signal langfristig seine hohe Wirksamkeit.

30

MEIN HUND IST PLÖTZLICH FRECH WIE OSKAR!

Was tun, wenn Vierbeiner in die Pubertät kommen?

Wer schon einmal miterlebt hat, wie ein Welpe zum erwachsenen Hund heranwächst, kennt vermutlich die seltsame Verwandlung, die viele Vierbeiner dabei auch im Hinblick auf ihr Verhalten durchmachen: Aus der niedlichen Fellnase, die sich noch vor Kurzem vorbildlich benommen und auch freundlich auf ihre Artgenossen reagiert hat, wird plötzlich ein kleiner ungestümer Flegel. Wie stark sich Verhaltensweisen eines Hundes während der Pubertät verändern, ist individuell sehr unterschiedlich und variiert von Tier zu Tier. Die Wahrscheinlichkeit, dass in dieser Lebensphase einige Herausforderungen auf Sie warten, ist allerdings recht hoch. Manche Hundehalter berichten aber auch, dass sie von der Pubertät ihres Schützlings gar nichts oder nur kaum etwas mitbekommen haben.

Die wilde Flegelzeit

Wann genau ein Hund in die Pubertät kommt, lässt sich nicht exakt vorhersagen. Einige Vierbeiner sind frühreif, bei ihnen geht es also schneller. Andere wiederum entwickeln sich langsamer und kommen daher etwas später in die Pubertät. Ganz allgemein kann man aber sagen, dass kleine Hunde rascher heranreifen, als das bei größeren Rassen der Fall ist.
Ab dem sechsten Lebensmonat befinden sich die meisten Fellnasen in einer »Übergangsphase«. Die eigentliche Pubertät beginnt dann in der Regel im Alter von acht Monaten; mit ihr setzt auch die Geschlechtsreife ein. Damit ist ein Hund aber längst noch nicht erwachsen, denn dieses Entwicklungsstadium erreichen die Tiere erst – auch diese Zahl ist wieder ein Durchschnittswert – im Alter von etwa drei Jahren.

Signifikante Veränderungen

In dieser Zeit, also vom Einsetzen der Pubertät bis zum Erwachsenwerden, finden gravierende neuronale Umbauprozesse im Gehirn des Hundes statt, die erheblichen Einfluss auf sein Verhalten haben können. Hier habe ich Ihnen eine kleine Liste mit Veränderungen zusammengestellt, die man typischerweise beobachten kann, wenn Hunde zu »Pubertieren« werden:

- Bisher Erlerntes kann plötzlich nicht mehr abgerufen werden – das betrifft auch gut eingeübte Grundsignale wie »Sitz« oder »Platz«.
- Die Risikobereitschaft des Hundes kann zunehmen: Er wird waghalsiger, Gefahren werden nicht erkannt oder falsch eingeschätzt.
- Gleichzeitig können Ängste und Unsicherheiten auftreten oder zunehmen, die zuvor gar nicht oder nur kaum vorhanden waren.
- Während der Pubertät sind Hunde oft dünnhäutiger und stressanfälliger als zuvor.

Hunde in der Pubertät sind oft abenteuerlustig, gleichzeitig können aber auch Ängste wieder zunehmen.

- Die Impulskontrolle ist vermindert, und spannende Umweltreize gewinnen an Bedeutung. Folglich kann es deutlich schwieriger werden, den Hund von diesen zu lösen.
- Aggressionen können plötzlich auftreten bzw. zunehmen – sowohl gegenüber Artgenossen als auch gegenüber Menschen.
- Das Spielverhalten kann sich verändern, beispielsweise gröber werden, oder Spielpartner werden differenzierter ausgewählt.
- Grenzen werden ausgetestet, Regeln häufiger gebrochen; der Hund wirkt frech oder trotzig.

Stressfrei durch die Pubertät

Ich hatte ja bereits erwähnt, dass manche Hundehalter von der Pubertät ihres Vierbeiners gar nichts mitbekommen. Daher müssen auch nicht alle in der Liste genannten Phänomene tatsächlich eintreten. Aber selbst wenn sich das Verhalten Ihres Schützlings so sehr verändert, dass Sie ihn kaum wiedererkennen, besteht kein Grund zur Sorge: Diese Flegelzeit ist völlig normal; sie ist der natürlichen Entwicklung des Hundes geschuldet und geht auch wieder vorüber.
Nachfolgend möchten ich Ihnen vier Tipps an die Hand geben, mit denen Sie die Herausforderungen der Pubertät in den Griff bekommen und Ihren Hund in dieser verwirrenden Lebensphase bestmöglich unterstützen können.

Tipp 1 Nutzen Sie beim Gassigehen eine Schleppleine in Kombination mit einem Brustgeschirr. So vermeiden Sie, dass sich Ihr Hund verselbstständigt und nur noch eigene Interessen verfolgt. Zudem verhindern Sie, dass sich bisher erlernte Fähigkeiten verschlechtern, denn mit Schleppleine können Sie viel besser darauf achten, Signale nur dann zu geben, wenn Sie sicher sind, dass Ihr Hund sie auch umsetzt.

In schwierigen Phasen halte ich die Schleppleine fest und nutze sie fast wie eine Führleine.

Klappt die Kommunikation dann wieder etwas besser, hängt die Schleppleine zur Sicherheit noch am Brustgeschirr.

Reagiert mein Hund verlässlich auf meine Signale, verzichte ich auf die Leine.

- Ich persönlich setze die Schleppleine bei meinen heranwachsenden Hunden (also in den ersten 2–3 Lebensjahren) sehr flexibel ein.
- In einem ruhigen, reizarmen Umfeld und in Phasen, in denen sie rasch und verlässlich auf mich reagieren, löse ich die Schleppleine, und meine Fellnasen dürfen frei laufen.
- In Zeiten, in denen die Kommunikation nicht gut klappt, befestige ich die Schleppleine und halte sie wie eine Führleine in den Händen.
- Reagieren meine Hunde dann wieder zuverlässiger, bleibt die Schleppleine zunächst am Geschirr, ich halte sie aber nicht mehr fest. Die Hunde schleppen die Schnur dann also hinter sich her. Das bietet etwas mehr Sicherheit als der Freilauf ganz ohne Leine.

Tipp 2 Wenn nötig, sollten Sie während der Pubertät die Belohnungsreize erhöhen. Achten Sie jetzt also darauf, dass es sich für Ihren Hund besonders lohnt, wenn er prompt und zuverlässig auf Ihre Signale reagiert. So stellen Sie sicher, dass gewünschte neuronale Verknüpfungen im Gehirn des Vierbeiners weiterhin gefestigt werden und sich die bisher aufgebaute Kommunikation nicht deutlich verschlechtert.

- Verwenden Sie beispielsweise die komplette Tagesration Futter als Belohnung und »verschenken« Sie die Nahrung nicht einfach im Napf. Alternativ können Sie Ihren Schützling auch mit seinem Lieblingsspielzeug oder besonders reizvollen Leckereien belohnen.
- Am effektivsten ist es, wenn Sie Ihren Schützling situativ und bedürfnisgerecht belohnen. Diese Methode habe ich ja bereits mehrfach erläutert. Fragen Sie sich dazu immer: »Was würde meinem Hund in diesem Moment am meisten Freude bereiten?« In der einen Situation ist es vielleicht tatsächlich eine Leckerei, in der anderen aber eher ein tolles Spielzeug oder eine spannende Lieblingsaktivität.

Notfalls zum Profi!

Wenn Sie die Pubertät Ihres Hundes mit Geduld und Konsequenz begleiten und darauf achten, dass sich die Kommunikation nicht nachhaltig verschlechtert, sind Sie bestens gerüstet, um alle weiteren Herausforderungen in dieser Lebensphase zu meistern. Falls Sie jedoch den Eindruck haben, dass die Entwicklung Ihres Lieblings komplett entgleist, sollten Sie unbedingt einen professionellen Trainer um Rat und Unterstützung bitten.

Tipp 3 Achten Sie darauf, dass Ihr Hund sich auch in der Pubertät an zuvor aufgestellte Regeln und Grenzen hält, und helfen Sie ihm, wenn er ängstlich oder gestresst reagiert. Ermutigen und unterstützen Sie ihn in solchen Situationen und führen Sie ihn in eine Umgebung, in der er sich wieder entspannen kann.

Tipp 4 Sollte sich Ihr Hund aggressiv verhalten, müssen Sie gegensteuern. Passiert das beispielsweise im Sozialkontakt mit jüngeren, ungestümen Hunden, sollten Sie ihn mit älteren Artgenossen spielen lassen. Arbeiten Sie zudem kontinuierlich an der Impulskontrolle Ihres Vierbeiners (→ Seite 171), denn das macht ihn deutlich widerstandsfähiger gegen Stress.

31

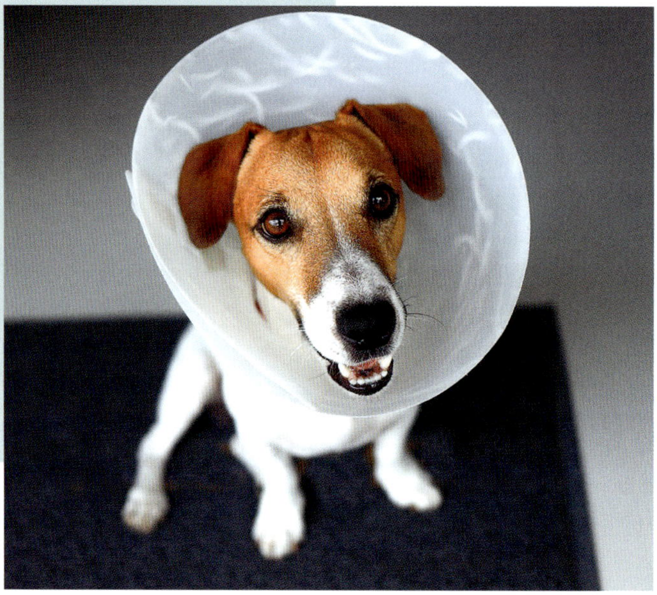

SOLL ICH MEINEN HUND KASTRIEREN LASSEN?

Warum nur wenige Gründe für den Eingriff sprechen

Lösen sich nach einer Kastration vielleicht endlich alle Sorgen in Luft auf? Diese Hoffnung hegt so mancher Hundehalter, der darüber nachdenkt, seinen Vierbeiner unters Messer zu legen – oder sich bereits für den Eingriff entschieden hat. Vergessen oder schlicht übersehen wird dabei aber oft, dass viele Verhaltensauffälligkeiten und Alltagsprobleme mit dem Hund gar nicht dem Einfluss der Sexualhormone geschuldet sind. Eine Kastration ist in diesen Fällen also nicht zielführend und kann der Entwicklung Ihres Schützlings sogar schaden.

Eine Operation mit Folgen

Unterstreichen möchte ich daher gleich an dieser Stelle, dass die Entscheidung für oder auch gegen die Kastration keine einfache ist. Sie sollten sich vorab intensiv mit dem Thema beschäftigen und alle Vor- und Nachteile gewissenhaft abwägen. Viel zu häufig wird dieser schwerwiegende Eingriff leichtfertig durchgeführt – auch dann, wenn er aus medizinischer Sicht gar nicht zwingend notwendig gewesen wäre.

Empfindliches Gleichgewicht

Eine Kastration wirkt sich immer gravierend auf den gesamten Hormonhaushalt des Hundes aus. Insbesondere die Sexualhormone Testosteron und Östrogen, die nach dem Entfernen der Keimdrüsen nicht mehr produziert werden, stehen im Wechselspiel mit vielen anderen Botenstoffen im Körper des Tieres.

Greift man in dieses empfindliche Gleichgewicht ein, kann das auch unerwünschte Verhaltensänderungen zur Folge haben: Hündinnen können beispielsweise aufgrund des Mangels an Östrogen – dieses weibliche Sexualhormon ist der Gegenspieler des Testosterons – eher männliche Wesenszüge entwickeln und wirken dann oft rüpelhaft. Rüden wiederum, die zu ängstlichem oder angstaggressivem Verhalten neigen, können aufgrund des Mangels an Testosteron plötzlich noch unsicherer werden, als sie es zuvor schon waren.

Der richtige Zeitpunkt

Dringend abzuraten ist von Frühkastrationen, die durchgeführt werden, noch bevor der Hund geschlechtsreif ist. Denn dadurch wird die natürliche biologische Entwicklung des Hundes abrupt zum Stillstand gebracht: Frühkastrierte Hunde bleiben ihr Leben lang kindlich bzw. jugendlich. Späteres Lernen fällt ihnen dann deutlich schwerer, und auch die hormonell bedingte Kräftigung des Körperbaus, die bei normaler Entwicklung stattfinden würde, entfällt. Aus diesem Grund wird nach aktuellem Stand der Forschung

Eine kleine Rangelei – und dann gleich Kastration? Dieser Eingriff sollte wohlüberlegt sein, denn er führt oft nicht zum erhofften Ergebnis.

empfohlen, Hündinnen – wenn überhaupt – erst nach der dritten Läufigkeit zu kastrieren und den Eingriff bei Rüden frühestens nach dem zweiten Lebensjahr vorzunehmen.

Kastration unausweichlich?

Wie bereits erwähnt, werden Kastrationen oft unüberlegt und vorschnell durchgeführt. Tatsächlich gibt es aber nur wenige Gründe, die eindeutig für einen solchen Eingriff sprechen:

Grund 1 In einigen Fällen ist eine Kastration aus medizinischen Gründen unausweichlich, beispielsweise bei bösartigen Tumoren, chronischen Entzündungen der Gebärmutter oder anderen Erkrankungen. Rät Ihnen Ihr Tierarzt nach solchen Diagnosen zu einer Kastration, sollten Sie diese durchführen lassen. Im Zweifel lohnt es sich aber, eine zweite Expertenmeinung einzuholen. Dann können Sie sich guten Gewissens für oder gegen den Eingriff entscheiden.

- Wichtig zu wissen ist in diesem Zusammenhang, dass vor allem Hündinnen häufig sehr früh kastriert werden, um etwa der Entstehung von Milchdrüsen- und Gebärmutterkrebs vorzubeugen. Nach deutschem Tierschutzrecht ist diese Art der Prophylaxe aber streng genommen verboten.
- Darüber hinaus erhöht eine Kastration das Risiko für die Entstehung anderer Krankheiten: Hündinnen können inkontinent werden, und Rüden erkranken häufiger an Prostatakrebs. Bei beiden Geschlechtern steigt das Risiko für eine Altersdemenz.
- Deshalb gilt: Nur weil ein Hund später eventuell erkranken könnte, sollte man ihm nicht leichtfertig ein Organ entfernen!

Grund 2 Hypersexuelle Hunde leiden unter ihrer Sexualität – alles dreht sich nur noch um das eine, die Fortpflanzung. In diesem Fall kann eine Kastration durchaus sinnvoll sein. Hypersexuelle Hunde erkennt man daran, dass sie ständig aufreiten. Zudem haben sie häufig Schaum vorm Mund, klappern mit den Zähnen und haben oft einen etwas wirren Gesichtsausdruck. Lassen Sie das Verhalten Ihres Vierbeiners aber vorab unbedingt von einem Profi beurteilen, um sicherzugehen, dass es sich tatsächlich um hypersexuelles Verhalten handelt.

Grund 3 Wenn Ihr Rüde ständig Streit mit männlichen Artgenossen vom Zaun bricht, liegt diesem Verhalten eventuell eine statusbedingte Aggression zugrunde. Auch in diesem Fall kann eine Kastration helfen. Diese spezielle Art der Aggression richtet sich in der Regel nur gegen andere unkastrierte Rüden und wird oft von auffälligem Imponierverhalten begleitet. Wichtig ist auch hier wieder die Beurteilung eines Profis vor Ort. Denn generell kann eine Fülle anderer Ursachen für die Aggression verantwortlich sein.

Grund 4 Vor allem im Ausland, etwa in Süd- und Osteuropa, werden viele herrenlose Straßenhunde kastriert. Diese Vorgehensweise ist sinnvoll, denn durch die Kastrationen wird eine unkontrollierte Fortpflanzung eingedämmt und somit langfristiges Tierleid verhindert.

Bei sich zu Hause sollten Sie für Ihren Hund zunächst eine normale, natürliche Entwicklung ohne Kastration anstreben. Wenn Sie dennoch der Meinung sind, dass der Eingriff notwendig ist, sollten Sie sich vorab gut informieren und von einem Experten beraten lassen, um für Ihren Schützling die beste Entscheidung zu treffen.

32

NICHT SO UNGESTÜM, KLEINE FELLNASE!

Wenn aus fröhlichem Spiel plötzlich Streit wird

Auf der Hundewiese kann es bisweilen ganz schön wild zugehen: Kleine und große Vierbeiner liefern sich rasante Verfolgungsjagden, kugeln durchs Gras, bellen und schnappen – oder hat der freche Boxer da eben tatsächlich zugebissen? Hunde können mitunter ziemlich energisch und lautstark spielen, was dann viele Hundebesitzer, die das Spektakel von der Seitenlinie

verfolgen, verunsichert: Ist das noch Spaß, oder raufen die schon? Diese Frage wird häufig gestellt, und man braucht schon etwas Erfahrung und ein geschultes Auge, um zu erkennen, wann harmloses Herumtollen aus dem Ruder läuft und zur groben Rangelei eskaliert.
In diesem Kapitel sehen wir uns an, warum Hunde miteinander spielen, woran man erkennt, ob es sich wirklich noch um spielerisches Verhalten handelt, und wann man einschreiten sollte, um ernsthaftere Konflikte zu verhindern.

Reagiert Ihr Hund verlässlich auf Ihren Rückruf, können Sie jedes wilde Spiel bei Bedarf einfach unterbrechen.

Training und Vergnügen

Warum spielen Hunde überhaupt? Sie tun dies vor allem, um Fähigkeiten wie das Jagen sowie Angriff und Verteidigung zu üben. Das Spiel dient also quasi als Vorbereitung für den Ernstfall. Denn in freier Natur mussten sich Hunde, bevor sie domestiziert wurden, wie andere Tiere auch gegen Feinde verteidigen und Nahrung erbeuten, um ihr Überleben zu sichern. Darüber hinaus hat das Spielen aber auch eine soziale Funktion, denn es stärkt die Bindung zwischen den Artgenossen, und nicht zuletzt macht es den Vierbeinern einfach Spaß. Wenn Hunde miteinander herumtollen, kann man vor allem folgende spielerische Disziplinen beobachten:

- wilde Verfolgungsjagden
- Beiß-, Kampf- und Rollenspiele
- das Spiel mit und um Beute

Ganz wichtig ist dabei aber: Es wird gespielt und nicht gekämpft! Die Hunde interagieren also miteinander, ohne die Absicht, ihre Artgenossen zu verletzen oder ihnen zu schaden.

Gesundes Spielverhalten

Kennzeichnend für spielende Hunde ist unter anderem ein übertriebenes Ausdrucksverhalten. Oft reißen die Tiere ihre Mäuler weit auf, zeigen ihre Zähne, und nicht selten kommt es auch zu intensiven Lautäußerungen. Ein weiteres wichtiges Merkmal ist der Rollenwechsel: Mal ist ein Spieler der Jäger, mal ist er der Gejagte. Mal liegt eine Fellnase am Boden und unterwirft sich, das andere Mal hat sie dann die Oberhand und darf triumphieren. Nur wenn diese Rollenwechsel im ausgeglichenen Verhältnis stattfinden, handelt es sich um gesundes Spielverhalten.

Vorsicht, hier droht Hundestreit!

Natürlich kann es vorkommen, dass ein Vierbeiner seinem Spielpartner aus Übereifer Schmerzen zufügt oder ihn sogar verletzt. Häufig wird er dann von seinem Gegenüber zurechtgewiesen; in solchen Situationen kann es zu gefährlichen Konflikten kommen. In den meisten Fällen passiert das aber erst, wenn das Erregungslevel der Tiere bereits hohe Wellen schlägt.
Vorbeugen können Sie solchen Eskalationen, indem Sie das Spiel rechtzeitig unterbrechen. Das müssen Sie allerdings vorab üben! Dazu rufen Sie Ihren Schützling immer mal wieder aus dem Spiel heraus, um seinen Stresspegel mithilfe kleiner, erzwungener Pausen zu senken.

» Am besten klappt das, wenn Sie mit Ihrem Vierbeiner im Vorfeld intensiv an einem sicheren Rückruf arbeiten (→ Seite 42).
» Unterbrechen Sie das Spiel Ihres Hundes zunächst in eher entspannten Spielsituationen, denn je höher seine Aufregung, desto schwieriger wird es, zu ihm durchzudringen.
» Wichtig: Falls Ihr Hund zu beuteaggresivem Verhalten neigt, sollten Sie unbedingt darauf achten, dass beim Zusammentreffen mit Artgenossen keine »Beute« im Spiel ist – etwa Dummys oder Kauartikel. Andernfalls kann es sehr schnell zu Beißunfällen kommen.

Entspanntes Spiel ist Trumpf!
Spielen Hunde unaufgeregt und wechseln sie sich dabei im Hinblick auf die Rollenverteilung fair ab, besteht kein Grund einzugreifen – es sei denn, Sie wollen das Spiel zu Übungszwecken unterbrechen. Aktiv werden müssen Sie jedoch, wenn sich die Stimmung zu stark aufheizt und zu kippen droht, denn dann kann sich ein Spiel schnell in eine böse Rangelei verwandeln.

Die Unterbrechung des Spiels müssen Sie zunächst mit Ihrem Liebling trainieren. Beginnen Sie damit in möglichst entspannten Spielsituationen und steigern Sie den Grad der Ablenkung dann immer weiter. Nur so wird Ihr Hund auch dann auf Ihr Abrufsignal hören, wenn es auf der Hundewiese mal wieder hoch hergeht.

33

WENN ICH HEIMKOMME, MACHT STRUPPI PIPI!

Was tun, wenn Vierbeiner vor Aufregung urinieren?

In diesem Kapitel möchte ich auf ein Phänomen eingehen, das gern als »Freudepinkeln« bezeichnet wird. Der Begriff ist jedoch irreführend, denn nicht immer ist Freude die Ursache für das Problem. Mit mangelnder Stubenreinheit hat es aber auch nichts zu tun! Meist urinieren betroffene Hunde nur in Situationen, die sie als aufregend, stressig oder bedrohlich empfinden.

Ursachen und Maßnahmen

Um das Problem in den Griff zu bekommen, müssen Sie Ihren Hund, aber auch Ihr eigenes Verhalten, genau beobachten und analysieren:

» Pinkelt der Hund vor allem in Begrüßungssituationen, sollten Sie ihn eine Weile ignorieren, nachdem Sie das Haus betreten haben. Denn jede Aufmerksamkeit, die Ihr Vierbeiner jetzt bekommt, putscht ihn weiter auf und kann das Problem verschlimmern.

» Fühlt sich Ihr Hund bedroht, wenn sich jemand frontal annähert, über ihn beugt oder ihn anspricht? In diesem Fall müssen Sie an Ihrer Kommunikation und Körpersprache arbeiten: Nähern Sie sich seitlich, sprechen Sie leise und freundlich, beugen Sie sich nicht über den Hund oder ignorieren Sie ihn im Bedarfsfall. Um dieses Verhalten können Sie auch Ihre Gäste bitten. Eventuell müssen Besucher zunächst ohnehin von Ihrer Fellnase ferngehalten werden (→ Seite 46).

» Eine weitere typische Ursache für das Problem sind sehr strenge Erziehungsmethoden. Vor allem junge Fellnasen setzen häufig Urin ab, wenn man sie zu heftig schimpft und dadurch unter Druck setzt. Gehen Sie in diesem Fall bitte freundlicher mit Ihrem Hund um!

Generell gilt: Ob und wie häufig Ihr Hund uriniert, hängt von seinem Erregungslevel ab – ganz egal, ob es sich dabei um positiven oder negativen Stress handelt. Wenn Sie das beachten und Ihren Liebling vor zu viel Trubel schützen, wird er Sie schon bald nicht mehr mit seinen kleinen Pfützen überraschen. Übrigens neigen vor allem Welpen und Junghunde zum »Freudepinkeln«. Mit fortschreitendem Alter löst sich das Problem also normalerweise von selbst auf.

Manche Hunde sind in Begrüßungssituationen aufgeregt und pinkeln in die Wohnung.

Ignorieren Sie Ihre Fellnase, nachdem Sie die Wohnung betreten: So verhindern Sie, dass Aufregung und Stress entstehen.

Nähern Sie sich dem Hund von der Seite, falls ihm die Annäherung von vorn Angst macht.

34

MEINE FINGER SIND DOCH KEINE LECKERCHEN!

So lernt Ihr Hund, Belohnungen behutsam anzunehmen

Sie trauen sich nicht mehr, Ihrem Hund einen Keks zu geben, weil Sie befürchten, danach einen Finger weniger zu haben? Das ist ein typisches Problem, von dem mir meine Kursteilnehmer immer wieder berichten: Der Hund hat gerade vorbildlich eine Aufgabe erledigt, und dafür möchte man ihn natürlich entsprechend belohnen. Doch sobald sich die verführerische Leckerei dem Hundemaul nähert, schnappt der Vierbeiner gierig nach der halben Hand. In diesem Kapitel sehen wir uns an, wie dieses unangenehme Verhalten entsteht und was Sie tun können, um es zukünftig zu verhindern.

Autsch, das tut doch weh!

Meist treten die beschriebenen Schwierigkeiten schon während der Grundausbildung auf: Vor allem Hunde mit hoher Futtermotivation können es beim Training oft kaum erwarten, bis sie sich die begehrte Belohnung endlich einverleiben dürfen. Vor lauter Übereifer schnappen sie dann blitzschnell und ruppig nach jeder Leckerei, die ihnen Frauchen oder Herrchen eigentlich ganz sanft ins Maul schieben wollte. Je nachdem, wie tief sich die Hundezähne dabei in die Haut des Halters bohren, kann das ganz schön wehtun! Und oftmals entsteht jetzt ein regelrechter

Am liebsten will ich fressen!

Wenn sich Hunde stark von Nahrung angezogen fühlen, nennt man das im Fachjargon »futteraffin« bzw. spricht von einer »hohen Futtermotivation«. Vor allem Labrador Retrievern wird diese Eigenschaft häufig zugeschrieben. Chihuahuas wiederum sind in puncto Nahrung oft recht wählerisch, was beim Training dann zur Herausforderung wird. Solche Verallgemeinerungen sind aber mit Vorsicht zu genießen: Wie stark oder schwach die Futtermotivation eines Hundes ausgeprägt ist, hängt neben der Rasse von vielen weiteren Faktoren ab.

So sollte es sein: Der Hund nimmt sein Leckerchen ruhig und behutsam entgegen.

Falls Ihr Schützling beim Üben hektisch nach dem Leckerchen schnappen möchte, verbergen Sie es rasch in Ihrer Faust.

Zu Ihrer eigenen Sicherheit können Sie anfangs problemlos mit einem Handschuh üben.

Teufelskreis: Denn je stärker Ihre Angst nach solchen schlechten Erfahrungen zunimmt, desto vorsichtiger werden Sie Ihrem Schützling zukünftig seine Leckerchen geben. Für den Hund wiederum gilt: Je zögerlicher Sie ihm seine Belohnung überreichen, desto hastiger wird er versuchen, sie sich zu schnappen. Wie entkommt man dieser Abwärtsspirale? Mit einer kleinen Übung, die ich Ihnen jetzt vorstelle, klappt das einfacher, als Sie vielleicht denken!

ÜBUNGSTIPPS

1 Arbeiten Sie zu Beginn des Trainings mit eher schlichten, also weniger schmackhaften Leckerbissen, um die Futtermotivation Ihres Hundes im Zaum zu halten.

2 Bei Bedarf können Sie während der ersten Übungseinheiten einen Handschuh tragen. Das gibt Ihnen mehr Sicherheit beim Training und schützt Sie vor Blessuren.

3 Nicht bei allen Hunden wird die Übung auf Anhieb reibungslos klappen. Wenn Ihr Vierbeiner auf Sie zukommt und dann wieder hastig nach der Belohnung schnappen möchte, müssen Sie die Hand mit der Leckerei möglichst rasch verschließen. So verhindern Sie, dass der Hund mit seinem forschen Verhalten erfolgreich ist. Die meisten Fellnasen lernen dann sehr schnell, dass sie nur dann an das Leckerchen herankommen, wenn sie sich ganz behutsam annähern.

Das Signal »Vorsichtig«

Um das Problem in den Griff zu bekommen, arbeiten Sie am besten mit einem speziellen Wortsignal, das dem Hund mitteilt, dass er das Leckerchen in Ihrer Hand möglichst langsam und behutsam annehmen soll. Ich persönlich bevorzuge das Signal »Vorsichtig«, das Sie in nur wenigen Übungsschritten aufbauen können.

Schritt 1 Beginnen Sie das Training in einer möglichst reizarmen Umgebung und wählen Sie einen Zeitpunkt, wo Ihr Hund völlig entspannt ist. Gut geeignet ist beispielsweise das Wohnzimmer, in dem der Vierbeiner gerade behaglich auf seiner Decke liegt.

Schritt 2 Platzieren Sie nun ein Leckerchen zwischen Daumen und Zeigefinger und zeigen Sie es Ihrem Hund. Wenn er sich Ihnen daraufhin nähert und den Happen gelassen und sanft ins Maul nimmt, sagen Sie währenddessen freundlich und leise »Vorsichtig«. Als Belohnung für die erfolgreich gemeisterte Übung dient der Leckerbissen, den Ihr Liebling gerade behutsam entgegengenommen hat – Sie müssen ihm also keinen weiteren Keks geben.

Schritt 3 Wiederholen Sie die ersten Schritte mehrmals täglich. Nach einigen Trainingseinheiten können Sie das Signal »Vorsichtig« dann auch in hektischeren Situationen nutzen, in denen der Hund bislang forsch und hastig nach seiner Belohnung geschnappt hat.

Bleiben Sie am Ball und arbeiten Sie so lange an und mit dem Signal, bis Ihr Hund das unerwünschte Verhalten einstellt. Mit etwas Geduld können Sie sich schon bald über Erfolge freuen!

35

MACH DOCH ENDLICH, WAS ICH WILL, MENSCH!

So schieben Sie forderndem Verhalten den Riegel vor

Vielleicht kennen Sie das: Ihr Hund bringt Ihnen einen Ball, lässt ihn vor Ihren Füßen fallen und blickt Sie mit großen Augen an. Wenn Sie das Spielzeug dann nicht sofort werfen, wird er energisch und beginnt zu bellen. Oder Sie bereiten gerade eine Portion Futter vor, dem Vierbeiner geht das aber nicht schnell genug; er wird unruhig und rückt Ihnen forsch auf die Pelle.

Ganz typisch ist auch dieses Szenario: Sie wollen mit Ihrem Hund eine Runde spazieren gehen, schlüpfen in Ihren Mantel und holen die Leine. Währenddessen kann Ihr Schützling kaum erwarten, dass es endlich losgeht; ungeduldig springt er an Ihnen hoch. In all diesen Situationen – und ich könnte die Liste noch um viele Beispiele erweitern – zeigt der Hund »forderndes Verhalten«, und in diesem Kapitel möchte ich Ihnen zeigen, wie Sie am besten damit umgehen.

So reagieren Sie richtig

Am allerwichtigsten ist zunächst, dass Sie Ihren Hund niemals für sein forderndes Verhalten belohnen. Es darf sich also unter keinen Umständen für ihn auszahlen, wenn er Sie bedrängt! Die deutlichste Form der Belohnung wäre, wenn Sie seine Forderungen einfach erfüllen, also den Ball werfen oder den Futternapf rasch freigeben, sobald Ihr Vierbeiner Sie mit Nachdruck dazu animieren möchte. Das tun Sie also bitte nicht.

Aufmerksamkeit wirkt belohnend

Beachten müssen Sie aber unbedingt, dass es auch andere, nicht ganz so offensichtliche Formen der Belohnung gibt, die das unerwünschte Verhalten Ihres Hundes bestätigen: Wenn Sie Ihren Schützling beispielsweise schimpfen oder beruhigen, schenken Sie ihm damit Ihre volle Aufmerksamkeit. Auch das wird viele Fellnasen dazu anspornen, Sie bei nächster Gelegenheit erneut unter Druck zu setzen. Prüfen Sie daher immer selbstkritisch, ob sich Ihr Vierbeiner durch Ihre Gegenmaßnahmen in seinem fordernden Verhalten bestätigt fühlen könnte, und passen Sie Ihre Reaktion dann bei Bedarf an. Hier ein paar Praxistipps, die Ihnen dabei helfen.

Ein typisches Beispiel für forderndes Verhalten: Der Hund schleppt Spielzeug an und will seinen Menschen zum Mitspielen animieren.

Tipp 1 In den meisten Fällen ist es am besten, wenn Sie das fordernde Verhalten Ihres Hundes einfach ignorieren: Er bringt ein Spielzeug und macht Druck, weil Sie nicht mitspielen? Egal, wenden Sie sich einfach ab. Häufig genügt das schon, um das Problem zu lösen. Ihre Aufmerksamkeit bekommt der Hund erst wieder, wenn er ruhig und entspannt ist und Sie nicht mehr bedrängt. Dann darf der Ball geworfen, das Futter angeboten oder der Spaziergang gestartet werden.

Tipp 2 Manche Vierbeiner sind sehr willensstark und beharrlich. Daher funktioniert die im ersten Schritt beschriebene Methode nicht immer. Falls Ihr Hund also nicht nachgibt, obwohl Sie ihn ignorieren, oder sein forderndes Verhalten besonders ungestüm ist, hat sich folgende Herangehensweise bewährt:

» Nutzen Sie das im Vorfeld aufgebaute Signal »Schluss« (→ Seite 149), um das unerwünschte Verhalten sofort zu unterbrechen.
» Trainieren Sie mit Ihrem Hund zudem das Signal »Decke« (→ Seite 47) und schicken Sie ihn bei Bedarf auf seinen Platz, damit er zur Ruhe kommt. Wenn er sehr erregt ist, können Sie ihn dort auch anleinen bzw. später mit einer Hausleine (→ Seite 15) absichern.

Impulskontrolle üben

Manchmal ist forderndes Verhalten eher schwach ausgeprägt, einige Hunde drangsalieren ihre Menschen aber regelrecht, wenn sie ihre Ziele durchsetzen wollen. Zeigt oder entwickelt Ihr Hund das unerwünschte Verhalten, helfen unterstützend auch Übungen zur Impulskontrolle. Beim Training (→ Seite 173) lernen Vierbeiner, spannenden Reizen zu widerstehen und nicht immer ungehemmt ihren eigenen Interessen nachzugehen.

Auch beim Spazierengehen und Füttern kann es vielen Hunden nicht schnell genug gehen. Falls Ihr Vierbeiner Sie in solchen Situationen unter Druck setzt, sollten Sie dieses Verhalten von Anfang an ignorieren: Den vollen Napf bzw. die Gassirunde gibt es erst, wenn der Hund entspannt ist. So lernt er rasch, dass sich Ungeduld nicht lohnt.

36

MEINE BEUTE GEB ICH NIE MEHR HER!

Das Signal »Aus« – in vier Schritten zum Erfolg

Stellen Sie sich vor, Sie machen mit Ihrem Liebling einen Spaziergang in freier Natur. Der Hund darf ohne Leine laufen, verschwindet kurz im Gestrüpp, und einen Augenblick später steht er voller Stolz wieder vor Ihnen – mit einer schon halb verwesten Taube im Maul! Natürlich wollen Sie ihm den Kadaver so schnell wie möglich entreißen, doch alle Versuche sind vergeblich: Sie greifen nach dem toten Vogel, und Ihr Hund beginnt ein Beutespiel, läuft also vor Ihnen weg, in der Hoffnung, dass Sie ihn verfolgen. Oder er macht sich noch schneller aus dem Staub, um seine Beute außerhalb Ihrer Reichweite ungestört fressen zu können.

Hundemaul, öffne dich!

Um diese oder ähnliche Erfahrungen zu machen, muss Ihr Hund nicht einmal besonders futteraffin (→ Seite 163) sein: Fast alle Vierbeiner neigen mehr oder weniger zu solchem Beuteverhalten. Schwierig wird es vor allem dann, wenn Ihr Hund mit der Zeit lernt, dass ihm alle spannenden Dinge, die er beim Spazierengehen oder im Garten findet, wieder weggenommen werden. Wenn Frauchen oder Herrchen dabei auch noch rigoros und unsanft vorgehen, wird er künftig versuchen, seine Beute besser zu schützen, und einen möglichst großen Bogen um seine Menschen machen, sobald er unterwegs Abfall, tote Tiere oder Ähnliches aufgabelt.

Tauschen – ein faires Geschäft

Was können Sie also tun, damit Ihr Hund seine Beute wieder freigibt? Wie bei vielen anderen Problemen, die im Alltag mit Vierbeinern auftreten können, lautet die Devise auch hier: Es muss sich für Ihr Tier lohnen, das unerwünschte Verhalten aufzugeben und stattdessen das von Ihnen gewünschte Verhalten zu zeigen!

Am besten gelingt das in diesem Fall mit dem Signal »Aus«, das wir in der Trainingsphase mit einem attraktiven Tauschgeschäft verbinden. Denn wenn Sie Ihrem Schützling etwas anbieten, das deutlich reizvoller ist, wird er bereitwillig seinen Fang öffnen und seine Beute hergeben. Für den Signalaufbau benötigen Sie ein Lieblingsspielzeug, das der Hund im Alltag gern im Maul mit sich herumträgt, und ein paar Leckerbissen, die möglichst so schmackhaft sind, dass er ihnen nicht widerstehen kann.

Schritt 1 Im ersten Schritt geben Sie Ihrem Hund sein Lieblingsspielzeug. Sobald er es ins Maul genommen hat, zücken Sie eines der reizvollen Leckerchen und halten es ihm vor die Nase. In diesem Moment lässt der Vierbeiner normalerweise das Spielzeug fallen, um an den

Der erste Schritt: Wir wollen erreichen, dass der Hund sein Lieblingsspielzeug gegen eine Leckerei eintauscht.

duftenden Happen zu gelangen. Belohnen Sie ihn damit und wiederholen Sie den Übungsschritt dann einige Male, bis er gut klappt.

Schritt 2 Wenn der erste Schritt problemlos funktioniert, können Sie das entsprechende Wortsignal aufbauen: Sobald sich der Fang Ihres Vierbeiners öffnet, er sich also auf das Tauschgeschäft einlässt und sein Spielzeug bereitwillig freigibt, sagen Sie »Aus«. Wiederholen Sie auch diesen Übungsschritt so oft wie nötig.

Faires Tauschgeschäft: Sobald der Vierbeiner seine Beute freigibt, wird er mit einer Köstlichkeit belohnt.

Schritt 3 Nun ist es an der Zeit, etwas Abwechslung ins Training zu bringen: Üben Sie das Signal an möglichst vielen verschiedenen Orten bzw. in unterschiedlichen Situationen – etwa im Park, wenn mehrere Menschen anwesend sind, oder beim Spazierengehen in freier Natur. Im Idealfall wird Ihr Hund schon bald immer und überall seinen Fang öffnen, sobald Sie »Aus« sagen und ihm dann ein Leckerchen füttern.

Schritt 4 Jetzt sind Sie gut für den Ernstfall gewappnet. Ganz wichtig ist aber: Wenn Sie das Signal »Aus« beim Gassigehen nutzen, dürfen Sie den Hund nach Freigabe der Beute nicht mit Futter belohnen. Andernfalls wird er künftig aktiv nach Unrat und anderen Dingen Ausschau halten, die er dann gegen einen Leckerbissen eintauschen kann. Belohnen Sie den Vierbeiner im Ernstfall also lieber mit einem kurzen Rennspiel oder lobenden Worten, um diese Verhaltenskette zu verhindern. Empfehlenswert ist jedoch, die Grundlagen der Übung ab und an aufzufrischen. Dabei gehen Sie vor, wie im zweiten und dritten Schritt beschrieben – als Belohnung verwenden Sie dann wieder die Leckerchen.

Wann sagt man »Aus«, wann »Schluss«?
Abschließend möchte ich noch auf eine häufig gestellte Frage eingehen: Wie unterscheiden sich eigentlich die Signale »Aus« und »Schluss«? Mit »Aus« wollen wir erreichen, dass der Hund seinen Fang öffnet. Das Signal »Schluss« (→ Seite 149) wiederum dient als Notbremse bei unerwünschtem Verhalten, das der Vierbeiner bereits zeigt oder plant: Sie sagen also »Schluss«, wenn Ihr Hund auf eine tote Maus zusteuert und Sie verhindern wollen, dass er sie ins Maul nimmt. Hat er sich das tote Tier bereits geschnappt, sagen Sie »Aus«, damit er es wieder fallen lässt.

37

NIEDRIGE REIZSCHWELLE?

Impulskontrolle trainieren – aber bitte mit Geduld!

Übungen zum Aufbau und zur Verbesserung der Impulskontrolle sind für Hunde unverzichtbar. Daher sollten sie schon ab dem Welpenalter mit auf dem Trainingsplan stehen. Aber was bedeutet Impulskontrolle überhaupt, und warum spielt sie im Alltag mit unseren Vierbeinern eine so wichtige Rolle? Der Begriff beschreibt die Fähigkeit eines Hundes, spannenden oder sehr verlockenden Reizen zu widerstehen und nicht unmittelbar auf sie zu reagieren.

Vereinfacht ausgedrückt, geht es also darum, sich selbst im Griff zu haben. Doch wie schwer das mitunter fällt, davon können auch wir Menschen ein Lied singen: etwa, wenn wir hungrig einen Supermarkt betreten und am Ende deutlich mehr im Einkaufskorb landet, als wir essen können. Oder wenn wir uns spät abends noch zwei weitere Folgen unserer Lieblingsserie ansehen, weil uns die Handlung so fesselt, dass wir unbedingt wissen wollen, wie es weitergeht.

Nicht nur lästig, auch gefährlich!

Hat ein Vierbeiner nie gelernt, seine Impulse im Zaum zu halten, wird er ungehemmt seinen Instinkten und Interessen folgen. Konkret bedeutet das: Wenn Sie das Verhalten Ihres Hundes in solchen Fällen korrigieren bzw. unterbrechen wollen, wird er nicht auf Sie reagieren! Das kann nicht nur lästig sein, sondern je nach Situation zum echten Sicherheitsrisiko werden. Sehen wir uns dazu ein paar typische Szenarien an:

Szenario 1 Sie sind mit Ihrem Liebling in freier Natur unterwegs. Es ist kaum etwas los, und Ihr Hund darf ohne Leine laufen. Als Sie an einem Waldstück vorbeikommen, springt neben Ihnen ein Hase auf. Er nimmt rasch Reißaus, Ihr Vierbeiner flitzt blitzschnell hinterher, und beide Tiere verschwinden im Unterholz.

Szenario 2 Beim Gassigehen kommt Ihnen nach einer Kurve plötzlich ein Fahrrad entgegen. Das sich bewegende Objekt bringt Ihren Hund so

Übung 1: Sie bereiten einen Napf mit schmackhaftem Futter vor und stellen die Schüssel anschließend auf dem Boden ab. Jetzt warten Sie einen Augenblick ab und stellen die Geduld Ihres Lieblings auf die Probe: An sein Futter darf der Hund erst, wenn Sie ihm dafür grünes Licht gegeben haben.

sehr aus der Ruhe, dass er sich laut bellend in die Leine wirft. Dem Radfahrer wiederum jagt der kläffende Vierbeiner einen so großen Schreck ein, dass er gefährlich ins Schlingern gerät!

Szenario 3 Sie wollen Ihren Hund füttern und bereiten gerade seine Tagesration vor. Ihrem Schützling geht das aber nicht schnell genug: Gierig stürzt er sich auf seinen Napf, obwohl Sie diesen noch gar nicht freigegeben haben.

Diese Liste ließe sich noch um etliche Beispiele erweitern. Wie spannend oder verführerisch bestimmte Reize für Ihren Vierbeiner sind und wie impulsiv er im Fall der Fälle auf sie reagiert, variiert von Hund zu Hund und hängt stark von der individuellen Veranlagung des Tieres ab.

Übungen zur Impulskontrolle

Nachfolgend habe ich Ihnen meine vier Lieblingsübungen zum Auf- und Ausbau der Impulskontrolle zusammengestellt. Da ist wirklich für jeden Hund und jede Veranlagung etwas dabei! Mit dem Training können Sie jedoch erst beginnen, wenn Ihr Vierbeiner die Signale »Sitz« und »Platz« beherrscht und sie auch unter leichter Ablenkung – also wenn Sie beispielsweise im Park unterwegs sind – mühelos ausführen kann. Wie Sie die beiden Grundsignale aufbauen, erfahren Sie in Kapitel 7 (→ Seite 51).

Übung 1 Schicken Sie den Hund zunächst ins »Sitz« oder »Platz«. Anschließend präparieren Sie einen Napf mit Futter und lassen Ihren

Übung 3: Nachdem Sie Ihren Hund ins »Sitz« oder »Platz« geschickt haben, werfen Sie einen Dummy. Ihr Schützling beobachtet Sie dabei, muss aber zunächst noch ausharren und seine Impulse kontrollieren. Losrennen und sich das begehrte Spielzeug schnappen darf er erst, wenn Sie ihm dazu die Erlaubnis geben.

Schützling dabei zusehen. Sobald Sie fertig sind, stellen Sie die Schüssel auf dem Boden ab. Ihre Fellnase muss sich aber noch beherrschen: Warten Sie etwa zehn Sekunden, bevor Sie den Napf freigeben. Für seine Geduld wird der Hund mit dem Futter belohnt, Sie müssen ihm also nicht noch zusätzlich ein Leckerchen überreichen.

Übung 2 Geben Sie Ihrem Hund das Signal »Sitz« oder »Platz«. Sobald er ruhig sitzt bzw. liegt, entfernen Sie sich einige Meter und lassen dann sein Lieblingsspielzeug auf den Boden fallen. Im Idealfall beobachtet Ihr Hund Sie dabei und bewegt sich nicht von der Stelle. Ist das der Fall, gehen Sie langsam zurück und geben das Spielzeug frei. Auch bei dieser Übung gilt: Als Belohnung für seine Geduld darf sich der Vierbeiner mit seinem Lieblingsspielzeug vergnügen. Eine Extrabelohnung, etwa ein Leckerbissen, ist also nicht zwingend notwendig.

Übung 3 Wir starten wieder mit dem Signal »Sitz« oder »Platz«. Sobald Ihr Hund die gewünschte Position eingenommen hat, stellen Sie sich neben ihn und werfen einen Dummy, einen Ball oder Ähnliches von ihm weg. Warten Sie anschließend 10–20 Sekunden, bevor Sie den geworfenen Gegenstand freigeben.

» Falls Ihr Hund stark futtermotiviert ist, können Sie auch einen Dummy verwenden, der sich mit Leberwurstpaste oder anderen Leckereien befüllen lässt (→ Seite 24). So erhöhen Sie den Belohnungseffekt.

Einer wartet ab, einer darf spielen: Das Impulskontrolltraining klappt auch mit mehreren Hunden.

» Sie können die Übung abwandeln, indem Sie selbst weglaufen, während Ihr Vierbeiner im »Sitz« bzw. »Platz« ausharrt. Nach einigen Metern kehren Sie um und gehen langsam wieder zurück. Belohnen Sie Ihren Hund, beispielsweise mit einem Leckerchen oder einem tollen Spielzeug, wenn er entspannt und geduldig auf Sie gewartet hat.

Übung 4 Für diese Übung gehen Sie am besten in einen gut besuchten Park. Das perfekte Trainingsumfeld ist zum Beispiel eine Wiese in der Nähe eines Fußwegs, auf dem sich auch andere Menschen aufhalten. Dort schicken Sie Ihre Fellnase wieder ins »Sitz« oder »Platz« und belohnen sie immer dann, wenn sie einer Ablenkung – etwa einem vorbeilaufenden Jogger oder einem fremden Hund – widerstehen kann und sich nicht aus der Ruhe bringen lässt.

» Achten Sie darauf, dass die aufregenden Reize zu Beginn des Trainings nicht zu nahe an den Hund herankommen, damit er die Übung immer erfolgreich meistern kann.
» Ist Ihr Hund besonders jagdaffin, können Sie mit ihm auch in einer Ecke des Parks trainieren, in dem sich häufiger kleinere Wildtiere aufhalten: Belohnen Sie ihn dann intensiv, wenn er beispielsweise einen Vogel, ein Kaninchen oder ein Eichhörnchen sieht und trotzdem ruhig und gelassen bleibt.

ÜBUNGSTIPPS

1 Falls Sie befürchten oder feststellen, dass Ihr Hund beim Training nicht sitzen oder liegen bleibt, können Sie ihn mit einer Leine absichern. Befestigen Sie diese am Brustgeschirr und einem stabilen Gegenstand in der Nähe. Wenn es die Übung zulässt, können Sie die Leine auch festhalten. Im Fall der Fälle wird sie Ihren Hund ausbremsen und verhindern, dass er ungehemmt auf die verlockenden Trainingsreize reagiert und dafür mit Erfolg belohnt wird.

2 Besitzer besonders jagdaffiner Hunde sollten die Impulskontrolle unbedingt schon im Welpenalter trainieren – und das möglichst regelmäßig und konsequent. So kann unerwünschtes Jagdverhalten, das auf Vierbeiner extrem selbstbelohnend wirkt, von Anfang an eingedämmt und in die richtigen Bahnen gelenkt werden (→ Seite 89).

3 Wählen Sie die Übungsreize achtsam aus und steigern Sie die Schwierigkeit dann in kleinen Schritten. Wichtig ist, dass Ihr Liebling die Übungen immer möglichst mühelos meistern kann und beim Training nicht von zu intensiven Reizen überwältigt wird.

Übung 5 Diese Variante ist gut geeignet, wenn Sie mehrere Hunde besitzen oder die Impulskontrolle als Gruppe mit anderen Hundehaltern trainieren möchten. In diesem Fall funktioniert die Übung wie folgt: Schicken Sie eines der Tiere ins »Sitz« oder »Platz«. Währenddessen dürfen die anderen Vierbeiner spielen oder eine Übung absolvieren. Belohnen Sie den wartenden Hund, wenn er dabei geduldig von der Seitenlinie zusieht. Anschließend ist die nächste Fellnase mit dem Aussetzen an der Reihe.

38

OHNE LECKERCHEN STELLT SICH MEIN HUND QUER

So korrigieren Sie einen typischen Trainingsfehler

»Mein Liebling hört nur auf mich, wenn ich ihm einen Keks vor die Nase halte«, lautet ein Satz, den ich von meinen Kursteilnehmern immer wieder höre. Vielleicht stecken ja auch Sie gerade in dieser Zwickmühle. Wenn Hunde nur dann auf unsere Signale reagieren, wenn sie sehen, dass es als Belohnung einen Leckerbissen gibt, beruht das meist auf einem Trainingsfehler.

Genauer gesagt: Das richtige Timing ist hier der Knackpunkt! Aber dazu später mehr. Wie Sie das Problem in den Griff bekommen, möchte ich Ihnen anhand des Signals »Sitz« erläutern. So wird das Trainingsprinzip recht schnell deutlich. Die beschriebene Methode können Sie dann aber auf jedes beliebige Signal übertragen.

Alles eine Frage des Timings!

Wie Sie Ihrem Hund das »Sitz« beibringen, wird im siebten Kapitel sowie im hinteren Teil des Buches (→ Seite 197) erklärt. Damit Sie jetzt nicht blättern müssen, lassen wir die ersten Trainingsschritte noch einmal kurz Revue passieren:

» Um das Signal aufzubauen, nutzen wir reizvolles Futter. Dazu nehmen wir beispielsweise einen Keks zwischen Daumen und Zeigefinger und führen ihn senkrecht über den Hundekopf nach hinten Richtung Rücken.
» Der Hund folgt jetzt mit seiner Nase intuitiv unserer Hand; um den Happen zu erreichen, muss er sich automatisch hinsetzen.
» Dabei reagiert der Vierbeiner zunächst ausschließlich auf die Reize, die vom Leckerchen ausgehen, das wir ihm vor die Nase halten.

So weit, so gut. Doch jetzt folgt die entscheidende zweite Trainingsphase, in die sich vor allem im Hinblick auf das Timing häufig Fehler einschleichen: Sobald es problemlos klappt, Ihren Hund mithilfe eines Leckerchens und einer bogenförmigen Handbewegung in die gewünschte Position zu bringen, können Sie mit dem Aufbau des zugehörigen Wortsignals »Sitz« beginnen. Wie Sie dabei richtig vorgehen, sehen wir uns jetzt Schritt für Schritt etwas genauer an.

Zu Beginn des Trainings wird das Signal »Sitz« mithilfe eines Leckerchens eingeübt, das der Hund sehen kann.

Damit er auch auf das zugehörige Wortsignal reagiert, müssen Sie die Belohnung zunächst verbergen.

Schritt 1 Ganz wichtig ist, dass Sie die Belohnung zunächst vor Ihrem Hund verbergen – beispielsweise in der Hosentasche oder in der verschlossenen Hand hinter Ihrem Rücken. Im Idealfall bekommt Ihr Liebling gar nicht mit, wann und wo Sie die Hundekekse verstauen.

Schritt 2 Jetzt können Sie das Wortsignal verwenden: Sagen Sie »Sitz«, *bevor* Ihr Hund die Belohnung sehen kann. Das verborgene Leckerchen kommt also erst zum Vorschein, *nachdem* Sie das Signal ausgesprochen haben: Nehmen Sie es in die Hand und führen Sie es wieder über den Kopf Richtung Hunderücken. Setzt sich der Hund wie gewünscht hin, wird er belohnt.

Schritt 3 Festigen Sie das Signal auf diese Weise immer weiter. Nach einigen Wiederholungen werden Sie merken, dass sich Ihr Hund hinsetzt, sobald Sie »Sitz« sagen – also noch bevor Sie ein Leckerchen zücken. Dieser zeitliche Ablauf ist von zentraler Bedeutung, damit der Hund auf Ihre Signale und nicht nur auf den Anblick der reizvollen Belohnung reagiert.

Belohnen lohnt sich weiterhin!

Dennoch sollten Sie Ihren Vierbeiner weiterhin belohnen, wenn er wie gewünscht auf Ihre Signale reagiert. Wird die Belohnung zu früh abgebaut, kann Gelerntes schnell in Vergessenheit geraten, weil sich die noch recht zarten neuronalen Verknüpfungen wieder zurückbilden. Wissenschaftler haben herausgefunden, dass Signale bei Hunden erst nach 3000 bis 6000 Wiederholungen in Fleisch und Blut übergehen. So lange sollten Sie Ihren Liebling also mindestens belohnen. Dabei müssen Sie aber nicht zwingend mit Futter arbeiten – bleiben Sie kreativ!

Nur wenn Sie Wortsignal und Belohnungsreiz entkoppeln, wird Ihr Hund später ohne Leckerchen das erwünschte Verhalten zeigen. Diese Methode funktioniert auch beim Signal »Platz« und bei vielen weiteren Übungen.

39

VOM SCHRECKGESPENST ZUM WOHLFÜHLORT

So gewöhnen Sie Ihre Fellnase optimal an eine Box

Die einen lieben ihre Box, die anderen hassen sie. Das trifft sowohl auf Hunde als auch auf ihre Besitzer zu. Viele Menschen wollen ihrem Liebling so eine kleine Kiste – die noch dazu häufig wie ein Käfig aussieht – gar nicht erst zumuten. Manche halten es sogar für Tierquälerei, wenn Hunde in ein Behältnis gepackt und dann wie ein Frachtstück von A nach B transportiert werden. Damit haben sie im Einzelfall gar nicht so unrecht: Macht man Vierbeiner nicht schon im Vorfeld behutsam mit der Box vertraut, werden sie sich darin hundeelend fühlen. Gewöhnt man sie hingegen mit positiven Anreizen an ihren neuen Rückzugsort, werden sie sich dort in der Regel schon bald sehr gerne aufhalten.

Kleine Kiste mit großen Vorteilen

Ob Sie überhaupt eine Hundebox nutzen möchten, bleibt natürlich Ihnen überlassen. Sie ist gewiss kein absolutes Muss, bietet aber einige Vorteile, die Ihnen den Alltag mit Ihrer Fellnase erleichtern. In folgenden Situationen kann eine Box sehr praktisch und hilfreich sein:

- Wenn Sie mit Ihrem Vierbeiner – vor allem im Welpenalter – die nächtliche Stubenreinheit aufbauen wollen (siehe Kasten rechts).
- Wenn Sie Ihre Fellnase einfach und sicher im Auto transportieren möchten (→ Seite 95).
- Wenn Sie mit dem Flugzeug oder Schiff verreisen und Ihren Hund mitnehmen müssen.
- Wenn Ihr Vierbeiner im Alltag einen ruhigen und sicheren Rückzugsort benötigt, weil er in bestimmten Situationen unter Ängsten, starkem Stress oder Hyperaktivität leidet – oder dazu neigt, Dinge im Haushalt zu zerstören, während Sie abwesend sind (→ Seite 126).
- Bei tiermedizinischen Eingriffen, etwa in der Aufwachphase nach einer Operation oder beim Transport vom bzw. zum Tierarzt.

Auch im Büro ein praktischer Helfer: Hat sich Ihr Hund an seine Box gewöhnt, fühlt er sich darin überall wohl.

Eine Hundebox ist kein Gefängnis
Keinesfalls eignet sich eine Box jedoch, um Ihren Hund darin für längere Zeit unterzubringen. Tabu ist selbstverständlich auch, ihn in der Box einzusperren, um ihn zu bestrafen. Dass solche Erziehungsmethoden nicht zum Erfolg führen, habe ich in diesem Buch bereits hinlänglich erklärt. Bedenken müssen Sie dabei auch: Wenn Sie die Box als Gefängniszelle missbrauchen, wird sich Ihr Hund darin niemals wohlfühlen. Wir wollen aber genau das Gegenteil erreichen!

Gewöhnung in kleinen Schritten

Bevor Sie von den Vorzügen einer Hundebox profitieren können, müssen Sie Ihren Schützling ganz vorsichtig an das neue Hilfsmittel gewöhnen. Wie das gelingt, sehen wir uns jetzt an:

Schritt 1 Besorgen Sie sich im Fachhandel eine Box, die der Größe Ihres Hundes entspricht. Er sollte sich darin bequem bewegen und drehen können, und ein Wassernapf sollte zusätzlich hineinpassen. Entscheiden Sie sich beim Kauf für ein möglichst stabiles und wertiges Modell.

Schritt 2 Für die Gewöhnung nutzen wir die tägliche Futterration, der Hund wird also *in* der Box gefüttert. Stellen Sie dazu einfach den gefüllten Napf in die Hundebox, aber verschließen Sie anfangs noch nicht die Tür! Alternativ können Sie auch mit reizvollen Kauartikeln oder Spielzeug arbeiten. Generell gilt: Alles, was der Hund liebt und an seinem neuen Platz vorfindet, wirkt in dieser Trainingsphase förderlich.

Schritt 3 Nach etwa einer Woche können Sie die Tür ganz langsam immer weiter schließen, während der Hund in der Box frisst oder kaut. Im Idealfall wird es Ihrem Vierbeiner nach einigen Tagen auch nichts ausmachen, wenn die Tür – erst für wenige Sekunden, später für mehrere Minuten – komplett ins Schloss fällt.

» Sobald der Hund etwa 20 Minuten ruhig hinter verschlossener Tür liegen bleibt, schafft er in der Regel auch längere Zeiten. Nach 3–4 Wochen hat sich Ihr Liebling dann im Normalfall an seinen neuen Ruheplatz gewöhnt. Jetzt können Sie die Box im Alltag nutzen!

Stubenrein – auch nachts!

Wenn Sie gerade daran arbeiten, dass Ihr Welpe auch nachts stubenrein (→ Seite 26) wird, kann Ihnen dabei eine Hundebox helfen! Dazu platzieren Sie die Box direkt neben Ihrem Bett. Vor dem Schlafengehen sollten Sie mit Ihrer Fellnase noch einmal eine Gassirunde drehen. Für die ersten Nächte gilt dann: Gehen Sie alle 2–3 Stunden mit dem Hund hinaus. Wecken müssen Sie ihn dafür nicht, denn sein Schlafplatz befindet sich ja gleich neben Ihrem. Sie werden also rechtzeitig bemerken, wenn Ihr Welpe unruhig wird und sich lösen muss. Nach etwa 4–6 Wochen können dann die meisten Hundebabys mehr oder weniger acht Stunden durchschlafen. Diese Methode funktioniert aber nur, wenn Sie den Hund im Vorfeld (tagsüber) mit der Box vertraut machen.

40

KÖNNEN WIR BITTE GANZ SCHNELL ZAHLEN!

So klappt der Restaurantbesuch mit Hund

Mit der Fellnase ins Restaurant? Für viele Hundehalter ist das unvorstellbar, auch wenn sie sich wünschen würden, dass es irgendwann funktioniert. Klar, man hat natürlich schon versucht, den Vierbeiner zum Lieblingsitaliener um die Ecke mitzunehmen. Dort hat er dann gebellt, geknurrt, ständig andere Gäste belästigt, wollte einfach nicht zur Ruhe kommen. Oder er hat vor lauter Aufregung sogar den Nachbartisch mitsamt Tellern, Gläsern und Besteck umgestoßen. Peinlich war das – einmal und nie wieder!

Adrenalin und Antipasti

Ein ganz ähnliches Szenario habe ich vor Kurzem mit einem Bekannten erlebt, der mir seinen neuen Hund Linus vorstellen wollte. Wir trafen uns in einem Restaurant hier in der Nähe, und die ersten Minuten verliefen ruhig und entspannt. Linus legte sich brav neben uns auf den Boden, und alles sah danach aus, als sei diese Situation für ihn Routine. Als dann aber der erste, ihm fremde Hund im Lokal auftauchte, ging das Drama los: Aus heiterem Himmel sprang Linus auf, fletschte die Zähne und begann heftig zu bellen. Zum Glück war er angeleint! Mit aller Kraft hielt mein Bekannter seinen aufgebrachten Vierbeiner im Zaum und konnte so Schlimmeres verhindern. Von diesem Moment an waren natürlich alle Blicke auf uns gerichtet.
Es dauerte eine Weile, bis der Hund wieder einigermaßen zur Ruhe kam, doch mit dem gemütlichen Restaurantbesuch war es jetzt vorbei. Linus blieb aufgewühlt, was seine Impulskontrolle deutlich minderte: Fortan wurde jeder Gast oder Kellner, der für sein Empfinden zu nah an unserem Tisch vorbeiging, angeblafft.

Ende gut, alles gut!
Wir brachen unser Treffen schließlich ab, und nachdem wir schnell die Rechnung bezahlt hatten, gab ich meinem Bekannten noch ein paar Tipps mit auf den Weg, wie er Situationen wie die eben erlebte zukünftig verhindern kann.
Man muss dazu sagen: Linus ist kein ganz einfacher Hund, und bei Vierbeinern, deren Sozialverhalten noch nicht gefestigt ist, kann das Training deutlich schwieriger sein als bei Hunden, die gelernt haben, souverän mit fremden Artgenossen umzugehen. Doch letztlich ist es auch meinem Bekannten gelungen, seinen Schützling an Restaurantbesuche zu gewöhnen. Dazu musste er zusätzlich noch intensiver an Linus' Aggressionsverhalten arbeiten. Mittlerweile haben es aber beide geschafft, dass sie problemlos jedes Lokal besuchen und ihre Zeit dort unbeschwert genießen können. Wie das mit etwas Übung auch Ihnen gelingt, sehen wir uns jetzt an.

Mit etwas Geduld und Training werden Sie und Ihr Liebling schon bald zu Stammgästen im Lokal Ihrer Wahl.

KAPITEL 40

Ohne Stress zum Essen gehen

Wichtig ist, dass Sie Ihren Vierbeiner langsam und in seinem Wohlfühltempo an Restaurantbesuche gewöhnen. Anfangs sollten Sie nur ruhigere Lokale mit viel Platz – im Idealfall mit Außenbereich – aufsuchen und sich dort noch nicht allzu lange aufhalten. Wenn Sie so vorgehen, wird Ihr Hund bald sogar in einer engen, lebhaften Tapasbar entspannt zu Ihren Füßen liegen.

Schritt 1 Vor den ersten Restaurantbesuchen müssen Sie mit Ihrer Fellnase ein Alternativverhalten aufbauen. Bewährt hat sich hier das Signal »Platz«. Eine Trainingsanleitung finden Sie in Kapitel 7 (→ Seite 51) sowie im hinteren Teil des Buches (→ Seite 198).

Schritt 2 Sobald Ihr Liebling das Signal »Platz« gut beherrscht und es auch unter Ablenkung zuverlässig ausführen kann, dürfen Sie losziehen und gemeinsam ein Lokal aufsuchen. Mit dem Üben beginnen Sie wie gesagt am besten in einem größeren Biergarten oder in einem Café mit weitläufiger Außenterrasse.

» Suchen Sie sich einen Tisch, an dem Sie möglichst ungestört sind. Denn je intensiver Ihr Schützling zu Beginn des Trainings durch fremde Hunde bzw. Menschen abgelenkt wird, desto schwieriger wird es für ihn.
» Schicken Sie den Hund jetzt ins »Platz«, damit er sich unter oder neben dem Tisch ablegt. Im Normalfall wird er das Signal zuverlässig ausführen und ruhig liegen bleiben.

Bevor Sie losziehen und ein Lokal besuchen, sollten Sie mit Ihrem Hund zu Hause ein gezieltes Deckentraining durchführen und das Signal »Platz« aufbauen. Im Restaurant können Sie das Signal als Alternativverhalten nutzen: Mit etwas Übung wird sich Ihr Vierbeiner dann ganz entspannt hinlegen und all den Trubel um ihn herum ignorieren.

Schließlich haben Sie das »Platz« im Vorfeld fleißig geübt. Mit dem Signal geben Sie Ihrem Hund eine Aufgabe und somit Sicherheit.

» Ohne das zuvor trainierte Alternativverhalten wäre der Vierbeiner der Situation mehr oder weniger unkontrolliert ausgeliefert und würde ungehemmt auf alle Reize und Stressoren in seiner Nähe reagieren.

Schritt 3 Während er liegt, beschäftigen Sie Ihren Liebling im Idealfall mit einem tollen Kauartikel, beispielsweise mit einem gefüllten Kong (→ Seite 24). Das Kauen wirkt beruhigend auf das limbische System des Hundes und setzt Glückshormone frei: Er lernt, dass es sich lohnt, entspannt liegen zu bleiben, und er verbindet den Restaurantbesuch mit einem guten Gefühl.

Während Ihr Liebling liegt, geben Sie ihm einen tollen Kauartikel, der ihn beruhigt und positiv stimuliert. So wird jeder Restaurantbesuch zum kleinen Highlight!

Zudem ist er weniger abgelenkt von Dingen, die um ihn herum geschehen.

Schritt 4 Sobald die ersten kürzeren Restaurantbesuche problemlos klappen, können Sie die Aufenthaltsdauer über die kommenden Wochen und Monaten hinweg ganz langsam steigern und allmählich auch kleinere Lokale aufsuchen, in denen es quirliger und enger zugeht. Viel Spaß beim Weggehen und guten Appetit!

Lösungsschritte kompakt

SCHRITT 1: Trainieren Sie mit Ihrem Hund im Vorfeld intensiv das Signal »Platz« (→ Seite 51), damit Sie es im Café oder Restaurant als Alternativverhalten nutzen können.

SCHRITT 2: Beginnen Sie jetzt, Ihren Hund an Restaurantbesuche zu gewöhnen: Üben Sie anfangs in Lokalen mit viel Platz – bestenfalls auf der Außenterrasse. Wählen Sie dort einen möglichst ruhigen Tisch und planen Sie zunächst nur kürzere Aufenthalte.

SCHRITT 3: Legen Sie Ihren Vierbeiner mit dem Signal »Platz« unterm Tisch ab und beschäftigen Sie ihn dort für die Dauer Ihres Aufenthalts mit einem tollen Kauartikel.

SCHRITT 4: Verlängern Sie in den folgenden Wochen und Monaten schrittweise die Aufenthaltsdauer und besuchen Sie allmählich auch Lokale, in denen mehr los ist.

41

ICH KANN DAS EINFACH NICHT MEHR HÖREN!

Was tun, wenn Hunde ständig bellen?

Ihr Hund bellt bei jeder Gelegenheit und will dann einfach nicht mehr damit aufhören? Mit diesem Problem haben viele Hundebesitzer im Alltag zu kämpfen. Dabei strapaziert das ständige Gekläffe nicht nur die Nerven der Halter: Wer in der Stadt lebt, wird schnell auch den Groll seiner Nachbarn auf sich ziehen, und in der Öffentlichkeit kommt es nicht selten zu unangenehmen Zwischenfällen. Aber warum bellt Ihre Fellnase überhaupt so oft und intensiv – und was können Sie dagegen unternehmen? Das wollen wir uns in diesem Kapitel genauer ansehen.

Was ist denn jetzt schon wieder los?

Dass sich Hunde gelegentlich lautstark zu Wort melden, ist eigentlich ganz normal. Das Bellen gehört zum natürlichen, angeborenen Kommunikationsverhalten eines Vierbeiners. Ihn generell daran zu hindern, wäre daher genauso widersinnig, wie einem Menschen, der uns etwas mitteilen möchte, das Sprechen zu verbieten. Gerät das Verhalten allerdings außer Kontrolle, kann es zum Problem werden. Wichtig zu wissen ist in diesem Zusammenhang, dass das Bellen in der Regel selbstverstärkende Effekte hat: Wenn Ihr Vierbeiner kläfft, empfindet er dieses Benehmen sofort als befriedigend. Um das Belohnungszentrum in seinem Gehirn anzuregen, sind also keine zusätzlichen Reize oder Erfolgserlebnisse nötig. Das führt häufig dazu, dass Hunde unaufhörlich weiterbellen, weil es sich für sie gut und richtig anfühlt.

Ruhe bitte!
Sobald Sie merken, dass sich das Bellen immer weiter aufschaukelt, sollten Sie schnell reagieren. Ignoriert man es, wie leider noch häufig von Hundetrainern empfohlen, wird es meist immer intensiver. Hier gibt es nur eine einzige Ausnahme, und das ist das sogenannte »fordernde Bellen«. Aber dazu gleich mehr. Bevor ich darauf eingehe, wie Sie das unkontrollierte Bellen Ihrer Fellnase am besten in den Griff bekommen, sehen wir uns noch einige klassische Situationen an, in denen sich Hunde häufig und oft auch heftiger zu Wort melden. Viele der Ursachen, die für dieses Verhalten infrage kommen, haben wir bereits an anderer Stelle im Buch beleuchtet.

Szenario 1 Sie haben Freunde besucht, und Ihr Liebling hat währenddessen zu Hause auf Sie gewartet. Als Sie die Wohnungstür öffnen, kommt er Ihnen schwanzwedelnd entgegen und beginnt zu bellen. Er tut das also aus freudiger Erregung, und das ist doch eigentlich eine schöne Sache! Eingreifen müssen Sie nur, wenn das Bellen zu lange andauert bzw. zu intensiv ist.

Trainieren Sie mit dem Vierbeiner im ersten Schritt das Schluss-Signal. Damit können Sie lautstarkes Bellen sofort unterbrechen.

Reagieren und mit entsprechendem Training gegensteuern sollten Sie aber auch, wenn Sie den Verdacht haben, dass Ihr Hund leidet, wenn er für einige Zeit alleinbleiben muss (→ Seite 119).

Szenario 2 Sie gehen im Wald spazieren, und in nicht allzu weiter Ferne feuert ein Jäger einen lauten Schuss ab. Ihrem Vierbeiner jagt das einen ordentlichen Schreck (→ Seite 68) ein, und er beginnt aufgebracht zu bellen. Oder Sie begegnen auf Ihrem Weg fremden Menschen bzw. Artgenossen, die Ihrem Liebling Angst machen. Ob Ihr Hund jetzt nur mit einem kurzen, warnenden »Wuff« reagiert oder in eine Belltirade verfällt, hängt unter anderem auch davon ab, wie sozial gefestigt er ist und wie gut er seine Impulse unter Kontrolle hat (→ Seite 171).

Neben Ängsten zählen auch Stress (→ Seite 134), Frustration und Langeweile zu den typischen negativen Gefühlen, die Hunde häufig zum Bellen veranlassen. In diesen Fällen ist es immer wichtig, dass Sie nicht nur an den Symptomen – also etwa am Bellen – arbeiten, sondern herausfinden, welche Ursachen oder Probleme diesen negativen Emotionen zugrunde liegen.

Szenario 3 Ihr Vierbeiner ist schon wieder mit Karacho zum Gartenzaun geflitzt, und dort kläfft er unaufhörlich. Vielleicht sind auf dem Gehweg Fußgänger unterwegs? Oder der Paketbote hat dort seinen Lieferwagen geparkt? Hunden, die ständig am Gartentor oder Gartenzaun bellen, wird häufig unterstellt, sie seien besonders territorial veranlagt. In vielen Fällen stimmt das aber gar nicht. Genaueres dazu können Sie in Kapitel 8 (→ Seite 52) nachlesen.

Szenario 4 Ganz typisch ist auch diese Situation: Der Hund schleppt einen Ball oder ein anderes Spielzeug an, lässt es fallen und bellt

Bellt der Hund im Haus, können Sie die Signale »Schluss« und »Decke« perfekt kombinieren.

Wenn beim Gassigehen fremde Hunde auftauchen, beginnen viele Vierbeiner, heftig zu bellen. Auch unterwegs lässt sich dieses Verhalten mit dem Schluss-Signal stoppen. Anschließend schicken Sie den Hund ins »Platz«.

dann ungeduldig, um Frauchen oder Herrchen zum Werfen zu animieren. Hier handelt es sich um sogenanntes »forderndes Verhalten« (→ Seite 165), und nur in diesem Spezialfall können Sie versuchen, Ihren Vierbeiner zu ignorieren. So lernt er, dass es sich für ihn nicht lohnt, seine Bezugspersonen unter Druck zu setzen, und die Chancen stehen gut, dass er diese Art des Bellens schon bald wieder sein lässt. Achten Sie aber auch in diesem Fall darauf, dass der Hund nicht zu lange und intensiv bellt! Andernfalls kommt es wieder zu den bereits angesprochenen, positiven Rückkopplungseffekten – das unerwünschte Verhalten verstärkt sich also von selbst.

So stoppen Sie lästige Belltiraden

Öfter als 2–3 Mal sollten Sie Ihren Hund generell nie bellen lassen. Dabei ist es unerheblich, aus welchem Grund er das gerade tut. Jetzt fragen Sie sich sicher: »Aber wie soll ich das anstellen? Das ist ja genau mein Problem: Ich kann machen, was ich will, er hört einfach nicht auf!« Hier eine kurze Anleitung, mit der Sie das Problem Schritt für Schritt lösen können:

Schritt 1 Beobachten Sie zunächst, in welchen Situationen Ihr Hund bellt. Hat er vielleicht Angst, oder ist er gestresst? In vielen Fällen lohnt es sich, den Ursachen für das unerwünschte Verhalten genau auf den Grund zu gehen. Dann können Sie Problemen schon im Vorfeld vorbeugen bzw. noch gezielter trainieren. Anregungen dazu finden Sie in den eben beschriebenen Szenarien sowie in vielen Kapiteln in diesem Buch.

Schritt 2 Um das Bellen im Akutfall zu stoppen, sollten Sie das Signal »Schluss« verwenden (→ Seite 129). Dabei handelt es sich um ein konditioniertes Meideverhalten, mit dem Sie jede Aktion, die Ihr Schützling gerade durchführt oder gleich durchführen möchte, sofort unterbrechen können; das Signal funktioniert also auch bei übermäßigem Bellen.

- Konzentrieren Sie sich zunächst auf den Aufbau des Schluss-Signals und planen Sie für das Training mehrere Wochen ein.
- Sobald Ihr Schützling das Signal beherrscht, können Sie es anwenden, wenn er im Alltag unkontrolliert zu bellen beginnt.
- Je intensiver Sie das Schluss-Signal trainieren und je häufiger es im Ernstfall zum Einsatz kommt, desto zuverlässiger wird Ihr Vierbeiner zukünftig darauf reagieren.

Schritt 3 Im Idealfall geben Sie Ihrer Fellnase direkt nach der Korrektur eine alternative Aufgabe. Bewährt haben sich auch hier wieder die Signale »Decke« und »Platz« (→ Seite 47, 51), mit denen Sie Ihren Hund auf seinen Ruheplatz schicken bzw. in die Liegeposition bringen.

- Sagen Sie »Schluss«, wenn Ihr Hund zu Hause intensiv bellt, und schicken Sie ihn unmittelbar danach auf seine Decke in der Wohnung. Beim Spazierengehen können Sie alternativ das Signal »Platz« nutzen.
- Belohnen Sie Ihren Liebling, wenn er sich wie gewünscht hinlegt oder hinsetzt und das Alternativverhalten anschließend mindestens 10–15 Sekunden lang entspannt und ohne übermäßiges Bellen durchhält.

Mit dieser Herangehensweise wird das Bellen bald nachlassen, und Konflikte mit Ihren Nachbarn oder peinliche Zwischenfälle in der Öffentlichkeit gehören endlich der Vergangenheit an!

42

HILFE, MEIN HUND HAT DIE COUCH GEKAPERT!

So verbannen Sie Ihre Fellnase von Sofa, Sessel & Co.

Bei diesem Thema tickt wirklich jeder Hundehalter anders: Für die einen ist es völlig okay, wenn ihr Liebling auf dem Sofa döst – oder sogar das Bett im Schlafzimmer zu seinem neuen Stammplatz auserkoren hat. Für andere wiederum ist beides ein absolutes No-Go! Letztendlich muss jeder für sich selbst entscheiden, was der Hund in der Wohnung darf oder nicht.

Problematisch wird die Sache allerdings, wenn Ihr Vierbeiner besagte Aufenthaltsorte mit Nachdruck für sich beansprucht. Dann kommt es häufig zur Ressourcenverteidigung, über die wir bereits in Kapitel 14 (→ Seite 78) ausführlicher gesprochen haben: Der Hund knurrt oder wehrt sich also beispielsweise, wenn er seinen Lieblingsplatz im Wohn- oder Schlafzimmer räumen soll. Aber auch, wenn Sie Ihr Sofa oder Bett zukünftig aus anderen Gründen zur hundefreien Zone erklären möchten: Wie Sie dabei am besten vorgehen, erfahren Sie in diesem Kapitel.

Hundekorb statt Boxspringbett

Um das Problem in den Griff zu bekommen, sollte Ihr Hund zwei Disziplinen beherrschen: zum einen das Deckentraining (→ Seite 47) und zum anderen das Signal »Schluss« (→ Seite 129), mit dem Sie nahezu jedes unerwünschte Verhalten sofort unterbinden können. Optional können Sie vorübergehend mit einer Hausleine arbeiten. Sie ist ein praktisches Hilfsmittel, wenn es Ihnen aktuell noch sehr schwerfällt, Ihren Hund vom Bett oder vom Sofa herunterzuführen.

Tipp 1 Absolvieren Sie mit Ihrem Vierbeiner ein Deckentraining. Die Übungsanleitung dazu finden Sie in Kapitel 7. Sobald Ihr Hund das Signal »Decke« problemlos umsetzt, können Sie es als Alternativverhalten nutzen.

» Schicken Sie Ihren Hund immer dann mit dem Signal »Decke« auf seinen eigenen Liegeplatz, wenn er auf Ihr Sofa oder Bett springen möchte oder es bereits geschafft hat.
» Wichtig ist, dass Sie dabei konsequent sind. Denken Sie daran, dass für Ihren Vierbeiner gilt: Immer oder nie! (→ Seite 215).

Tipp 2 Das Abbruchsignal »Schluss« ist Gold wert, wenn Sie eine Handlung, die Ihr Hund gerade ausführt oder ausführen möchte, unterbinden wollen. Wie Sie das Signal aufbauen, wird in Kapitel 29 sowie in den Kurzanleitungen im hinteren Teil des Buches beschrieben.

» Verwenden Sie das Signal »Schluss« immer dann, wenn Sie gerade selbst auf dem Sofa sitzen oder im Bett liegen und Ihr Hund versucht, zu Ihnen hochzuspringen.

Darf er, oder darf er nicht? Nicht alle Hundehalter mögen es, wenn sich ihr Hund auf dem Sofa breitmacht.

KAPITEL 42

Nur ein kleiner Schubs?

Ihr Hund döst genüsslich auf der Couch, und Sie wollen, dass er Ihnen schnell Platz macht? Dann geben Sie ihm doch einfach einen Schubs! Diesen Tipp hört und liest man zumindest häufiger, und ich gebe zu, er klingt verlockend einfach. Trotzdem möchte ich Ihnen dringend von dieser Methode abraten: Sowohl der Hund als auch Sie können dabei verletzt werden. Das gilt vor allem dann, wenn der Vierbeiner tief schläft und durch Ihre Aktion erschrickt. Verwenden Sie also lieber, so wie im fünften Tipp beschrieben, eine Hausleine.

» Natürlich sollten Sie auch dann »Schluss« sagen, wenn Sie Couch oder Bett gerade nicht selbst nutzen, aber aus der Entfernung mitbekommen, dass Ihr Hund zum Sprung ansetzt, um dorthin zu gelangen.

» Kombinieren Sie das Schluss-Signal im Idealfall mit dem Signal »Decke«: Sagen Sie also »Schluss«, wenn Ihr Vierbeiner versucht, auf die Couch zu springen, und leiten Sie unmittelbar danach mit dem Signal »Decke« das gewünschte Alternativverhalten ein.

Tipp 3 Sollte Ihr Schützling zu Beginn unermüdlich immer wieder versuchen, aufs Sofa oder Bett zu gelangen – etwa, weil er das in der Vergangenheit durfte oder es häufiger geschafft hat –, können Sie ihn in den ersten Trainingstagen vorübergehend an seinem Platz anleinen. So unterbrechen Sie sein Verhaltensmuster, beharrlich an diesem Vorhaben festzuhalten.

Mit einer kurzen Hausleine lassen sich Vierbeiner meist mühelos und ohne Risiko vom Sofa bzw. Bett auf ihren Platz führen.

Wenn Sie Ihren Hund beim Deckentraining stets mit reizvollen Kauartikeln belohnen, lernt er, dass es auf seinem eigenen Liegeplatz sogar noch angenehmer ist als auf Ihren Polstermöbeln.

Tipp 4 Liegt der Hund dann eine Weile ruhig auf seinem Platz, können Sie ihn mit einem tollen Kauartikel belohnen, um das gewünschte Verhalten zu festigen. So wird Ihr Liebling rasch lernen, dass Couch und Bett für ihn tabu sind. Gleichzeitig macht er die Erfahrung, dass es sich für ihn viel mehr lohnt, sein eigenes Körbchen bzw. seine Decke als Ruheplatz zu nutzen.

Tipp 5 Beim Training werden Sie vielleicht feststellen, dass es gar nicht so einfach ist, Ihren Hund vom Sofa oder Bett zu bugsieren – vor allem, wenn er es sich dort bereits so richtig gemütlich gemacht hat! Eventuell reagiert er dann gar nicht oder knurrt sogar, weil Sie ihm seinen Liegeplatz streitig machen wollen. In diesen Fällen hilft Ihnen eine Hausleine.

- Je nach Größe des Vierbeiners handelt es sich dabei um eine etwa 50 Zentimeter lange, leichte Kurzleine, die am Halsband befestigt wird. Der Hund schleppt sie locker hinter sich her, und Sie können ihn damit normalerweise problemlos vom Sofa oder Bett führen.
- Vor allem, wenn Ihr Schützling seinen Liegeplatz verteidigt, ist es deutlich sicherer, mit einer Hausleine zu arbeiten, als dem Hund direkt ans Halsband zu greifen.
- Der Hund sollte seine Hausleine dauerhaft so lange tragen, bis das Problem gelöst ist. Wichtig dabei: Wählen Sie die Länge der Leine so, dass Ihr Hund nicht darüber stolpern kann!

Hartnäckiger Mythos

Hunden, die gerne auf dem Sofa oder Bett liegen, wird häufig unterstellt, sie wollten sich zum »Alphatier« aufschwingen. Oft fallen dann Sätze wie: »Der denkt wohl, er ist der Boss in der Familie!« Hervorgeholt werden solche »Weisheiten« meist dann, wenn der Vierbeiner auf der Couch zu knurren beginnt. In der Regel macht er das aber nur, weil er sich auf dem Sofa pudelwohl fühlt und den Platz nicht aufgeben möchte!
Wenn Hunde ihre Ressourcen – etwa Futter oder Liegeplätze – verteidigen, tun sie das fast immer, weil ihnen die jeweilige Ressource (→ Seite 78) wichtig ist und nicht, um Machtansprüche auf der Beziehungsebene durchzusetzen. Letzteres ist ein Mythos, der sich leider hartnäckig hält.

Lösungsschritte kompakt

SCHRITT 1: Führen Sie mit Ihrem Hund ein intensives Deckentraining durch und üben Sie das Abbruchsignal »Schluss«.

SCHRITT 2: Jetzt nutzen Sie beide Signale (am besten in Kombination), um das unerwünschte Verhalten zu unterbinden: Sagen Sie also »Schluss«, wenn der Hund aufs Sofa oder Bett springen möchte, und schicken Sie ihn dann auf seine Decke. Belohnen Sie ihn dort mit einem leckeren Kauartikel.

SCHRITT 3: Nutzen Sie bei Bedarf eine Hausleine, um Ihren Hund sicher vom Sofa oder Bett auf seinen Platz zu führen. Wenn nötig, können Sie ihn zu Beginn des Trainings auch dort vorübergehend anleinen.

SCHRITT 4: Seien Sie beim Üben möglichst konsequent: Ihr Vierbeiner darf also entweder immer oder nie aufs Sofa bzw. Bett!

Kurz und knapp – die wichtigsten Signale und Trainingsanleitungen

Auf den folgenden Seiten habe ich die wichtigsten Trainingsanleitungen noch einmal kompakt aufbereitet und im Überblick für Sie zusammengestellt. So können Sie einzelne Signale schneller nachschlagen und müssen nicht jedes Mal zurückblättern. Zur Vereinfachung wird in den beschriebenen Übungen immer mit Leckerchen belohnt. Anstelle von Futter können Sie aber auch jede andere Art der Belohnung fürs Training nutzen. Wichtig ist nur, dass diese Belohnung für Ihren Hund möglichst reizvoll ist.

Das Clicker-Training

So konditionieren Sie Ihren Vierbeiner auf den Clicker als sekundären Verstärker. Die Clicker-Technik können Sie dann für jedes der nachfolgenden Signale als Bestätigung nutzen.

- Besorgen Sie sich einen einfachen Clicker aus dem Zoofachhandel.
- Bereiten Sie circa 50 reizvolle kleinere Leckerchen als Trainingsration vor.
- Klicken Sie und geben Sie Ihrem Hund dann gleich im Anschluss eines der vorbereiteten Leckerchen. Wiederholen Sie diesen Vorgang insgesamt zehnmal.
- Wiederholen Sie den letzten Übungsschritt insgesamt fünfmal über den Tag verteilt, bis alle 50 Leckerchen verbraucht sind.
- Der Hund ist jetzt auf den Clicker konditioniert, und das Gerät ist einsatzbereit. Weitere Informationen rund um das Clicker-Training finden Sie auf Seite 34 und 218.

1 Nehmen Sie den Clicker und ein Leckerchen in die Hand. 2 Drücken Sie jetzt auf den Clicker – ein einzelner Klicklaut genügt. 3 Unmittelbar nach dem Klick geben Sie Ihrem Hund das vorbereitete Leckerchen.

Das Signal »Sitz«

- Bereiten Sie etwa 15–20 schmackhafte kleine Leckerchen als Trainingsration vor.
- Nehmen Sie jetzt eines der Leckerchen zwischen Daumen und Zeigefinger und führen Sie es so über den Kopf des Vierbeiners Richtung Rücken, dass er sich automatisch hinsetzen muss, um es zu erreichen. Im Normalfall folgt der Hund also Ihrer Handbewegung mit seiner Schnauze. Im Hundetraining wird diese Technik als »Handsteuerung« bezeichnet.
- Sobald der Hund stabil sitzt, geben Sie ihm das Leckerchen als Belohnung. Trainieren Sie so lange, bis die Übung flüssig funktioniert.
- Integrieren Sie nun das akustische Wortsignal in Ihr Training: Sagen Sie also »Sitz«, kurz bevor Sie den Vierbeiner mithilfe des Leckerchens in die gewünschte Position führen.
- Wiederholen Sie die Übung mehrmals und achten Sie dabei stets auf das richtige Timing (→ Seite 176): Das Leckerchen, mit dem Sie Ihren Hund in die Sitzposition führen, kommt erst zum Vorschein, *nachdem* Sie »Sitz« gesagt haben. Nur so wird er mit der Zeit ausschließlich auf Ihr Wortsignal und nicht nur auf den reizvollen Happen in Ihrer Hand reagieren.
- Trainieren Sie das Signal an vielen verschiedenen Orten und zu unterschiedlichen Zeiten und steigern Sie langsam auch den Grad der Ablenkung. Insgesamt benötigt Ihr Hund 3000 bis 6000 Wiederholungen, bis das »Sitz« immer und überall zuverlässig funktioniert.

Im Idealfall reagiert Ihr Hund schon bald ausschließlich auf Ihr Wortsignal. Er setzt sich also hin, nachdem Sie »Sitz« sagen, und wartet nicht ab, bis er die reizvolle Belohnung in Ihrer Hand zu Gesicht bekommt.

AUF EINEN BLICK

Das Signal »Platz«

- Bereiten Sie 15–20 attraktive kleine Leckerchen als Trainingsration vor.
- Geben Sie Ihrem Hund das Signal »Sitz« und führen Sie dann eines der Leckerchen nah an seinem Hals vorbei Richtung Boden.
- Am Boden angekommen, ziehen Sie das Leckerchen langsam nach vorn, also weg von Ihrem Vierbeiner. Im Normalfall folgt der Hund dem Leckerbissen jetzt mit Hals und Schnauze und legt sich dabei automatisch ab.
- Sobald Ihr Hund liegt, geben Sie das Leckerchen als Belohnung frei. Wiederholen Sie die Übung so lange, bis sie flüssig funktioniert.
- Integrieren Sie nun das akustische Wortsignal in Ihr Training: Sagen Sie also »Platz«, kurz bevor Sie Ihren Hund mit dem Leckerchen in die gewünschte Position führen.
- Trainieren Sie den letzten Übungsschritt intensiv und achten Sie dabei auf Ihr Timing: Im Idealfall bekommt Ihr Vierbeiner das Leckerchen erst dann zu Gesicht, *nachdem* Sie »Platz« gesagt haben. Auf diese Weise wird Ihr Hund schon bald ausschließlich auf das Wortsignal reagieren und nicht abwarten, bis seine Belohnung zum Vorschein kommt.
- Üben Sie das »Platz« an vielen verschiedenen Orten und zu unterschiedlichen Tageszeiten und steigern Sie langsam den Grad der Ablenkung. In der Regel benötigen Hunde 3000 bis 6000 Wiederholungen, bis das Signal immer und überall zuverlässig funktioniert.

1 Bringen Sie Ihren Schützling in die Sitzposition und führen Sie dann das Leckerchen an seinem Hals vorbei Richtung Boden. 2 Jetzt ziehen Sie die Belohnung vom Hund weg – er wird sich dann automatisch hinlegen.

Das Signal »Schau«

- Für diese Übung benötigen Sie wieder 15–20 reizvolle und nicht zu große Leckerchen.
- Nehmen Sie eines der Leckerchen zwischen Daumen und Zeigefinger. Jetzt führen Sie die Hand zu Ihrem Gesicht, bis sich das Leckerchen über Ihrer Nase und zwischen Ihren Augen befindet. Der Hund wird Ihrer Handbewegung folgen; sobald er Sie anblickt, belohnen Sie ihn sofort mit dem Leckerbissen.
- Wiederholen Sie die Übung, bis sie reibungslos klappt, und integrieren Sie dann auch das akustische Signal ins Training: Erst sagen Sie »Schau«, dann bewegen Sie das Leckerchen wie gehabt auf Augenhöhe vor Ihr Gesicht.
- Wiederholen Sie die Übung viele Male und achten Sie wie bei den anderen Signalen auf das korrekte Timing: Das Leckerchen kommt erst zum Vorschein, *nachdem* Sie »Schau« gesagt haben. Nur so erreichen Sie, dass der Hund zukünftig auf Ihr Wortsignal und nicht nur auf die reizvolle Belohnung reagiert.
- Trainieren Sie das Signal an vielen verschiedenen Orten und zu unterschiedlichen Tageszeiten. Arbeiten Sie dabei anfangs in eher reizarmer Umgebung und steigern Sie dann langsam und kontinuierlich den Grad der Ablenkung. Auch für das »Schau gilt: Bis Ihr Liebling das Signal verinnerlicht hat und es immer und überall zuverlässig ausführt, sind 3000 bis 6000 Wiederholungen notwendig.

Um zu erreichen, dass Ihr Hund Sie anblickt, nehmen Sie ein Leckerchen in die Hand und positionieren es auf Augenhöhe vor Ihrem Gesicht. Sobald der Vierbeiner Sie ansieht, wird er mit dem Leckerbissen belohnt.

AUF EINEN BLICK

Das Signal »Hier«

- Bereiten Sie 15–20 kleine Leckerchen vor, die Ihr Hund sehr gern mag und die Sie beim Training als Belohnungshappen nutzen können.
- Jetzt sagen Sie mit freundlichem, einladendem Ton »Hier« zu Ihrer Fellnase und gehen gleich anschließend in die Hocke.
- Ihre Körperhaltung in Bodennähe wird den Hund motivieren, zu Ihnen zu kommen. Sobald er bei Ihnen angekommen ist, belohnen Sie ihn sofort mit einem Leckerchen.
- Wiederholen Sie die Übung mehrmals und achten Sie beim Training auf die richtige zeitliche Abfolge: Wichtig ist, dass Sie erst in die Hocke gehen, *nachdem* Sie »Hier« gesagt haben. So erreichen Sie, dass der Hund bald nur noch auf Ihr Wortsignal reagiert und dann bereits losläuft. Ab diesem Zeitpunkt müssen Sie also nicht mehr in die Hocke gehen und können das Signal auch in aufrechter Körperhaltung trainieren und anwenden.
- Wiederholen Sie diese Übung an vielen verschiedenen Orten und zu unterschiedlichen Tageszeiten. Erhöhen Sie dann langsam und kontinuierlich auch die Zahl der Außenreize, die beim Training auf den Hund einwirken. Insgesamt benötigt Ihr Vierbeiner 3000 bis 6000 Wiederholungen, bis er das Signal immer und überall zuverlässig ausführen kann.

Gehen Sie zu Beginn des Trainings noch in die Hocke. Die Körperhaltung motiviert Ihren Hund, zu Ihnen zu kommen.

Die Leinenführigkeit

- Für das Training benötigen Sie 15–20 reizvolle kleine Leckerchen.
- Gehen Sie mit Ihrem angeleinten Hund spazieren und wählen Sie dafür eine Route, auf der möglichst wenig los ist. Unterwegs achten Sie auf das Verhalten Ihres Vierbeiners.
- Zieht Ihr Hund an der Leine, bleiben Sie *sofort* stehen. Hängt die Leine wieder locker durch, geht es zur Belohnung *sofort* weiter.
- Nach einiger Zeit wird Ihr Hund schnell begreifen, dass sich das Ziehen und Zerren für ihn nicht lohnt. In den Phasen, in denen der Vierbeiner mit lockerer Leine und in idealer Position neben Ihnen herläuft, können Sie ihn zusätzlich mit einem Leckerchen belohnen.
- Steigern Sie jetzt nach und nach den Schwierigkeitsgrad der Übung, indem Sie auch auf belebteren Strecken mit vielen Außenreizen spazieren gehen.
- Reduzieren Sie zudem ganz langsam die Belohnungsfrequenz: Belohnen Sie Ihren Liebling also erst mit einem Leckerchen, nachdem er etwas längere und später noch längere Streckenabschnitte ohne Ziehen bewältigt hat.
- Eine ausführliche Trainingsanleitung und viele zusätzliche Tipps zum Thema Leinenführigkeit finden Sie in Kapitel 4 (→ Seite 30) im vorderen Teil des Buches.

Schon bald wird Ihr Hund lernen, dass es sich für ihn nicht lohnt, ständig an der Leine zu zerren. Läuft er einige Zeit entspannt neben Ihnen her, sollten Sie ihn dafür anfangs zwischendurch immer wieder belohnen.

AUF EINEN BLICK

Das Signal »Weiter«

- Bereiten Sie 15–20 kleine, besonders reizvolle Leckerchen als Belohnungshappen vor.
- Leinen Sie Ihren Vierbeiner an der Schleppleine an und gehen Sie mit ihm zunächst in möglichst ruhiger Umgebung spazieren.
- Jetzt beobachten Sie Ihren Hund: Immer wenn er etwas Spannendes am Wegesrand wahrnimmt, etwa einen verlockenden Geruch, und sich dann wieder von diesem Reiz abwendet, um weiterzulaufen, sagen Sie »Weiter« und belohnen ihn mit einem Leckerchen.
- Nach einigen Trainingstagen wird Ihr Hund lernen, dass es sich für ihn lohnt, interessante Dinge links liegen zu lassen, wenn Sie ihn mit dem Signal »Weiter« dazu animieren.
- Erhöhen Sie in den nachfolgenden Wochen den Schwierigkeitsgrad, indem Sie an Orten trainieren, an denen mehr los ist. Steigern Sie die Anzahl und Intensität der Außenreize aber nicht zu rasch, damit Ihr Hund die Übung immer problemlos meistern kann.
- Trainieren Sie an vielen verschiedenen Orten und zu unterschiedlichen Tageszeiten. Insgesamt benötigt Ihr Liebling etwa 3000 bis 6000 Wiederholungen, um das Signal zu verinnerlichen. Erst dann wird er es immer und überall zuverlässig ausführen.

Mit dem Signal »Weiter« wird Ihr Hund reizvolle Dinge am Wegesrand zukünftig einfach links liegen lassen.

Das Signal »Schluss«

- Fürs Training benötigen Sie 15–20 kleine Leckerbissen, die Ihr Liebling sehr gern mag.
- Nehmen Sie eines Leckerchen in die Hand und verschließen Sie diese, damit der Hund es nur riechen, aber nicht erreichen kann.
- Jetzt halten Sie dem Vierbeiner die verschlossene Hand vor die Schnauze. Er wird daraufhin versuchen, irgendwie an den Leckerbissen zu gelangen: Die meisten Hunde probieren es mit Nase und Zunge, einige nehmen zusätzlich ihre Pfoten zu Hilfe.
- Warten Sie nun so lange ab, bis Ihr Schützling aufgibt und sich von Ihrer Hand entfernt. Genau in dem Moment sagen Sie »Schluss« und geben dann das Leckerchen frei. Mit dieser Technik fangen Sie also gewissermaßen die Rückwärtsbewegung Ihres Vierbeiners ein.
- Üben Sie wieder an vielen verschiedenen Orten und zu unterschiedlichen Tageszeiten. Sollte Ihr Hund im Laufe das Interesse an Ihrer »Futterhand« verlieren, können Sie den Übungsaufbau verändern: Wechseln Sie die Position oder nehmen Sie die Belohnung in die andere Hand. Zudem können Sie die Sorte bzw. Beschaffenheit der Leckerchen variieren. Die meisten Hunde zeigen daraufhin wieder mehr Engagement beim Training.
- Nach einigen Trainingstagen können Sie das Schluss-Signal im Alltag nutzen und damit unerwünschtes Verhalten des Hundes sofort unterbinden. Im Ernstfall müssen Sie allerdings ohne Belohnung arbeiten (→ Seite 149); sagen Sie dann einfach nur »Schluss«.
- Zwischendurch sollten Sie die Übung aber immer wieder auffrischen und dabei mit Leckerchen belohnen. So wird das Signal gefestigt und bleibt stets zuverlässig abrufbar.

Der erste Übungsschritt: Ihr Hund versucht an das reizvolle Leckerchen zu gelangen, das sich fest verschlossen in Ihrer Faust verbirgt. Sobald er aufgibt, sagen Sie »Schluss« und geben die Belohnung frei.

AUF EINEN BLICK

Das Signal »Aus«

- Für das Training dieses Signals benötigen Sie einen oder mehrere Gegenstände, die Ihr Vierbeiner spannend findet und im Alltag gern im Maul mit sich herumträgt. Das kann zum Beispiel sein Lieblingsspielzeug oder etwas Ähnliches sein. Präparieren Sie zudem mehrere Belohnungshappen, die so reizvoll sind, dass Ihr Hund seine Beute später bereitwillig gegen einen dieser Leckerbissen eintauscht.
- Geben Sie Ihrem Schützling nun das Spielzeug in den Fang und halten Sie ihm dann ein Leckerchen vor die Nase. Im Normalfall lässt er seine Beute daraufhin fallen, um an den reizvollen Leckerbissen zu gelangen.
- Sobald der erste Teil der Übung gut funktioniert, können Sie das Wortsignal »Aus« ins Training integrieren: Sagen Sie »Aus«, kurz bevor Sie dem Hund das Leckerchen vor die Nase halten und er seine Beute fallen lässt.
- Wiederholen Sie die Übung mehrmals und achten Sie dabei konsequent auf das korrekte Timing: Präsentieren Sie Ihrem Vierbeiner das Leckerchen immer erst, *nachdem* Sie »Aus« gesagt haben. Auf diese Weise wird der Hund schon sehr bald unmittelbar auf Ihr Wortsignal reagieren und nicht abwarten, bis Sie ihm zusätzlich das Leckerchen zeigen.
- Jetzt können Sie das Signal in verschiedenen Alltagssituationen nutzen.

Um das Signal aufzubauen, animieren Sie Ihren Hund zu einem Tauschgeschäft, dem er nicht widerstehen kann.

Das Deckentraining

- Bereiten Sie etwa 15–20 reizvolle kleine Leckerchen als Trainingsration vor.
- Jetzt werfen Sie ein Leckerchen auf die Decke des Hundes. Gleich im Anschluss darf Ihr Liebling loslaufen, um sich den Happen auf seinem zukünftigen Ruheplatz abzuholen.
- Sobald dieser erste Übungsschritt reibungslos funktioniert, können Sie das zugehörige Wortsignal aufbauen: Sagen Sie also »Decke«, kurz bevor Sie das Leckerchen werfen und Ihr Hund losläuft, um es sich zu holen.
- Wiederholen Sie die Übung mehrmals und achten Sie beim Training stets auf die richtige zeitliche Abfolge: Werfen Sie das Leckerchen immer erst, *nachdem* Sie »Decke« gesagt haben. Nur so wird Ihr Hund schon bald unmittelbar auf Ihr Wortsignal reagieren und nicht abwarten, bis zusätzlich noch ein Leckerchen auf seiner Decke landet.
- Jetzt möchten Sie auch noch erreichen, dass sich Ihr Vierbeiner auf seiner Decke hinlegt. Dazu sagen Sie »Decke« und warten, bis der Hund auf seinem Ruheplatz angekommen ist. Anschließend geben Sie ihm das Signal »Platz«. Sobald der Hund entspannt liegt, belohnen Sie ihn sofort mit einem Leckerchen.
- Wiederholen Sie die Übung häufig und steigern Sie langsam den Schwierigkeitsgrad: Ihr Hund muss also immer ein wenig länger auf seiner Decke liegen bleiben, bevor er dafür belohnt wird. Weitere Informationen und Tipps zum Deckentraining können Sie in Kapitel 7 (→ Seite 46) nachlesen.

Im ersten Schritt machen Sie den Hund mit seinem neuen Ruheplatz vertraut: Werfen Sie ein Leckerchen auf seine Decke – der Hund wird jetzt auf seinen Platz laufen, um sich den Leckerbissen dort abzuholen.

TEIL 2

Wichtige ***Hilfestellungen*** *bei Problemen mit dem Hund*

Nur Übung macht den Meister – und Irren ist menschlich: Wie Sie mit Ihrem Hund noch effektiver trainieren und dabei typische Fehler vermeiden können, erfahren Sie in diesem Abschnitt.

MEIN KLEINER KNIGGE FÜR HUNDEHALTER

So macht das Miteinander Spaß – jeden Tag aufs Neue

Bestimmt haben auch Sie sich schon über andere Hundehalter geärgert: Etwa, wenn Sie im Park eine Gassirunde drehen und plötzlich ein fremder Hund auf Sie zustürmt: Er läuft frei, kommt näher und rückt Ihrer angeleinten Fellnase buchstäblich auf die Pelle. »Keine Angst, der will nur Hallo sagen!«, ruft Ihnen der Besitzer grinsend aus der Ferne zu. Von wegen: Das unbekannte Zotteltier beginnt zu knurren, Ihr Liebling presst sich eingeschüchtert auf den Boden ... nichts wie weg hier!

Meine zehn goldenen Regeln

Wie schön und sinnvoll es doch wäre, wenn sich alle Hundefreunde an ein paar Regeln hielten. Dann wären so viele Probleme im Alltag mit unseren Vierbeinern vermeidbar. In diesem Kapitel habe ich Ihnen meinen ganz persönlichen kleinen »Knigge für Hundehalter« zusammengestellt. Er umfasst insgesamt zehn Regeln, die mir besonders wichtig sind und an die ich mich im Alltag mit meinen Hunden auch selbst halte.

Regel 1 Kommt mir beim Spazierengehen ein angeleinter Hund entgegen, nehme auch ich meinen Hund schnellstmöglich an die Leine.

Regel 2 Wenn mein Vierbeiner an der Leine läuft, vermeide ich den Sozialkontakt zu anderen Vierbeinern. Dieses Verhalten erwarte ich auch von Hundehaltern, die mir begegnen.

Regel 3 Ich lasse meinen Hund nur dann frei laufen, wenn sich die Umgebung dafür eignet und ich ihn sicher abrufen kann. Gleiches erwarte ich auch von anderen Hundehaltern.

Regel 4 Läuft mein Hund ohne Leine, habe ich ihn immer im Blick. Ich achte beispielsweise darauf, dass er nicht auf fremde Menschen oder ängstliche bzw. angeleinte Hunde zuläuft.

Regel 5 Ich achte darauf, dass mein Hund kein fremdes Eigentum – zum Beispiel geparkte Fahrräder oder Autos – markiert und auch nicht auf die Privatgrundstücke meiner Mitmenschen läuft, um dort sein Geschäft zu erledigen.

Regel 6 Wenn ich in der Stadt, im Park oder auf anderen öffentlichen Flächen spazieren gehe, nehme ich die Hinterlassenschaften meines Hundes auf und entsorge sie.

Regel 7 Ich achte darauf, dass mein Hund keine anderen Tiere jagt. Das gilt nicht nur für Wildtiere wie Hasen, Rehe, Raben oder Eichhörnchen, die mir im Park und in freier Natur begegnen, sondern auch für Nachbars Katze bzw. Nutztiere, die in der Umgebung leben.

Regel 8 In Cafés, Restaurants sowie in Fußgängerzonen und auf Wochenmärkten ist mein Hund stets angeleint, und ich achte darauf, dass er dort niemanden stört.

Regel 9 Bei Begegnungen mit Fußgängern, Radfahrern oder anderen Verkehrsteilnehmern rufe ich meinen Hund zu mir und achte darauf, dass er bei mir bleibt. Bei Bedarf leine ich ihn an oder schicke ihn, je nach Situation, in eines der drei Signale »Sitz«, »Platz« oder »Fuß«.

Regel 10 Ist meine Hündin gerade läufig, leine ich sie beim Gassigehen immer an. Zudem wähle ich Routen, auf denen möglichst wenig los ist, oder gehe zu Tageszeiten spazieren, an denen kaum andere Menschen mit ihren Fellnasen unterwegs sind. Der Besuch einer Hundeschule ist in dieser Zeit für mich tabu.

Seien Sie nicht enttäuscht, wenn viele Hundehalter diese Regeln nicht kennen oder befolgen: Gehen Sie einfach mit gutem Beispiel voran und ermutigen Sie andere, es Ihnen nachzutun!

DAS KÖNNEN SIE BESSER!

Die zehn häufigsten Korrekturfehler im Alltag mit Hund

Zwei Dinge werden bei der Hundeerziehung besonders häufig falsch gemacht: Zum einen versuchen Besitzer, ihren Vierbeiner zu korrigieren, indem sie ihn schimpfen oder bestrafen. Im Fachjargon spricht man hier von »negativer Verstärkung«. Zum anderem – und das geschieht oftmals in Kombination mit dem ersten Fehler – wird diese Verhaltenskorrektur zum falschen Zeitpunkt durchgeführt. Für betroffene

Hunde ist das dann in doppelter Hinsicht irritierend: Wegen des falschen Timings können sie nicht richtig einordnen, warum Herrchen oder Frauchen gerade so verärgert ist. Aber auch die Strafe selbst wirkt verunsichernd. Je häufiger sich diese Fehler wiederholen, desto stärker wird darunter auf lange Sicht das Vertrauen des Vierbeiners in seine Menschen leiden.

Hunde leben in der Gegenwart

Nehmen wir ein konkretes Beispiel, das man so oder so ähnlich häufiger im Park beobachten kann: Paula, ein quirliges Beaglemädchen, ist gerade ohne Leine auf der Hundewiese unterwegs und wird von einem jungen Mann abgerufen. Der Hund reagiert aber nicht, weil er etwas Spannenderes zu tun hat. Nach einiger Zeit läuft die Fellnase dann aber doch zu ihrem Menschen zurück, und jetzt kommt es zur eingangs erwähnten Problematik: Paulas Herrchen ist sauer, weil sie vorhin nicht auf seinen Rückruf reagiert hat, daher beginnt er laut mit ihr zu schimpfen. Der Hund wird in diesem Moment also für das eigentlich erwünschte Verhalten, nämlich das Zurückkommen, bestraft. Das führt dazu, dass Paula zukünftig schlechter abrufbar ist. Zudem macht ihr die Bestrafung Angst, und die Mensch-Hund-Beziehung nimmt Schaden.

Sie haben zwei Sekunden Zeit!

Viele Halter glauben irrtümlicherweise, dass Hunde – so wie wir Menschen auch – gedanklich zurückblicken und aus vergangenen Situationen und Fehlern lernen können. Das können sie aber nicht, denn sie leben immer im Hier und Jetzt! Forscher haben herausgefunden, dass uns maximal zwei Sekunden Zeit bleiben, um das Verhalten unserer Vierbeiner positiv oder negativ zu bestätigen. Jenseits dieser Zeitspanne sind sie nicht mehr in der Lage, ihr Verhalten mit unserer Reaktion in Verbindung zu bringen. Gleiches gilt auch für Paula aus unserem Beispiel. Sie nach ihrer Rückkehr zu belohnen, wäre daher die einzig richtige Reaktion gewesen. Zudem wäre es in diesem Fall ratsam, das Abruftraining zu intensivieren und der Beagledame den Freilauf eine Zeit lang nur an solchen Orten zu ermöglichen, an denen sie nicht ausbüxen kann.

Wer belohnt, hat mehr Erfolg

Verzichten Sie also auf jede Form von Strafe und konzentrieren Sie sich lieber auf Verhaltensweisen, die Sie sich von Ihrem Vierbeiner wünschen. Zeigt er dieses Verhalten, belohnen Sie ihn; das ist der Schlüssel zum Erfolg! Achten Sie dabei aber stets auf das kurze Zeitfenster von zwei Sekunden: Belohnen Sie Ihren Hund zu spät, wird er nicht mehr begreifen, warum Sie das tun, und Ihr Training läuft ins Leere. Zur weiteren Veranschaulichung des Themas habe ich Ihnen auf den nachfolgenden Seiten zehn typische Korrekturfehler zusammengestellt, die in der Hundeerziehung am häufigsten gemacht werden:

Korrekturfehler 1

Beim Aufbau der Stubenreinheit wird der Hund mit der Nase in seinen Urin gedrückt bzw. generell bestraft, nachdem er sich in der Wohnung gelöst hat.

Kaum zu glauben, aber es gibt tatsächlich immer noch Menschen, die auf diese Weise erreichen wollen, dass ihr Vierbeiner stubenrein wird. Die Methode ist aber kontraproduktiv und wird den Hund schlimmstenfalls sogar traumatisieren! Im Gegenzug lernt er nicht einmal ansatzweise, dass

sein Verhalten unerwünscht ist. Das liegt zum einen daran, dass oftmals Minuten oder manchmal sogar Stunden vergehen, bis Frauchen oder Herrchen das Malheur überhaupt entdeckt. Die beabsichtigte Verhaltenskorrektur folgt dann also viel zu spät, und der Hund begreift gar nicht, wofür er da gerade bestraft wird.
Aber selbst wenn Sie blitzschnell reagieren, hat das nicht den gewünschten Effekt: Der Vierbeiner wird so lediglich lernen, dass er an bestimmten Stellen im Haus nicht mehr Pipi machen darf. Wird ein Hund also im Wohnzimmer in seinen eigenen Urin gedrückt, wird er das nächste Mal unterm Schreibtisch oder in der Küche sein Geschäft erledigen. Meiner Erfahrung nach suchen sich Hunde dann oft Stellen im Haus, die versteckter liegen. Das erschwert die Hygiene beim Aufbau der Stubenreinheit enorm!

→ Nutzen Sie zum Aufbau der Stubenreinheit lieber meine sanfte, korrekturfreie Methode. Damit erzielen Sie rasche und vor allem auch nachhaltige Erfolge. Eine ausführliche Anleitung finden Sie in Kapitel 3 (→ Seite 26).

Korrekturfehler 2

Der Hund knurrt Bezugspersonen oder andere Menschen an und wird für dieses Verhalten bestraft.

Wenn unsere Vierbeiner knurren, ist das eine natürliche Abwehrreaktion und ein klares Warnsignal: Sie wollen uns damit zu verstehen geben, dass wir ihnen zu nahe gekommen sind. Wird der Hund für dieses Verhalten bestraft, wird er zukünftig andere Mittel wählen, um seine Bedürfnisse durchzusetzen. Bestenfalls läuft er vor uns weg, um einer für ihn unangenehmen Situation zu entkommen. Schlimmstenfalls wird er aber zuschnappen oder sogar zubeißen, um uns effektiv auf Abstand zu halten.

Was will Ihr Hund Ihnen sagen?
Wenn Ihr Liebling knurrt, müssen Sie zunächst herausfinden, warum er das überhaupt tut. Beginnt er beispielsweise zu knurren, wenn Sie ihn bürsten, drückt er damit sein Missfallen aus: Die Körperpflege fühlt sich für ihn unangenehm an oder bereitet ihm sogar Schmerzen.
Hunde knurren aber auch dann häufig, wenn sie Ressourcen verteidigen wollen, die Ihnen besonders wichtig sind – etwa ihr Futter, ein Spielzeug oder auch einen heiß geliebten Menschen. Auch in diesem Fall sollten Sie den Vierbeiner keinesfalls für sein Verhalten bestrafen, denn das kann zu folgenschweren Beißunfällen führen.

→ Um Schwierigkeiten bei der Körperpflege zu vermeiden, sollten Sie den Hund im Vorfeld behutsam und mit positiven Anreizen an das Kämmen und Bürsten gewöhnen. Falls es dafür schon zu spät ist, er also bereits knurrt oder schnappt, können Sie ihn auch nachträglich desensibilisieren (→ Seite 77, 127).
→ Wie Sie Probleme im Zusammenhang mit der Ressourcenverteidigung ganz ohne Strafe in den Griff bekommen, können Sie in Kapitel 14 nachlesen (→ Seite 78).

Korrekturfehler 3

Der Hund zeigt ein Verhalten, das man im Fachjargon als »unterwürfiges Grinsen« bezeichnet. Von vielen Haltern wird es fälschlicherweise als aggressives Zähnefletschen gedeutet und dann bestraft. Tatsächlich handelt es sich aber um eine friedliche Geste.

Das »unterwürfige Grinsen« (manchmal auch »submissives Grinsen« genannt) beschränkt sich nicht nur auf einzelne Hunderassen, sondern kann bei vielen Vierbeinern beobachtet werden. Ich persönlich kenne dieses Verhalten sehr gut von meiner eigenen Fellnase. Wenn es zum Vorschein kommt, sieht das in der Regel so aus:

- Die Oberlippe wird leicht angehoben; daraufhin werden Schneide- und Eckzähne sichtbar.
- Zudem nimmt der Hund meist eine etwas geduckte, aber entspannte Körperhaltung ein.
- Der Blick ist auf das Gegenüber gerichtet.

Missverständliche Körpersprache

Das Verhalten wird insbesondere in Begrüßungssituationen mit vertrauten Bezugspersonen oder Artgenossen gezeigt, und wer es nicht richtig einschätzen kann, verwechselt es schnell mit einem Zähnefletschen oder einer anderen aggressiven Drohgebärde. Beim unterwürfigen Grinsen handelt es sich aber genau um das Gegenteil! Der Hund hisst gewissermaßen die weiße Flagge und will ausschließlich friedliche bzw. beschwichtigende Absichten signalisieren. Ihn dafür zu bestrafen, wäre daher völlig unangebracht.

Korrigiert oder sanktioniert man das unterwürfige Grinsen, wird der Hund in den meisten Fällen versuchen, sein Gegenüber noch viel intensiver zu beschwichtigen. Der Mensch wiederum wird ihn dafür unter Umständen noch stärker bestrafen – ein vermeidbarer Teufelskreis, bei dem es am Ende nur Verlierer gibt!

→ Beobachten Sie die Körpersprache Ihres Hundes genau und versuchen Sie, sein Verhalten korrekt einzuschätzen: Zeigt er das besagte unterwürfige Grinsen, sollten Sie darauf stets freundlich und entspannt reagieren.

Korrekturfehler 4

Der Hund wird von seinem Besitzer bestraft, wenn er Signale nicht wie gewünscht ausführt.

Hunden, die plötzlich nicht mehr zuverlässig auf Signale reagieren, wird oft unterstellt, sie hätten keine Lust oder wollten gegen ihre Menschen aufbegehren. Das trifft aber in den seltensten Fällen zu. Viel häufiger sind für das Problem vor allem zwei Ursachen verantwortlich:

- Das betroffene Signal wurde einfach noch nicht ausreichend trainiert. In bestimmten Situationen entfaltet es also nicht die durchschlagende Wirkung, die erforderlich wäre, damit der Hund zuverlässig reagiert. Das ist vor allem der Fall, wenn Vierbeiner durch andere attraktive oder aufregende Außenreize abgelenkt werden – etwa durch spannende Gerüche, Geräusche oder Artgenossen.
- Manchmal stehen Hunde (wie auch wir Menschen) einfach auf dem Schlauch. In solchen Momenten können sie dann schlichtweg nicht umsetzen, was wir von ihnen wollen.

Nicht selten treten beide Ursachen gepaart auf. Das sieht man häufiger in Hundeschulen: Die Fellnasen sind dort mitunter so gestresst und abgelenkt, dass sie bestimmte Aufgaben nicht ausführen können. Vor allem dann nicht, wenn die Signale noch nicht intensiv genug (und nicht auch unter dem Einfluss von Außenreizen) trainiert wurden. Hinzu kommt, dass die meisten Hunde in einem Alter an den Kursen teilnehmen, wo es ihnen generell schwerfällt, sich zu konzentrieren. Hier sind seitens der Trainer und Hundehalter Geduld und Fingerspitzengefühl gefordert – nicht aber Härte und Strafe!

Mangelnde Motivation

Natürlich kann es auch vorkommen, dass Hunde keine Lust haben, ein Signal auszuführen. Häufig machen Halter diese Erfahrung, wenn ihr Schützling die Pubertät erreicht (→ Seite 150). Aber auch Fellnasen, die sehr verwöhnt werden und immer bekommen, was sie wollen, schalten gern auf Durchzug (→ Seite 39). Warum sollten sie sich auch anstrengen und beim Training mitarbeiten? Wer im Schlaraffenland lebt, kann sich entspannt zurücklehnen – die Leckerchen fliegen einem auch so in den Mund.

Kurz ansprechen möchte ich in diesem Zusammenhang noch, dass es bestimmte Rassen gibt, die zu eigenwilligem Verhalten neigen. Dazu zählen etwa Beagle und Englische Bulldogge. Mit Geduld und Konsequenz erzielt man aber auch bei ihnen sehr gute Trainingsergebnisse.

- → Wenn Ihr Hund Signale nicht ausführt, sollten Sie ihn nicht bestrafen. Überlegen Sie stattdessen, was Sie verändern können, damit es klappt: Ist Ihr Hund gestresst? Gibt es in der Umgebung zu viele Störfaktoren?
- → Brechen Sie die Kommunikation im Zweifelsfall ab und verlassen Sie die Situation. Trainieren Sie die betroffenen Signale dann noch einmal von Grund auf, damit Ihr Liebling zukünftig wieder zuverlässig auf sie reagiert.

Korrekturfehler 5

Der Hund wird bestraft, wenn er bettelt – obwohl ihm dieses Verhalten beigebracht wurde.

Hier denken viele vermutlich sofort: Nein, das Betteln habe ich meinem Hund ganz bestimmt nicht beigebracht! Aber glauben Sie mir: Die Wahrscheinlichkeit, dass Sie es unbewusst doch irgendwann getan haben, ist ziemlich hoch. Es beginnt meist in der Küche: Sie bereiten beispielsweise gerade das Mittagessen vor, und Ihr Hund sieht Ihnen dabei gebannt zu – angeregt von den vielen verführerischen Gerüchen, die in der Luft herumschwirren. Weil Sie gut gelaunt sind und ohnehin etwas zu viel Fleisch gekauft haben, geben Sie ihm eine kleine kulinarische Belohnung. Und am nächsten Tag wieder.

Ein neuer Dauergast in der Küche

Kein Wunder also, dass Ihr Liebling Sie ab sofort häufiger mit hängender Zunge am Herd besucht, in der Hoffnung, dass eine Kleinigkeit für ihn abfällt. Vielleicht sind Sie aber an einem der nachfolgenden Tage nicht mehr so gut drauf. Es ist schon spät, und Sie sind gestresst, denn Sie wollen sich noch mit Freunden treffen: »Hör endlich auf zu betteln!«, schimpfen Sie den Vierbeiner und werfen ihn dann hochkant aus der Küche. Ganz entscheidend ist jetzt: Ihr Schützling wird überhaupt nicht begreifen, warum er an einem Tag eine leckere Belohnung bekommt und am nächsten Tag – wohlgemerkt in der gleichen Situation – so schroff zurückgewiesen wird. Aus Hundesicht ist das ziemlich verwirrend.

- → Natürlich müssen Sie Ihrem Hund nicht tagtäglich einen Happen aus der Bratpfanne spendieren, nur weil Sie das in der Vergangenheit einige Male getan haben. Sie sollten ihn aber auch nicht streng zurückweisen!
- → Bleiben Sie fair und rücksichtsvoll, denn die Wahrscheinlichkeit ist hoch, dass Sie Ihrer Fellnase die Bettelei selbst beigebracht haben. Am besten ignorieren Sie das unerwünschte Verhalten einfach oder schicken Ihren Hund freundlich auf seine Decke.

Korrekturfehler 6

Es werden Verhaltensweisen korrigiert, die dem Vierbeiner gelegentlich, aber nicht immer erlaubt sind.

Im Kern ähnelt dieses Problem dem zuvor beschriebenen fünften Korrekturfehler. Es tritt am häufigsten auf, wenn Hunde auf der Couch oder im Bett liegen möchten (→ Seite 190). Hier sind die meisten Halter extrem inkonsequent: Ist der Mensch gut gelaunt und sein Vierbeiner frisch gebürstet, darf er beim Fernsehen natürlich mit aufs Sofa. Hat der Racker hingegen schmutzige Pfoten, sind plötzlich alle Polstermöbel tabu.
Versucht der Hund dann trotzdem wie gewohnt auf die Couch zu springen, ist das Gezeter groß. Ihn jetzt zu bestrafen, ist aber weder fair noch zielführend: Ihr Schützling wird nicht verstehen, warum Sie das tun! Bedenken Sie, dass unsere Fellnasen nicht im gleichen Maße differenzieren können wie wir. Für sie gilt: Immer oder nie – entweder sie dürfen etwas tun oder eben nicht.

→ Nur weil Ihr Hund in der Vergangenheit einige Male aufs Sofa springen durfte, müssen Sie das in Zukunft nicht grundsätzlich erlauben. Seien Sie aber bitte nachsichtig, wenn er es in unpassenden Momenten probieren sollte.

Korrekturfehler 7

Der Hund fühlt sich in bestimmten Situationen nicht wohl und zeigt deshalb ein Meideverhalten. Für diese Abwehrreaktion wird er dann bestraft.

Dieses Problem kommt sehr häufig vor, denn es gibt einige Dinge, die unsere Fellnasen nicht so angenehm finden, die im Alltag aber leider zum Pflichtprogramm gehören: Nasse Pfötchen müssen abgetrocknet, schmutzige Ohren regelmäßig gereinigt und Zecken, die sich in die Hundehaut gebohrt haben, mit der Zange entfernt werden. Wurde der Vierbeiner nicht schon im Vorfeld behutsam an solche sensiblen Handlungen gewöhnt, kommt es rasch zu Konflikten.

Seien Sie bitte einfühlsam!
»Da muss er jetzt eben durch!«, lautet die Einstellung vieler Hundehalter alter Schule. Knurrt der Vierbeiner dann, weil er sich beispielsweise beim Pfötchenabtrocknen unwohl fühlt, wird er bestraft, und die Aktion wird auf Biegen und Brechen durchgezogen. Je stärker der Hund sich daraufhin wehrt, desto heftiger fällt die Strafe aus, nach dem Motto: »Mein Hund hat mich nicht anzuknurren, und beißen darf er schon gar nicht!« Dadurch wächst das Problem oft zum bitterbösen Konflikt heran, und die Mensch-Hund-Beziehung nimmt großen Schaden.

→ Richtig und wichtig wäre, die Signale des Hundes ernst zu nehmen: Reagiert er empfindlich, wenn Sie sein Fell pflegen wollen, sollten Sie ihn zunächst ganz sanft an Bürste und Kamm gewöhnen (→ Seite 74).

Korrekturfehler 8

Der Hund wird bestraft, wenn er Möbel oder andere Gegenstände im Haushalt beschädigt.

Wenn Sie heimkommen und dann eine verwüstete Wohnung vorfinden, haben Sie Ihren Hund vermutlich nicht ausreichend an das Alleinbleiben gewöhnt. Während Ihrer Abwesenheit leidet der Vierbeiner also höchstwahrscheinlich unter

Trennungsängsten, was dann häufig zu destruktivem Verhalten führt. Verständlicherweise sind viele Hundehalter verärgert, wenn sie nach ihrer Rückkehr feststellen, dass sämtliche Sofakissen zerfetzt oder die Beine des Esstischs angeknabbert wurden. Und in vielen Fällen bekommt diese Wut dann auch der Hund zu spüren: Es wird geschimpft, getobt und geschmollt.
Die traurige Wahrheit ist: Ihr Hund wird Ihren Zorn nicht mit seinem destruktiven Verhalten in Verbindung bringen. Sie können also im Dreieck springen, so oft sie wollen. Hunde sind nicht in der Lage, unsere Korrekturmaßnahmen richtig zu interpretieren, wenn sie sich auf Verhaltensweisen in der Vergangenheit beziehen; das müssen wir uns immer wieder bewusst machen!

Hat er schon wieder etwas angestellt?
Vermutlich wird Ihre Fellnase aber trotzdem unterwürfig reagieren, wenn Sie ihr gleich nach Ihrer Heimkehr die Leviten lesen. Viele Halter denken dann: »Aha, der Schlingel weiß ganz genau, was er falsch gemacht hat!« Das ist aber ein Missverständnis. Der Hund reagiert in diesem Fall nur beschwichtigend auf Ihre gegenwärtige Wut und bereut nicht etwa, dass er in Ihrer Abwesenheit die Wohnung verwüstet hat. Wie gesagt, zu dieser gedanklichen Transferleistung sind unsere Vierbeiner gar nicht in der Lage!
Typisch ist auch dieses Szenario: Sie öffnen die Haustür, und Ihr Hund verhält sich auffällig eingeschüchtert und demütig – und das, obwohl Sie ihn (noch) gar nicht tadeln! Viele Besitzer sind daraufhin misstrauisch: »Hat er vielleicht wieder etwas angestellt und deshalb Schuldgefühle?« Auch diese Interpretation ist falsch. Meist reagieren Hunde so, weil sie in der Vergangenheit allein zu Hause bereits häufiger Dinge kaputt gemacht haben und dafür zurechtgewiesen oder bestraft wurden. Der Vierbeiner prägt sich dann ein: »Immer wenn mein Mensch nach Hause kommt, gibt es erst mal Ärger.« Er wird daraus aber eben *nicht* schlussfolgern: »Wenn ich das nächste Mal allein zu Hause bin, darf ich bloß nicht das Sofa kaputt machen!«

→ Verzichten Sie also auf alle Korrekturmaßnahmen und packen Sie das Problem an der Wurzel: Gewöhnen Sie den Hund Schritt für Schritt an das Alleinbleiben (→ Seite 119).
→ Wenn Hunde des Öfteren destruktives Verhalten zeigen, kann das auch daran liegen, dass sie gelangweilt oder unterfordert sind. In diesem Fall müssen Sie Ihren Liebling körperlich und auch mental stärker auslasten.

Korrekturfehler 9

Der Hund wird bestraft, wenn er an seinen Bezugspersonen oder anderen Menschen hochspringt.

Um diesen Korrekturfehler zu veranschaulichen, müssen wir uns zunächst ansehen, warum Hunde überhaupt an Menschen hochspringen. Meist wollen Sie damit einfach nur unsere Aufmerksamkeit gewinnen, und in der Regel zeigen sie dieses Verhalten bereits im Welpenalter. Frauchen oder Herrchen stört das dann oftmals gar nicht so sehr, denn wer kann schon einem süßen Hundebaby widerstehen! So lernen Vierbeiner also bereits sehr früh, dass sich das Hochspringen lohnt und sogar durchaus erwünscht ist.

Ein seltener Ausnahmefall
Deutlich seltener springen Hunde ihre Bezugspersonen oder fremde Menschen an, um sie in ihrem Sinne zu beeinflussen bzw. zu maßregeln.

Besteht dieser Verdacht, sollte man das unerwünschte Verhalten zunächst genau analysieren und sich dabei nicht nur die jeweilige Situation, sondern auch das Mensch-Hund-Team als Ganzes ansehen. Doch selbst wenn Ihr Vierbeiner an Ihnen hochspringt, um Sie zurechtzuweisen: Ihn für dieses Verhalten zu bestrafen, wäre nicht zielführend und sogar riskant. Zum einen laufen Sie Gefahr, dass das Tier aggressiv reagiert und Sie verletzt. Zum anderen beseitigen Sie mit der Strafe nicht die Ursache des Problems.
Springt ein Hund Menschen an, um sie zu maßregeln, lebt er meist ohne Regeln und Grenzen, hat keine Grundausbildung absolviert und auch nie gelernt, seine Impulse zu kontrollieren. Abhilfe schaffen hier eine systematische Erziehung sowie das Aufstellen klarer Regeln im Alltag.

Aufmerksamkeit wirkt belohnend!
Viel häufiger springen Hunde jedoch aus Freude und Aufregung oder zur Beschwichtigung an Menschen hoch. Dass es auch in diesen Fällen nicht sinnvoll ist, den Vierbeiner zu bestrafen, versteht sich fast von selbst. Schließlich möchte der Hund freundlich-sozial mit uns interagieren. Wird er dafür bestraft, springt er eventuell noch mehr, um uns zu beschwichtigen. Gleichzeitig setzt die Strafe den Hund unter Druck: Er wird noch aufgeregter, was ebenfalls zur Folge hat, dass sich das unerwünschte Verhalten intensiviert. Problematisch ist darüber hinaus, dass auch negative Aufmerksamkeit – etwa lautes Schimpfen – eine Form von Aufmerksamkeit ist, die dazu führen kann, dass das unerwünschte Verhalten nicht verschwindet, sondern im Laufe der Zeit sogar zunimmt.

→ Springt Ihr Hund an Ihnen hoch, sollten Sie ihm so wenig Aufmerksamkeit wie möglich schenken (→ Seite 131). Beachten Sie ihn erst dann wieder, wenn er entspannt und mit allen vier Pfoten auf dem Boden steht.

Korrekturfehler 10

Der Hund zerrt stark an seiner Leine; dieses Verhalten wird vom Halter energisch korrigiert.

Abschließend möchte ich noch auf den berüchtigten Leinenruck eingehen, der leider immer noch viel zu häufig zum Einsatz kommt. Vielleicht haben Sie das beim Spazierengehen ja auch schon beobachtet: Mensch und Hund gehen Gassi, dabei zieht der Vierbeiner stark an seiner Leine, weil ihm beispielsweise links und rechts der Strecke reizvolle Düfte in die Nase strömen. Vom Besitzer wird dieses Verhalten immer wieder mit einem energischen Leinenruck korrigiert. Das Schlimme an der Sache: Obwohl dieser Ruck sehr wehtut, zerren viele Hunde weiter, denn die Verlockungen am Wegesrand sind so unwiderstehlich spannend, dass sie das Leid in Kauf nehmen, um sie zu erreichen.
Da er auf einem starken Schmerzreiz basiert, ist der Leinenruck aus ethischer und tierschutzrechtlicher Sicht nicht mehr vertretbar. Man kann ihn durchaus mit dem Rohrstock vergleichen, mit dem Kinder bis weit ins 20. Jahrhundert hinein gezüchtigt wurden. Würde das heute noch geschehen, würde ein Aufschrei durch die Gesellschaft gehen. Warum sollten wir also unsere Hunde mit diesen Methoden erziehen?

→ Bauen Sie die Leinenführigkeit lieber systematisch mithilfe positiver Anreize auf (→ Seite 30). Das ist nicht nur viel effektiver, sondern auch nachhaltiger und zeitgemäßer!

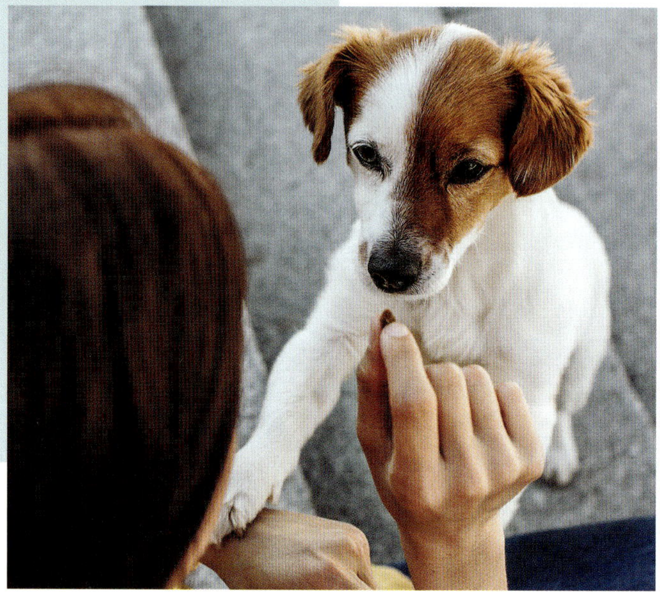

MIT DEM CLICKER SCHNELLER ZUM ERFOLG

Zehn Anwendungsbeispiele für die Verhaltenskorrektur

Nur ein paar Klicks, und alle Ihre Probleme sind gelöst? Nein, ganz so einfach ist es leider nicht. Dennoch hat die Clicker-Technik einige Vorzüge, von denen Sie in etlichen Trainingssituationen profitieren können. Was genau ein Clicker ist und wie dieses kleine Hilfsmittel funktioniert, habe ich bereits im ersten Teil des Buches (→ Seite 34) ausführlicher beleuchtet. In diesem Kapitel möchte ich Ihnen nun zeigen, wie Sie den Clicker gezielt in der Praxis einsetzen und für viele verschiedene Verhaltenskorrekturen nutzen können. Die folgenden zehn Beispiele sollen Ihnen ein profundes Gefühl dafür vermitteln, wie die Technik funktioniert, und Ihnen als Leitfaden für weitere Übungen dienen.

Anwendungsbeispiel 1

So gewöhnen Sie Ihren Hund mithilfe des Clickers an Bürste, Kamm & Co. sowie an andere Gegenstände oder Handlungen, die ihm Angst machen.

In Kapitel 13 (→ Seite 74) haben wir uns damit beschäftigt, wie man Hunden die Angst vor Gegenständen nimmt und sie an Rituale der Körperpflege gewöhnt, auf die sie sensibel reagieren. Alle dort empfohlenen Übungen lassen sich sehr gut mit der Clicker-Technik kombinieren und führen dann zu besseren Ergebnissen. Wie Sie den Clicker ins Training einbinden, möchte ich Ihnen Schritt für Schritt am Beispiel der Fellpflege zeigen. Wichtig ist dabei: Beobachten Sie Ihren Hund und überfordern Sie ihn nicht. Nur wenn er sich beim Üben wohlfühlt, tritt langsam der gewünschte Gewöhnungseffekt ein!

Schritt 1 Legen Sie die Pflegeutensilien in Ihrer Nähe ab und halten Sie den Clicker sowie einige Leckerchen griffbereit. Jetzt rufen Sie den Hund zu sich und drücken gleich im Anschluss auf den Clicker. Sobald Ihr Schützling bei Ihnen angekommen ist, geben Sie ihm ein Leckerchen. Nehmen Sie nun Bürste oder Kamm in die Hand und klicken Sie erneut. Danach bekommt der Hund wieder einen Leckerbissen. Wiederholen Sie diesen Übungsschritt mehrere Male.

Schritt 2 Wenn der erste Schritt problemlos klappt, können Sie beginnen, ganz sachte mit der Rückseite der Bürste über den Hunderücken zu streifen. Nach dem ersten behutsamen Strich klicken Sie und geben Ihrem Vierbeiner gleich im Anschluss ein Leckerchen. Wiederholen Sie auch diesen Übungsschritt mehrmals.

Schritt 3 Jetzt können Sie die Bürste umdrehen und ganz vorsichtig damit beginnen, den Hund zu bürsten. Beginnen Sie an den Stellen,

Beispiel 1: Mit dem Clicker gewöhnen Sie den Hund an das Pfotenabtrocknen und andere Körperpflegerituale.

Der allererste Schritt

Clicker gibt es in den verschiedensten Ausführungen, brauchbare Modelle sind aber schon für wenig Geld zu haben. Lassen Sie sich einfach im Fachhandel beraten und probieren Sie aus, welches Gerät gut in der Hand liegt und für Sie am besten funktioniert. Bevor Sie den Clicker in Ihr Training integrieren können, müssen Sie Ihren Vierbeiner in ruhiger, reizarmer Umgebung auf das Klickgeräusch konditionieren. Wie Sie dabei Schritt für Schritt vorgehen, erfahren Sie im Sonderkapitel auf Seite 34.

an denen es Ihrem Liebling am besten gefällt. Nach jedem Bürstenstrich klicken Sie und geben dem Hund dann ein Leckerchen.

» In den nachfolgenden Tagen können Sie die Körperpflege ganz langsam intensivieren. Bestätigen Sie Ihren Liebling dabei stets mit einem Klick, gefolgt von einem Leckerchen.
» Arbeiten Sie dabei immer im Wohlfühltempo Ihres Hundes. Sollte er beim Training Schwierigkeiten haben und ein Meideverhalten zeigen, müssen Sie einen Übungsschritt zurückgehen und diesen weiter festigen.

Mit dieser Herangehensweise können Sie Ihren Vierbeiner an nahezu jede Handlung oder auch an diverse Hilfsmittel gewöhnen, die ihm Angst machen oder die er als unangenehm empfindet. Dazu zählen auch das Abtrocknen der Pfoten, das Entfernen von Zecken oder beispielsweise die Gewöhnung an Brustgeschirr und Maulkorb.

Anwendungsbeispiel 2

Ihr Vierbeiner fühlt sich auf Treppen, in Unterführungen oder an anderen Orten unwohl? So können Sie seine Ängste mithilfe des Clickers abbauen.

Es gibt vielfältige Gründe, warum sich Hunde an bestimmten Orten unwohl fühlen oder sogar fürchten. Häufig sind negative Erfahrungen für solche Ängste verantwortlich. Etwa wenn ein Hund in der Vergangenheit von der Treppe gestürzt ist und das kein zweites Mal erleben möchte. Aber auch mangelnde Sozialisation, genetische Veranlagungen oder hormonell bedingte Ängste, die oft während der Pubertät auftreten, kommen als Ursachen infrage. Mit dieser Übung möchte ich Ihnen zeigen, wie Sie die Clicker-Technik nutzen können, um bestehende Ängste zu reduzieren oder vollständig aufzulösen.

Schritt 1 Suchen Sie zunächst einen Ort auf, der bei Ihrem Hund nur leichte Ängste auslöst. Ganz wichtig ist, dass Sie Ihren Vierbeiner nicht gleich überfordern: Beginnen Sie das Training also in einem Umfeld, in dem er noch einigermaßen gut klarkommt. Die Schwierigkeit steigern wir dann später ganz behutsam.

» Hat Ihr Hund beispielsweise Angst vor dem Treppensteigen, üben Sie im ersten Schritt an einer möglichst breiten, flachen Treppe mit nur wenigen Stufen. Fürchtet er sich vor Unterführungen, wählen Sie zu Trainingsbeginn einen kurzen, helleren Durchgang für Fußgänger ohne Lärm und Verkehr.

» Ziel dabei ist es, dass Sie Ihren Hund in kleinen Schritten an die Orte und Situationen heranführen, die ihm Unbehagen bereiten.

Schritt 2 Beginnen Sie nun an diesem sorgsam ausgesuchten Ort mit dem Clicker-Training. Nähern Sie sich dazu einer Stelle, an der der Hund noch keinerlei Ängste zeigt, etwa dem Eingang der kurzen Unterführung. Dort angekommen, betätigen Sie den Clicker und geben Ihrem Schützling dann ein Leckerchen.

Schritt 3 Jetzt bewegen Sie sich in kleinen Schritten auf den Angstauslöser zu – setzen also Fuß und Pfoten auf die erste Treppenstufe oder gehen den ersten Meter durch die Unterführung. Dabei drücken Sie regelmäßig und in kurzen Intervallen auf den Clicker und füttern Ihrem Vierbeiner nach jedem Klick einen Leckerbissen.

» Arbeiten Sie sich auf dieses Weise ganz sachte und mit reichlich Geduld vor. Sollte ein Trainingsschritt zu schwierig sein, gehen Sie einen Übungsschritt zurück, um es Ihrem Liebling leichter zu machen.
» Ein Verhaltenstraining ist immer ein dynamischer Prozess, der sich in der Regel über mehrere Wochen oder sogar Monaten erstreckt. Haben Sie also Geduld, es lohnt sich!

Anwendungsbeispiel 3

Ihr Hund reagiert beim Gassigehen ständig auf Artgenossen und zerrt dann an der Leine? Auch hier hilft Ihnen der Clicker bei der Verhaltenskorrektur.

Hunde wollen andere Hunde kennenlernen, sie beschnuppern oder mit ihnen spielen – das liegt in ihrer Natur. Daher zerren sie häufig auch an der Leine, wenn ihnen beim Gassigehen Artgenossen begegnen. Dieses Verhalten bereitet vielen Hundehaltern Kopfzerbrechen; daher bin ich in Kapitel 11 (→ Seite 63) ausführlicher darauf eingegangen. Jetzt möchte ich Ihnen zeigen, wie Sie von der Clicker-Technik profitieren können, um das Problem in den Griff zu bekommen.

Schritt 1 Um die Motivation Ihres Hundes zu reduzieren, angeleint auf fremde Hunde zu reagieren, ist es zunächst wichtig, dass er gelernt

Beispiel 2: Klicken Sie in kurzen Intervallen, wenn sich Ihr Vierbeiner ganz langsam dem Angstauslöser nähert.

hat, ohne Ablenkung an lockerer Leine zu laufen. Sollte Ihr Hund noch nicht so weit sein, kümmern Sie sich zunächst darum (→ Seite 30). Zudem ist das Signal »Schau« (→ Seite 66) oder ein ähnliches Aufmerksamkeitssignal als Grundlage für diese Übung unverzichtbar.

Schritt 2 Wenn Ihr Vierbeiner ohne Ablenkung an lockerer Leine läuft und erfolgreich auf Ihr Aufmerksamkeitssignal reagiert, können Sie mit der Verhaltenskorrektur beginnen: Sobald Sie beim Gassigehen einer fremden Fellnase begegnen, fangen Sie die Aufmerksamkeit Ihres Hundes mithilfe des Signals »Schau« ein und bestätigen seine Reaktion dann mit dem Clicker.

» Zu Beginn sollten Ihnen die fremden Hunde noch nicht zu nahe kommen; Sie wollen Ihren Hund nicht gleich überfordern.

» Der Abstand zu den anderen Hunden sollte immer so groß sein, dass Ihr Schützling die Übung noch gut meistern kann.

Schritt 3 Nach einigen Trainingswochen können Sie Ihren Liebling in der Regel entspannt und mit lockerer Leine an anderen Hunden vorbeiführen. Dazu müssen Sie nur rechtzeitig die Aufmerksamkeit Ihres Vierbeiners mit dem Signal »Schau« auf sich lenken und ihn dann mit der Clicker-Methode bestätigen. Stabilisieren Sie das gewünschte Verhalten auf diese Weise und planen Sie dafür 1–2 Monate ein.

Anwendungsbeispiel 4

Immer wenn Besuch kommt, ist Ihre Fellnase ganz aus dem Häuschen? Mit der Clicker-Technik bekommen Sie das Problem effektiver in den Griff.

Beispiel 3: Wenn Sie unterwegs fremden Hunden begegnen, fangen Sie die Aufmerksamkeit Ihres Vierbeiners mit dem Signal »Schau« ein. Reagiert er wie gewünscht, belohnen Sie ihn mit einem Klick und einem Leckerchen.

Vielleicht kennen Sie das: Es klingelt, und Ihr Hund stürmt wie vom Blitz getroffen quer durch die Wohnung, um nachzusehen, wer vor der Haustür steht. Dabei bellt er heftig und kommt erst zur Ruhe, wenn der Postbote wieder verschwunden ist oder Gäste, die länger bleiben, schon eine Weile im Wohnzimmer sitzen. Mit gezieltem Training können Sie das Problem lösen – und Ihr Clicker hilft Ihnen wieder dabei!

Schritt 1 Absolvieren Sie mit dem Hund zunächst ein intensives Deckentraining (→ Seite 47). Auch dafür können Sie schon Ihren Clicker verwenden. Bauen Sie parallel zum Deckentraining das Schluss-Signal auf (→ Seite 129).

Schritt 2 Nutzen Sie nun das Signal »Decke«, wenn Besuch vor der Haustür steht. Nachdem die Klingel ertönt, schicken Sie den Hund also sofort auf seinen Platz. Sobald er wie gewünscht entspannt auf seiner Decke liegt, klicken Sie und geben Ihrer Fellnase gleich im Anschluss ein Leckerchen. Wiederholen Sie diesen Übungsschritt mehrmals.

» Um diese Situation schon im Vorfeld ganz gezielt und regelmäßig zu trainieren, können Sie auch Familienmitglieder bitten, auf den Klingelknopf zu drücken.
» Falls Ihr Hund sehr aufgeregt ist und nicht auf seinem Platz liegen bleibt, können Sie ihn dort anfangs auch anleinen oder ihn auf der Decke mit einem Kauartikel beschäftigen.

Bleiben Sie am Ball und üben Sie kontinuierlich weiter. Dann können Sie in naher Zukunft ganz ohne Stress den Paket- und Pizzaboten oder andere Gäste an Ihrer Haustür empfangen.

Beispiel 4: Sobald es klingelt, schicken Sie Ihren Hund auf seine Decke. Dort wird er mit dem Clicker bestätigt.

Beispiel 5: Mithilfe der Clicker-Technik wird Ihr Hund bald noch schneller auf das Aus-Signal reagieren.

Anwendungsbeispiel 5

So verstärken Sie mithilfe des Clickers die Wirksamkeit des Signals »Aus«. Ihr Hund wird Gegenstände aus seinem Fang dann noch rascher freigeben.

Es gibt Hunde, die sehr energisch an ihrer Beute festhalten. Haben sie unterwegs einen spannenden Gegenstand ergattert und ins Maul genommen, geben sie ihn nur ungern wieder her. Für solche Kandidaten ist das nachfolgende Training besonders gut geeignet. Um die Wirksamkeit des Signals »Aus« zu erhöhen, können Sie die Übung aber mit jedem Vierbeiner durchführen.

Schritt 1 Trainieren Sie zunächst das Signal »Aus« (→ Seite 168). Auch dafür können Sie bereits die Clicker-Technik nutzen. Üben Sie so lange, bis das Signal zuverlässig funktioniert.

Schritt 2 Geben Sie Ihrem Hund sein Lieblingsspielzeug oder einen anderen, ähnlich reizvollen Gegenstand und warten Sie ab, bis er die Beute ins Maul nimmt. Sagen Sie anschließend »Aus« und klicken Sie, sobald sich der Fang öffnet und der Hund den Gegenstand freigibt.

Schritt 3 Nach dem Klick geben Sie dem Vierbeiner die Beute sofort wieder zurück. Er bekommt sie in dieser Übung als Belohnung – wir verzichten also auf das gewohnte Leckerchen.

Schritt 4 Wiederholen Sie die Übung einige Male und trainieren Sie das Signal dann über einen Zeitraum von mehreren Wochen. Bestätigen Sie das erwünschte Verhalten dabei stets mithilfe der beschriebenen Clicker-Technik. Sie erreichen damit, dass sich der Fang Ihres Hundes reflexartig öffnet, sobald Sie »Aus« sagen.

Beispiel 6: Mit dem Clicker optimieren Sie Ihren Abruf. Ihr Hund wird dann auch in turbulenten Situationen rasch zu Ihnen zurückkommen.

Anwendungsbeispiel 6

Mit der Clicker-Methode erreichen Sie, dass Ihr Vierbeiner noch zuverlässiger und auch in schwierigen Situationen auf Ihren Rückruf reagiert.

Jeder Hund ist anders, und wofür sich unsere Fellnasen interessieren bzw. was sie antreibt, ist individuell sehr unterschiedlich: Manche geraten außer Rand und Band, wenn sie fremden Hunden begegnen, und wollen sie dann voller Begeisterung begrüßen. Andere vergessen die ganze Welt um sich herum, wenn plötzlich eine Maus oder ein Eichhörnchen an ihnen vorbeiflitzt. Uns Hundehalter stellen solche Leidenschaften oft vor große Herausforderungen. Denn je reizvoller bzw. motivierender eine Situation für den Hund ist, desto schwieriger wird es im Fall der Fälle, zu ihm durchzudringen.
Damit unsere Kommunikation auch bei starker Ablenkung erfolgreich ist, muss es sich für den Vierbeiner besonders lohnen, verführerischen Außenreizen zu widerstehen und stattdessen auf unsere Signale zu hören. Die Clicker-Technik bietet hier einen klaren Vorteil: Wenn Sie das erwünschte Verhalten Ihres Lieblings unmittelbar mit einem Leckerchen bestätigen, erreichen Sie zwar einen soliden Belohnungseffekt; durch das Clickern wird dieser Effekt aber noch einmal deutlich verstärkt! Das führt dazu, dass Ihr Hund noch verlässlicher und schneller auf Ihre Signale reagiert – und das auch in herausfordernden Situationen. Im Folgenden wollen wir uns ansehen, wie Sie die Wirksamkeit des Rückrufs mithilfe der Clicker-Technik erhöhen.

Schritt 1 Bauen Sie mit Ihrem Hund intensiv ein Abrufsignal auf (→ Seite 42). Dabei können Sie gern schon Ihren Clicker verwenden.

Schritt 2 Steigern Sie im weiteren Verlauf des Trainings kontinuierlich den Ablenkungsgrad. Üben Sie den Rückruf zum Beispiel in einem belebteren Park, in dem auch andere Spaziergänger mit Vierbeinern unterwegs sind, und arbeiten Sie dabei stets mit der Clicker-Technik:

» Reagiert Ihr Hund wie gewünscht auf den Rückruf, wird sein Verhalten erst mit einem Klick und dann gleich im Anschluss mit einer reizvollen Belohnung bestätigt.

Beispiel 7: Erst wenn alle vier Pfoten ruhig auf dem Boden sind, wird der Hund mit dem Clicker bestätigt.

» Ziel des Trainings ist es, dass Ihr Liebling zukünftig auch in für ihn besonders spannenden Situationen auf Ihren Rückruf reagiert. Etwa wenn er im Freilauf Wildtiere, Radfahrer oder Jogger sichtet, denen er hinterherjagen möchte. Oder wenn er gerade auf einer Wiese mit seinen Artgenossen herumtollt.
» Steigern Sie Anzahl und Intensität der Außenreize aber nur langsam, damit Sie Ihren Schützling nicht überfordern. Wichtig ist, dass er die Übung immer meistern kann.

Schritt 3 Jetzt brauchen Sie nur noch etwas Geduld: Trainieren Sie in den kommenden Wochen fleißig weiter und erhöhen Sie dabei nach und nach den Schwierigkeitsgrad. So erzielen Sie schon bald sehr gute Ergebnisse!

Anwendungsbeispiel 7

Ihr Hund springt ständig an Ihnen oder anderen Menschen hoch, und das wollen Sie ihm rasch wieder abgewöhnen? Mit der Clicker-Technik klappt das noch effektiver als auf herkömmliche Weise.

Auch mit diesem Thema haben wir uns bereits im vorderen Teil des Buches (→ Seite 130) im Detail beschäftigt. Wenn Sie das Problem mit der Clicker-Methode angehen, hat das einen entscheidenden Vorteil: Mit dem Clicker fangen Sie exakt den Moment ein, in dem Ihr Hund das tut, was Sie von ihm wollen – nämlich ruhig und mit allen vier Pfoten auf dem Boden bleiben. Sie konzentrieren sich also automatisch auf das erwünschte Verhalten, und genau dieser Fokus macht die Clicker-Technik bei der Verhaltenskorrektur so wertvoll.

Beispiel 8: Schicken Sie den Hund vor dem Essen auf seine Decke. Mit der Clicker-Technik wird dieses Alternativverhalten schnell zur Routine.

Schritt 1 Wenn Hunde an uns hochspringen, tun sie das in den meisten Fällen, um Aufmerksamkeit zu bekommen. Wir müssen also verhindern, dass sie dieses für sie lohnenswerte Ziel erreichen: Immer wenn Ihr Liebling in Zukunft an Ihnen hochspringt, streifen Sie ihn sachte ab und schenken ihm möglichst wenig Beachtung. Drehen Sie sich dazu einfach weg, sprechen Sie den Vierbeiner nicht an und vermeiden Sie den Blickkontakt.

Schritt 2 Wenn Sie ihm keine Beachtung schenken, wird Ihr Hund merken, dass er sein Ziel nicht erreicht. Sobald er daraufhin wieder mit allen vier Pfoten ruhig und entspannt auf dem Boden steht oder sitzt und Sie nicht mehr anspringt, bestätigen Sie das erwünschte Verhalten mit einem Klick und geben ihm gleich im Anschluss ein Leckerchen.

Schritt 3 Vermutlich erleben Sie in den folgenden Wochen Situationen, in denen Ihr Hund Sie normalerweise angesprungen hätte, es jetzt aber freiwillig nicht mehr tut. Auch dann sollten Sie ihn mit dem Clicker bestätigen, um das gewünschte Verhalten zusätzlich zu festigen.

Anwendungsbeispiel 8

So erreichen Sie mithilfe der Clicker-Technik, dass Ihr Vierbeiner beim Kochen oder am Esstisch nicht mehr bettelt.

Um dieses Problem mit unserem Clicker zu lösen, müssen wir ein wenig um die Ecke denken und im Vorfeld ein Alternativverhalten aufbauen. Hier bietet sich das Deckentraining (→ Seite 47) an.

Schritt 1 Üben Sie also zunächst intensiv das Signal »Decke«; dabei können Sie gerne schon mit Ihrem Clicker arbeiten. Wenn der Hund das Deckentraining gut beherrscht, schicken Sie ihn zukünftig auf seinen Platz, sobald er am Esstisch bettelt.

Schritt 2 Warten Sie nun, bis sich Ihr Vierbeiner ruhig abgelegt hat. Er sollte mindestens 10–15 Sekunden entspannt auf seinem Platz liegen, bevor Sie ihn mit einem Klick und dann gleich im Anschluss mit einem Leckerchen bestätigen und belohnen.

» Der zeitliche Abstand zwischen dem Bettelverhalten und der Bestätigung der erwünschten Alternative (ruhiges Liegenbleiben auf der Decke, während Sie essen) ist wichtig, um die Entstehung einer unerwünschten Verhaltenskette zu verhindern. Wird der Hund zu schnell bestätigt, lernt er, dass sich das Betteln lohnt, und das Problem verstärkt sich.
» Überdies können Sie der Bettelei vorbeugen, indem Sie Ihren Schützling bereits vor dem Kochen oder Essen auf seinen Platz schicken. In unregelmäßigen Abständen bestätigen Sie ihn dann mit der Clicker-Technik.

Beispiel 9: Bleibt Ihr Hund ruhig, obwohl am Grundstück Menschen vorbeilaufen, können Sie ihn mit dem Clicker punktgenau bestätigen.

Schritt 3 Nach einigen Wochen wird sich das gewünschte Verhalten festigen, und Sie können die Klicks langsam ausschleichen. Nach und nach klicken Sie also immer seltener und irgendwann gar nicht mehr, wenn Ihr Hund beim Essen entspannt auf seiner Decke liegen bleibt. Sie werden sehen: Schon bald wird dieses Alternativverhalten für Ihren Liebling zur Normalität, und das Betteln gehört der Vergangenheit an.

Anwendungsbeispiel 9

Ihr Hund kläfft ständig am Gartenzaun? Auch diese Marotte können Sie mit dem Clicker korrigieren.

Ausführliche Informationen zu diesem Thema inklusive einer detaillierten Trainingsanleitung finden Sie in Kapitel 8 (→ Seite 52). An dieser Stelle möchte ich Ihnen zeigen, wie Sie zusätzlich von der Clicker-Technik profitieren können, um Ihrem Hund das lästige Bellen am Gartenzaun in nur wenigen Wochen abzugewöhnen.

Schritt 1 Als Grundlage für alle weiteren Übungsschritte sollten Sie mit Ihrem Hund ein Deckentraining (→ Seite 47) durchführen; zudem sollte er das Schluss-Signal (→ Seite 129) beherrschen und verlässlich auch unter Ablenkung auf Ihren Rückruf (→ Seite 42) reagieren.

Schritt 2 Sind die drei erforderlichen Signale aufgebaut, kommen Sie im Garten zum Einsatz, und zwar zukünftig *immer* in Verbindung mit der Clicker-Technik: Bestätigen Sie das erwünschte Verhalten mit einem Klick, bevor Sie Ihren Hund mit einem Leckerchen belohnen. Der Belohnungseffekt wird dadurch verstärkt, und Sie erzielen deutlich bessere Ergebnisse.

Beispiel 10: Schicken Sie den Hund ins »Platz«, warten Sie mindestens zehn Sekunden und bestätigen Sie ihn dann mit Klick und Leckerchen.

» Hat Ihr Hund zum Beispiel in der Vergangenheit auf Radfahrer reagiert, die jenseits des Gartenzauns unterwegs waren, rufen Sie ihn zukünftig rechtzeitig ab und bestätigen ihn für das gewünschte Alternativverhalten mithilfe der Clicker-Technik.

Schritt 3 Möglich ist aber auch folgende Herangehensweise: Schicken Sie Ihren Liebling im Garten präventiv auf seine Decke. Warten Sie dann ab, bis erneut Radfahrer oder Fußgänger am Gartenzaun vorbeikommen. Bleibt Ihr Hund trotzdem entspannt auf seinem Platz liegen, bestätigen Sie das erwünschte Verhalten stets mit einem Klick, gefolgt von einem Leckerchen. Sollte Ihre Fellnase unerwartet doch zum Zaun laufen und kläffen, nutzen Sie das Schluss-Signal, um ihn zu bremsen. Verzichten Sie anschließend aber auf die Bestätigung mit Klick und Leckerchen, um der Entstehung einer unerwünschten Verhaltenskette (→ Seite 149) vorzubeugen.

Clicker nicht dabei?

Sollten Sie den Clicker gelegentlich zu Hause vergessen, ist das kein Drama. Belohnen Sie Ihren Hund dann einfach ohne Klick und nur mit Leckerchen. Sie müssen sich keine Sorgen machen, dass das die Erfolge Ihres Clicker-Trainings zunichte macht. Erst wenn Sie mehrere Wochen ohne Clicker gearbeitet haben, müssen Sie die Konditionierung auf das Klickgeräusch auffrischen. Dazu benötigen Sie circa 50 Wiederholungen: Erst ein Klick, dann folgt die Futterbelohnung. Anschließend können Sie den Clicker wieder für Ihr Training nutzen.

Anwendungsbeispiel 10

So bekommen Sie forderndes Verhalten mithilfe der Clicker-Technik schneller in der Griff.

Hunde, die forderndes Verhalten zeigen, bedrängen Ihre Menschen regelrecht, um Ihre Ziele zu erreichen (→ Seite 165). Auch bei der Lösung dieses Problems können Sie von den Vorteilen der Clicker-Technik profitieren. Wie das genau funktioniert, sehen wir uns jetzt an:

Schritt 1 Üben Sie mit Ihrem Vierbeiner zunächst intensiv die Signale »Decke« und »Platz«. Eine Trainingsanleitung finden Sie in Kapitel 7 (→ Seite 46). Wenn Sie möchten, können Sie dabei schon mit dem Clicker arbeiten.

Schritt 2 Sobald Ihr Hund diese Grundlagen beherrscht, können Sie beide Signale nutzen, um das unerwünschte Verhalten in erwünschte Bahnen umzulenken: Zeigt der Hund das fordernde Verhalten im Haus, schicken Sie ihn auf seine Decke, beim Gassigehen ist »Platz« das Signal der Wahl. Warten Sie einen Augenblick (mindestens zehn Sekunden) und belohnen Sie ihn dann mit der Clicker-Methode.

» Wenn Sie auf diese Weise konsequent auf das fordernde Verhalten Ihres Vierbeiners reagieren, wird es rasch verschwinden.
» Achten Sie stets darauf, das unerwünschte Verhalten nicht versehentlich doch zu belohnen – etwa indem Sie Bälle werfen, die Ihr Liebling Ihnen unaufgefordert bringt.

DIE NEUE SCHULE: ICH BIN DEIN FREUND!

Gewaltfrei, lösungsorientiert und erfolgreich, das ist die Hundeerziehung der Zukunft

Nun sind wir am Ende meines Ratgebers angelangt, und ich hoffe, dass Ihnen das eine oder andere Kapitel bereits geholfen hat und Sie auch zukünftige Herausforderungen mit Ihrem Hund erfolgreich meistern. Besonders wichtig ist mir dabei, dass Sie sämtlichen antiquierten Methoden der Hundeerziehung den Rücken kehren. Nicht, weil ich Sie dazu auffordere, sondern weil Sie selbst erkennen, dass es gar nicht nötig ist, einen Hund zu dominieren, streng zu führen oder gar mit Strafe zu erziehen.

Ich gebe zu, dass es gar nicht so einfach ist, seinem Hund immer nur fair und liebevoll auf Augenhöhe zu begegnen. Und fast jeder Hundehalter hat schon turbulente Situationen erlebt, in denen er seinem Liebling die Leviten lesen wollte. In solchen Momenten sollten Sie aber kurz innehalten – und dann am besten zu diesem Buch greifen. Denn wenn Sie intensiv mit den darin enthaltenen Lösungsansätzen und Trainingsmethoden arbeiten, werden Sie verinnerlichen, dass es so gut wie immer möglich ist, unerwünschtes Verhalten Ihres Vierbeiners auf sanfte Art und Weise in erwünschte Bahnen zu lenken. Dazu müssen Sie ihm einfach nur eine alternative Aufgabe geben! Und oftmals helfen auch ein bisschen Organisation und Alltagsmanagement, um bereits im Vorfeld zu verhindern, dass Ihre Fellnase Dinge tut, die sie in bestimmten Situationen lieber nicht tun sollte. Wenn Sie sich also von den rabiaten Denkmustern und Erziehungsmethoden alter Schule verabschieden und stattdessen den Weg meiner neuen, sanften Schule einschlagen, werden Sie feststellen, dass bald Ruhe einkehrt und das Zusammenleben mit Ihrem vierbeinigen Gefährten deutlich entspannter und harmonischer wird. Diese Ruhe werden Sie übrigens nicht nur in Ihrem Haushalt, sondern auch in Ihrem Herzen spüren.

Falls ich Sie mit diesem Buch und meiner Philosophie inspirieren konnte, würde ich mich freuen, wenn Sie die darin enthaltenen Übungen und Ratschläge weitertragen: Erzählen Sie allen Hundehaltern in Ihrem Freundes- und Bekanntenkreis, dass man Vierbeiner auch ohne Strafe erziehen kann und dass das sogar besser und nachhaltiger funktioniert! Oder posten Sie einen Eintrag in einem der vielen Online-Hundeforen. Mein größter Wunsch ist es, dass alle Menschen ihre Fellnasen respektvoll und wertschätzend behandeln, denn nur das wird ihnen gerecht. Hunde sind wunderbare Lebewesen, die uns jeden Tag aufs Neue ihre tiefe Zuneigung zeigen und uns dabei unglaublich viel Freude schenken. Geben wir ihnen durch einen liebevollen Umgang doch einfach etwas davon zurück!

Ich wünsche Ihnen alles Gute und ganz viel Freude mit Ihrem treuen Wegbegleiter auf vier Pfoten.

Ihr Hundetrainer & Verhaltensberater
André Henkelmann

REGISTER

Halbfette Seitenzahlen verweisen auf Fotos

A

Abruf (→ Rückruf)
Abschied (Tod) 115
Aggressionen (Konflikte) 39, 53, 113, 136, 139, 152–153, 155–156, 183, 212–213, 217
– beim Spielen 115, 157–159
– Beuteaggression 82–83, 141
– Futteraggression 80–82, 141
– Leinenaggression 53, 107–110, 128
Agility-Training 126, 141
Alleinbleiben 84, 119–122, 126, 144, 187–188, 215–216
Alphatier 78, 193
ältere Hunde 102, 114, 153
Alternativverhalten 49, 53–55, 65–66, **91**, 93, 104–105, 109–110, 137, 148, 184–185, 189, 191–192, 227–229
Angstphasen 102
Angst vor
– Annäherung 161
– Autofahrten 94–98
– Geräuschen 68–71, **69**, **70**, 72–73, 188
– Hundebox 179–181
– Körperpflege und Gegenständen 74–77, **75** 212, 215, 219–220
– Orten 61, 220–221, **221**
– Trennung 119–122, 126, 144, 187–188, 215–216
Anspringen 19, 47, 49, 130–133, 140, 216–217, 226–227, **131**
Apportieren 73, 92, 102, 125, 126, 141, 146
Artgenossen (→ Sozialkontakt)
Aufmerksamkeit **13**, 16, 36, 39, 40, **64**, 65–66, 84, 104, 106, 110, 112, 127, 131–133, **132**, 161, 166–167, 216–217, 222, **222**, 226
Aufreiten 103–106, 156
Auslastung 18–21, **20**, 22–23, 92, **105**, 126
Autofahren 94–98, **96**, 180

B

Beagle (Rasse) 211, 214
Beißen (Schnappen) 12–17, 75, 81–82, 128–129, 139, 142, 157–159, 162–164, 212, 215
Bellen 19, 29, 46–51, 52–55, 107, 136, 144, 148, 157, 165, 173, 182–183, 186–189, 223, 228
Belohnung
– attraktives Belohnen 22–25, 40–41, 93, 146, 203
– behutsam annehmen 162–164, **163**
– beim Clicker-Training 36–37, 229
– mangelndes Interesse 38–41, **39**, **40**, 149, 203
– selbstbelohnendes Verhalten 87, 88, 90, 175, 187
– situativ-bedürfnisgerecht 41, 101, 153
– typische Trainingsfehler 61–62, 109, 149, 176–178
Besuch (Gäste) 46–51, 103, 105, 130, 137, 161, 222–223
Betteln (am Tisch) 47, 214, 227–228
Beute (Beutespielzeug) 41, 57, 82–83, 90–93, 112, 118, 140–141, 158–159, 168–170, 204, 224
Bindung 114, 142, 143–146, **144**, **145**, 158
Blockade (beim Spazierengehen) 59–62, **60**
Boden (Untergrund) 27, **28**, 29, 85–88, 131–132, 217, 226–227
Border Collie (Rasse) 130
Box (Hundebox) 95–98, 126–127, 179–181, **180**
Brustgeschirr 32–33, **32**, 44–45, 62, 95, 101, 107, 118, 133, 152–153, 175, 220

C

Canny Collar (Führhilfe) 32–33, **60**, 62, 110
Chihuahua (Rasse) 163
Clicker-Training 32, 34–37, **35**, **37**, 67, 148, 196, 218–229
Couch (Sofa) 83, 190–193, **191**, 215

D

Deckentraining 46–51, **47**, **48**, 54, **54**, 104, 113, 115, 117–118, 124–125, 133, 137, 142, **184**, 191, 205, 223, 227–228
Desensibilisierung 69–71, **70**, 77, 125, 127, 212

destruktives Verhalten 123–127, 215–216
Dummys 41, **91**, 92, 159, **173**

E

Elterntiere 100, 139
Englische Bulldogge (Rasse) 214
Entspannung (Ruhe) 16, 20, 22–25, 46–51, 58, 61, 76, 84, 98, 104–106, 115, 134–137, **136**, 141–142, 153, 167, 223

F

Familie und Hund 14–15, 45, 78–79, 100–101, 116–118, 130–133, 138–142, 193, 223
forderndes Verhalten 165–167, **166**, **167**, 187, 189, 229
Französische Bulldogge (Rasse) 32
Freilauf (ohne Leine) 16, 19, 51, 65, 88, **100**, 101, **152**, 153, 168, 172, 209, 211
Fremdelphasen 102
Freudepinkeln 160–161, **161**
Frustration 53, 108, 134, 137, 188
Führhilfe 32–33, **60**, 62, 67, 70, 110
Fünf-Minuten-Regel 60–61
Futter 23–25, 35, 39–41, **39**, 88, 96–97, 109, 112–113, 142, 146, 153, 165–166, **167**, **172**, 173–174, 181, 193, 196, 212
– Futteraggression **79**, 80–83, 141
– Futtermotivation 87, 163, 164, 169, 174
– Trockenfutter 24, 41, 80, 87

G

Gartenzaun 52–55, **53**, 188, 228–229
Gassigehen (→ Spazierengehen)
Geräusche 50, 68–71, **70**, 72–73, 95–96, 121, 124, 126, 135, 188, 213
Giftköder 85–88
Golden Retriever (Rasse) 13, 139
Gurtsysteme (Transport) 95, **95**, 97

H

Halsband 15, 32–33, 62, 83, 101, 107, 110, 133, 193
Handsteuerung (Training) 51, 177, 197
Hausleine (→ Leine)
Hindernisparcours 141
Hormone 57, 61, 124, 155, 185, 220
Hovawart (Rasse) 54
Hundebox (→ Box)
Hundeleine (→ Leine)
Hundepfeife 44, 93
Hundeschule 54, 135, 137, 148, 209, 213
Hundetrainer 31, 61, 70, 77, 82, 109, 128, 140, 148, 153, 187, 213
Hundewiese 19, 41, 65, 133, 157, 211
Hypersexualität 105, 156

I

Immunsystem 134
Impulskontrolle 55, 92–93, 101, 152–153, 167, 171–175, **172**, **173**, 183, 188, 217
Intelligenzspiele 92, 106
Internet 15, 16, 35, 69, 70, 126, 131, 137, 148, 230

J

Jackpot-Belohnung 93
Jagdsequenz 14, 90–92
Jagdverhalten 14, 54, 57, 89–93, 113, 175, 209
Jaulen (→ Winseln)
Junghunde 18, 61–62, 102, 123, 127, 161

K

Kastration 106, 154–156
Katzen 47, 90, 116–118, **117**, 135, 209
Kauen und Kauartikel 16, 19, 21, 22–25, **22**, 49–50, 51, 55, 71, 76–77, 80, 84, 96–97, 105, 113, 117, 118, 121–122, 124–125, **126**, 127, 137, 142, 159, 181, 185, 193, 223
– kalorienarme Kauartikel 24–25, **25**, 125
Kinder und Hund 13–14, 43, 133, 135, 138–142, **139**, **141**
Knigge für Hundehalter 208–209
Knurren 12, 17, 49, 75, 79, 81, 84, 107, 140, 142, 182, 191, 193, 209, 212, 215
Konditionierung 34–37, **35**,

44, 53, 55, 70–71, 98, 137, 189, 196, 220, 229
Kong (Kauartikel) 24–25, **25**, 50, 93, 97, 121–122, 124, 125, 185
Körpersprache 19, 61, 107, 136, 156, 187, 212–213
Körper- und Fellpflege 74–77, **75**, **76**, 212, 215, 219–220, **219**
Korrekturfehler beim Training 210–217

L

Labrador Retriever (Rasse) 88, 130, 163
Leine
– Hausleine **14**, 15–18, 83, 167, 191–193, **192**
– Leinenaggression 53, 107–110, 128
– Leinenführigkeit 30–33, **32**, 36–37, 92, 201, 217
– Leinenruck 30–31, 148, 217
– Schleppleine 33, 44–45, 92, **100**, 101, 102, 118, 133, 146, 152–153, **152**, 202
– Spielmotivation 56–58, **57**
– Zerren 30–33, 56–58, 63–67, 201, 217
Liegeplatz 46–51, **50**, 55, 83, **112**, 113, 118, 120–122, 124–127, 137, 142, 190–193, 205

M

Magen 88
Magendrehung 24
Mantrailing 92, 126
Maulkorb 50, 75, 82, 87, **108**, 110, 127, 128–129, **128**, **129**, 220
Medikamente 71, 98
Mehrhundehaltung 111–115, **112**, **115**, 118, 135, 146
Mops (Rasse) 32
Motivation (mangelnde) 38–41, 214
Müll (am Boden) 85–88, **86**, 168–170, 224

N

Nachbarn 72, 135, 144, 186, 189
Nacht (Stubenreinheit) 181
Nahrungsergänzungsmittel 137
negative Verstärkung 210
Notfall (Ernstfall) 24, 87, 92–93, 148–149, 153, 170, 189, 203

P

Panik 69
Pfeife (→ Hundepfeife)
positive Verstärkung 148
psychologische Effekte 22, 53
Pubertät 59, 61, 102, 150–153, **151**, 214, 220

R

Reizschwelle (→ Impulskontrolle)
Reizüberflutung 60–61, 135
Respekt 57–58
Ressourcenverteidigung 78–84, 112–113
Restaurantbesuche 182–185, **183**, 209
Risikobereitschaft 79, 82, 151
Rückruf 42–45, **43**, **44**, 55, 115, 133, 140, **158**, 159, 200, 211, 225–226, 228

S

Schlafplatz 181, 192
Schleppleine (→ Leine)
Schlingen (Futter) 24
Schnüffeln 22–25
Schnüffelteppich 19, 23–24, **23**, 73
Signale
– »Aus« 168–170, 204, 224
– »Decke« 42, 46–51, 54, 84, 97, 113, 115, 117, 132–133, 167, 189, 191–193, 205, 223, 227, 229
– »Hier« 42–45, 46, 92, 93, 101, 200
– »Nein« 149
– »Platz« 43, 48–49, 51, 92–93, 101, 106, 151, 173–175, **178**, 184–185, 189, 198, **228**, 229
– »Schau« 65–67, **64**, 92, 110, 199, 222, **222**
– »Schluss« 51, 55, 58, 83, 86–88, 92–93, 106, 115, 117, 124, 127, 147–149, **148**, 167, 170, **187**, 189, 191–193, 203, 223, 228–229
– »Sitz« 43, 48–49, 51, 58, 92–93, 101, 110, 140, 151, 173–175, 177–178, **177**, 197
– »Vorsichtig« 164
– »Weiter« 61–62, 65–67, **66**, 110, 202
– auf einen Blick 196–205

– Festigung 45, 87, 101–102, 120
– Grundsignale 58, 92, 101, 137, 151, 173
– mangelnde Reaktion 99–102, 150–153, 176–178, 211, 213–214, 225–226
Silvester 72–73
situativ-bedürfnisgerechte Belohnung 41, 101
Slow Food 24
Sofa (→ Couch)
Sozialisation 13, 65, 68–69, 101, 108, 146, 220
Sozialkontakt 19–20, 31, 41, 53, 63–67, 81–82, 102, 106, 107–110, 113, 128, 137, 152–153, **155**, 156, 157–159, 183, 188, 209, 213, 221–222, 226
Spazierengehen 19–20, 27–29, 30–33, 36–37, 56–58, 59–62, 63–67, 72, **72**, 74, 85–88, 92, 97, **105**, 106, 107–110, 113–114, 118, 126, 133, 137, 141, 145–146, 166, 168–170, 188, 189, 201, 202, 209, 217, 221–222
Spielen 12, 14–17, 19–20, 27–29, 41, 56–58, 83, 91, 95, 97, 115, 131, 141–142, 145, 152, 153, 157–159, **166**, 169, 188–189
Spielzeug 22–25, 39–41, 56, 82–83, 93, 96, 112, 118, 121, 124, 140, 142, 153, 165–166, 169–170, **169**, 174–175, 188, 204, 212, 224
Strafe 8, 15–17, 30, 82, 108–109, 131, 135, 137, 142, 145–146, 147–149, 181, 210–217, 230
Stress 19, 21, 22, 39, 46–51, 67, 76, 98, 103, 105–106, 109, 114–115, 117, 124–126, 131–132, 134–137, **135**, 141–142, 151, 153, 159, 160–161, 180, 182, 184–185, 188–189, 213–214
Stubenreinheit 13, 26–29, **28**, 101, 160–161, 180–181, 211–212
Suchspiele 41, 73, **73**, 92, 102, 126, 141, 146

T

Tauschen **81**, 82–83, 169–170, **169**, **170**, 204
territoriales Verhalten 52–55, 188
Testosteron 155
Thundershirt 70
Tierarzt 29, 39, 62, 70, 71, 77, 94, 98, 105, 106, 109, 115, 127, 128, 136, 137, 156, 180
Tierschutz 31, 108, 131, 156, 217
Timing (Training) 177–178, 197, 198, 199, 200, 204, 205
Trennungsängste (→ Alleinbleiben)

U

Überforderung 19, 60–61, 120, 134–137, 140–141, 219, 220, 222, 226
Übersprunghandlungen 18–21
Unsicherheit 49, 61, 65, 103, 105, 108, 124, 137, 145, 151, 155, 211
Unterforderung 19, 104, 106, 125, 135, 188, 216
Urinieren 26–29, 160–161, 211–212

V

Veranlagung (genetische) 13, 52, 54, 68–69, 90, 100, 139, 163, 173, 188, 214, 220
Vergesellschaftung (mehrerer Haustiere) 116–118
Verhaltenskette (unerwünschte) 16, 62, 84, 87, 149, 170, 227, 229
Videokamera 121

W

Wachhund 53–54
Weitergehen 59–62, **60**, 65–67, 202
Welpen 12–17, 18–21, 26–29, 59–62, 68, 75, 76, 94, 100, 102, 119, 123, 139–140, 150, 161, 171, 175, 180–181, 216
Winseln (Jaulen) 119, 136, 144

Z

Zähnefletschen 107, 183, 212–213
Zecken 77, 215, 220
Zerren (→ Leine)
Zerrspiel 12, 17, 56–58, **57**
Züchter 13, 16, 139–140
Zweithund (→ Mehrhundehaltung)

ADRESSEN, DIE WEITERHELFEN

VERBÄNDE UND ORGANISATIONEN

Fédération Cynologique Internationale
Place Albert 1er, 13,
B-6530 Thuin,
www.fci.be

Verband für das Deutsche Hundewesen
Westfalendamm 174,
44141 Dortmund,
www.vdh.de

Österreichischer Kynologenverband
Siegfried-Marcus-Str. 7,
A-2362 Biedermannsdorf,
www.oekv.at

Schweizerische Kynologische Gesellschaft
Sagmattstr. 2,
CH-4710 Balsthal,
www.skg.ch

Berufsverband der Hundeerzieher und Verhaltensberater
Alt Langenhain 22,
65719 Hofheim,
www.hundeschulen.de

Berufsverband der Tierverhaltensberater und -trainer
Achtern Dieck 6,
24576 Bad Bramstedt,
www.vdtt.org

Internationaler Berufsverband der Hundetrainer & Hundeunternehmer
Ernst-Gremler-Str. 17,
58239 Schwerte,
www.ibh-hundeschulen.de

Vereinigung Österreichischer Hundeverhaltenstrainer
Quellenweg 10,
A-5162 Obertrum am See,
www.voeht.at

Verband Schweizer Hundeschulen
Rietweg 12,
CH-9478 Azmoos,
www.vsh-verband-hunde schulen.ch

Deutscher Hundesportverband
Voßhöveler Str. 9 a,
46485 Wesel,
www.dhv-hundesport.de

Österreichischer Hundesportverband
Stahlstr. 31,
A-4030 Linz,
www.hundesportverband.at

Deutscher Tierschutzbund
In der Raste 10,
53129 Bonn,
www.tierschutzbund.de

Österreichischer Tierschutzverein
Berlagasse 36, A-1210 Wien,
www.tierschutzverein.at

Schweizer Tierschutz
Dornacherstr. 101,
CH-4018 Basel,
www.tierschutz.com

Bundesverband praktizierender Tierärzte
Hahnstr. 70, 60528 Frankfurt,
www.tieraerzteverband.de

Über das Portal können Sie Tierärzte in Ihrer Nähe finden.

KRANKENVERSICHERUNG

AGILA Haustierversicherung
Breite Str. 6–8,
30159 Hannover,
www.agila.de

Allianz Versicherung
Königinstr. 28,
80802 München,
www.allianz.de/gesundheit/tierkrankenversicherung

HanseMerkur Tierversicherung
Siegfried-Wedells-Platz 1,
20354 Hamburg,
www.hansemerkur.de/tierversicherung

Uelzener Versicherungen
Veerßer Str. 65/67,
29525 Uelzen, www.uelzener.de

HAFTPFLICHTVERSICHERUNG

Fast alle Versicherungen bieten auch Haftpflichtpolicen für Hunde an. Informationen erhalten Sie bei Ihrem Versicherungsanbieter.

REGISTRIERUNG VON HUNDEN

Findefix – Haustierregister des Deutschen Tierschutzbundes
In der Raste 10,
53129 Bonn,
www.findefix.com

TASSO e. V.
Abt. Haustierzentralregister,
Otto-Volger-Str. 15,
65843 Sulzbach/Taunus,
www.tasso.net

LITERATUR & QUELLEN

Arce, J.: **Liebe deinen Hund. Wie Sie beim Gassigehen die Beziehung stärken.** Gräfe und Unzer Verlag, München

Arce, J.: **Meine 5 Geheimnisse für eine glückliche Mensch-Hund-Beziehung.** Gräfe und Unzer Verlag, München

Bendel, J.: **Das Geheimnis der Spiegelung: So werden Mensch und Hund echte Partner.** Gräfe und Unzer Verlag, München

Bendel, J.: **Das Wunder der Bindung.** Gräfe und Unzer Verlag, München

Bloch, G.: **Der Wolf im Hundepelz: Hundeerziehung aus unterschiedlichen Perspektiven.** Kosmos Verlag, Stuttgart

Bloch, G.: **Mein Hundewissen: Wie ich zum Hundemenschen wurde und was Sie daraus lernen können.** Gräfe und Unzer Verlag, München

Böhm-Reithmeier, I.: **Leinen los! Freilauftraining für den Hund.** Gräfe und Unzer, München

Engelstädter, V.: **Resilienz bei Hunden: Hunde im Inneren stärken.** Kosmos Verlag, Stuttgart

Feddersen-Petersen, D.: **Ausdrucksverhalten beim Hund: Mimik und Körpersprache, Kommunikation und Verständigung.** Kosmos Verlag, Stuttgart

Flocken, M.: **Physiotherapie für den Hund: Behandlungsmethoden, Bewegungstraining & Hundefitness.** Kosmos, Stuttgart

Gansloßer, U.; Kitchenham, K.: **Forschung trifft Hund: Neue Erkenntnisse zu Sozialverhalten, geistigen Leistungen und Ökologie.** Kosmos Verlag, Stuttgart

Gansloßer, U.; Krivy, P.: **Schlau macht Wau! Was Hunde alles wissen und können.** Kosmos Verlag, Stuttgart

Gansloßer, U.: **Verhaltensbiologie für Hundetrainer: Verhaltensweisen aus dem Tierreich verstehen und auf den Hund beziehen.** Kosmos Verlag, Stuttgart

Garfield, S.: **Des Hundes bester Freund: Die Geschichte der untrennbaren Verbindung von Mensch und Hund.** Gräfe und Unzer Verlag, München

Hartmann, K.: **Das feine Führen: Hunde über Körpersprache erfolgreich führen.** Kosmos Verlag, Stuttgart

Hebel, A.: **Herz über Kopf: Wie wir das Vertrauen unserer Hunde gewinnen.** Gräfe und Unzer Verlag, München

Hegewald-Kawich, H.: **Hunderassen von A bis Z: Über 200 beliebte Rassen aus aller Welt.** Gräfe und Unzer Verlag, München

Henkelmann, A.; Leuze, J.: **Die Kunst, einen Welpen zu bändigen.** Gräfe und Unzer Verlag, München

Henkelmann, A.; Leuze, J.: **Wahres Hundeglück im Doppelpack: So werden Sie und Ihre Hunde ein harmonisches Team.** Gräfe und Unzer Verlag, München

Kohtz-Walkemeyer, M.: **BARF für Hunde: Den besten Freund gesund ernähren.** Gräfe und Unzer Verlag, München

O'Heare, J.: **Das Agressionsverhalten des Hundes: Ein Arbeitsbuch.** Animal Learn Verlag, Bernau am Chiemsee

Samin, M.: **Sei höflich zu deinem Hund! Kommunikation auf Augenhöhe.** Gräfe und Unzer Verlag, München

Samin, M.: **Stadt-Wölfe: Wie wir der Natur unserer Hunde in der modernen Welt gerecht werden.** Gräfe und Unzer Verlag, München

Schlegl-Kofler, K.: **Apportieren.** Gräfe und Unzer, München

Schlegl-Kofler, K.: **Hunde-Gassi-Box: Für ein entspanntes Zusammenleben!** Gräfe und Unzer Verlag, München

Schlegl-Kofler, K.: **Hundeerziehung: Für jede Alltagssituation die passende Lösung.** Gräfe und Unzer Verlag, München

Schlegl-Kofler, K.: **Hundesprache: Damit wir uns richtig verstehen.** Gräfe und Unzer Verlag, München

Schlegl-Kofler, K.: **Rückruf-Training für Hunde: So gelingt es Schritt für Schritt.** Gräfe und Unzer Verlag, München

Schlegl-Kofler, K.: **Welpen-Erziehung: Der 8-Wochen-Trainingsplan für Welpen.** Gräfe und Unzer Verlag, München

Schneider, D.: **Die Welt in seinem Kopf: Über das Lernverhalten von Hunden.** Animal Learn Verlag, Bernau am Chiemsee

Schöning, B.: **Hundeverhalten: Verhalten verstehen, Körpersprache deuten.** Kosmos, Stuttgart

Strodtbeck, S.; Borchert, U.: **Wenn der Welpe zum halbstarken Hund wird: Gelassen durch die Hunde-Pubertät.** Gräfe und Unzer Verlag, München

Vogt, A.: **Typgerechtes Welpentraining: Vom Draufgänger bis zum Sensibelchen.** Gräfe und Unzer Verlag, München

Wilde, N.: **Der ängstliche Hund: Stress, Unsicherheiten und Angst wirkungsvoll begegnen.** Kynos Verlag, Mürlenbach

Winkler, S.: **Hunde-Clicker-Box.** Gräfe und Unzer, München

Wischall-Wagner, A.: **Entspannter Mensch – entspannter Hund: So glückt das Zusammenleben wie von selbst.** Gräfe und Unzer Verlag, München

Wischall-Wagner, A.: **Nie mehr Stress mit meinem jagenden Hund.** Gräfe und Unzer Verlag, München

Ziemer-Falke, K.; Ziemer, J.: **Entspannt allein: Unruhe, Trennungsangst und Stress vermeiden.** Kosmos Verlag, Stuttgart

Ziemer-Falke, K.; Ziemer, J.: **Life-Dog-Balance: So sind die Bedürfnisse von Mensch und Hund täglich im Gleichgewicht.** Gräfe und Unzer, München

Ziemer-Falke, K.; Ziemer, J.: **Welpen Basics: Alles, was Hundehalter wissen müssen.** Gräfe und Unzer Verlag, München

INTERNET & MAGAZINE

www.deine-hundeschule.com
Die Online-Hundeschule des Autors André Henkelmann mit umfangreichem Kursangebot

www.dogforum.de
Beliebtes Online-Hundeforum mit breitem Themenspektrum

www.hundewelt.at
Wissenswertes über Rassehunde

www.spass-mit-hund.de
Viele Ideen rund ums Spiel

www.tierklinik.de
Erste-Hilfe-Informationen und Notdienstadressen

Der Hund. Forum Zeitschriften und Spezialmedien, Merching, www.derhund.de

Dogs. GeraNova Bruckmann, München, www.dogs-magazin.de

HundeWelt. Minerva Verlag GmbH, Mönchengladbach, www.hunde-welt.de

Partner Hund. GeraNova Bruckmann, München, www.partner-hund.de

Wuff. Petmedia Verlagsgesellschaft, Maria-Anzbach (Sankt Pölten), www.wuff.eu

André Henkelmann ist zertifizierter Hundetrainer und Verhaltensberater. Nachdem er über zehn Jahre eine eigene große Hundeschule in Hamburg leitete, hat er sich dazu entschlossen, nach Spanien zu ziehen und dort eine Online-Hundeschule zu gründen (www.deine-hundeschule.com). Sie bietet zahlreiche Kurse, in deren Fokus stets der Aufbau einer harmonischen Beziehung zwischen Mensch und Hund steht. Zudem betreibt André Henkelmann einen eigenen YouTube-Kanal rund um das Thema Hundeerziehung.

DIE WERDEN SIE AUCH LIEBEN.

ISBN 978-3-8338-7455-0

ISBN 978-3-8338-8194-7

ISBN 978-3-8338-7898-5

ISBN 978-3-8338-4146-0

ISBN 978-3-8338-7591-5

ISBN 978-3-8338-7124-5

Alle hier vorgestellten Bücher sind auch als eBook erhältlich.

G|U

Mehr von GU auf **www.gu.de** und **facebook.com/gu.verlag**

LIEBE LESERINNEN UND LESER,

wir wollen Ihnen mit diesem Buch Informationen und Anregungen geben, um Ihnen das Leben zu erleichtern oder Sie zu inspirieren, Neues auszuprobieren. Wir achten bei der Erstellung unserer Bücher auf Aktualität und stellen höchste Ansprüche an Inhalt und Gestaltung. Alle Anleitungen und Rezepte werden von unseren Autoren, jeweils Experten auf ihren Gebieten, gewissenhaft erstellt und von unseren Redakteur*innen mit größter Sorgfalt ausgewählt und geprüft.

Haben wir Ihre Erwartungen erfüllt? Sind Sie mit diesem Buch und seinen Inhalten zufrieden? Wir freuen uns auf Ihre Rückmeldung. Und wir freuen uns, wenn Sie diesen Titel weiterempfehlen, in Ihrem Freundeskreis oder bei Ihrem Online-Kauf.

Sollten wir Ihre Erwartungen so gar nicht erfüllt haben, tauschen wir Ihnen Ihr Buch jederzeit gegen ein gleichwertiges zum gleichen oder ähnlichen Thema um.

KONTAKT ZUM LESERSERVICE

GRÄFE UND UNZER VERLAG
Grillparzerstraße 12
81675 München
www.gu.de

GRÄFE UND UNZER

Ein Unternehmen der GANSKE VERLAGSGRUPPE

IMPRESSUM

GU ist eine eingetragene Marke der GRÄFE UND UNZER VERLAG GmbH, www.gu.de

ISBN 978-3-8338-8259-3
1. Auflage 2023

Projektleitung: Anita Zellner
Lektorat: Jens van Rooij
Bildredaktion: Petra Ender
Korrektorat: Annette Baldszuhn
Umschlaggestaltung & Layout: ki36 Editorial Design, München, Bettina Stickel
Herstellung: Susanne Fuhrmann
Satz: Ludger Vorfeld, München
Reproduktion: Longo AG, Bozen
Druck & Bindung: aprinta GmbH, Wemding

UMWELTHINWEIS

Dieses Buch ist auf PEFC-zertifiziertem Papier gedruckt. Somit werden ökologische, soziale und ökonomische Aspekte in der Verarbeitungskette unabhängig überwacht und sind zudem lückenlos nachvollziehbar.

BILDNACHWEIS

Cover: Stocksy

Fotos: Alle Fotos in diesem Buch stammen von Claudia Rahlmeier, mit Ausnahme von:

Getty Images: 7; iStockphoto: 179; Shutterstock: 4, 147, 154, 155, 157; stock.adobe.com: 2, 12, 18, 26, 28-1, 30, 38, 42, 46, 52, 56, 59, 63, 74, 78, 85, 89, 94, 99, 103, 107, 111, 116, 119, 123, 130, 134, 138, 139, 141, 141-1, 141-2, 141-3, 143, 150, 151, 160, 162, 165, 168, 171, 174, 176, 182, 190, 194, 208, 210, 218; Stocksy: 11, 68, 207, Trio Bildarchiv: 117, 180, 186.

Icons: The Noun Project

Syndication: www.seasons.agency

WICHTIGER HINWEIS

Die Gedanken, Methoden und Tipps in diesem Buch basieren auf den Erfahrungen des Verfassers. Sie wurden von ihm nach bestem Wissen erstellt und mit größtmöglicher Sorgfalt geprüft. Weder Autor noch Verlag können jedoch für eventuelle Nachteile oder Schäden, die aus den im Buch gegebenen praktischen Hinweisen resultieren, eine Haftung übernehmen.